Lecture No
Mathematic

Edited by A. Dold and B. Eckmann

Subseries: Mathematisches Institut der Universität und Max-Planck-Institut für Mathematik, Bonn – vol. 11

Adviser: F. Hirzebruch

1291

Colette Mœglin
Marie-France Vignéras
Jean-Loup Waldspurger

Correspondances de Howe sur un corps p-adique

Springer-Verlag
Berlin Heidelberg New York London Paris Tokyo

Auteurs

Colette Mœglin
Université Pierre et Marie Curie, L.M.F.
75252 Paris Cedex 02, France

Marie-France Vignéras
Université de Paris 7, Mathématiques, Tour 45–55 5° étage
75221 Paris Cedex 05, France

Jean-Loup Waldspurger
ENS-DMI
45 rue d'Ulm, 75230 Paris Cedex 05, France

Mathematics Subject Classification (1980): Primary: 11F27, 11F70, 22E50; secondary: 11E08, 20G25, 22E35

ISBN 3-540-18699-9 Springer-Verlag Berlin Heidelberg New York
ISBN 0-387-18699-9 Springer-Verlag New York Berlin Heidelberg

Printing and binding: Druckhaus Beltz, Hemsbach/Bergstr.
2146/3140-543210

INTRODUCTION.

Le séminaire de l'Université Paris VII sur les représentations des groupes réductifs (séminaire Rodier) était consacré en 85-86 aux représentations métaplectiques sur un corps p-adique. Les travaux sur ce sujet de divers auteurs (Howe, Kudla, Rallis...) ont été exposés. Au cours de ce séminaire un certain travail de mise en forme, de "polissage", a été effectué, tant en ce qui concerne les généralités sur les représentations métaplectiques qu'en ce qui concerne les travaux récents évoqués ci-dessus. Certains points se sont éclaircis, au moins aux yeux des auteurs, et il a semblé qu'il n'était pas inutile de mettre au net une partie du travail effectué et de la publier. Ce livre contient donc peu de travaux véritablement originaux des auteurs, et doit être conçu comme un compte-rendu de l'activité du séminaire.

Le premier chapitre contient des généralités "géométriques" sur les espaces hermitiens: classification, théorème de Witt, lagrangiens, groupes unitaires et leurs sous-groupes paraboliques. En particulier, on y introduit et classifie les paires réductives duales. Le deuxième chapitre contient des généralités sur les représentations métaplectiques (ou "de Weil") sur un corps p-adique: groupe d'Heisenberg, théorème de Stone-Von Neumann, groupes métaplectiques. On y énonce la conjecture de Howe. Le troisième chapitre se décompose en deux. Dans un premier paragraphe, on montre qu'un groupe intervenant dans une paire réductive duale irréductible est "scindé" dans le groupe métaplectique, à l'exception du cas bien connu du groupe symplectique. Le second paragraphe est un exposé de l'article de Kudla "On the local thêta correspondence", généralisé au cas d'une paire réductive duale quelconque: compatibilité de la conjecture de Howe avec l'induction parabolique, démonstration de la conjecture pour les représentations cuspidales (ce dernier point s'appuyant essentiellement sur un travail de Rallis).
Le quatrième chapitre contient quelques résultats se déduisant de l'étude

des classes de conjugaison dans les groupes unitaires: détermination des contragrédientes des représentations de certains de ces groupes, commutativité de l'algèbre de Hecke d'un groupe métaplectique, commutant d'une paire réductive duale dans la représentation métaplectique. Le cinquième chapitre expose la démonstration de la conjecture de Howe pour les paires non ramifiées. Qu'il soit bien clair que cette démonstration est due à Howe, et que c'est seulement parce que nous concevons ce livre comme un compte-rendu de séminaire que nous nous permettons de la publier. Le sixième chapitre expose les travaux de Howe sur les représentations de petit rang. On étend cette notion dans le cadre des représentations lisses, on classifie les représentations de petit rang, on établit le lien entre cette classification et la correspondance (conjecturale) de Howe.

Les chapitres 1 et 3 ont été écrits par Vignéras, les chapitres 2, 4, 5 par Waldspurger, le chapitre 6 par Mœglin. Bien que chaque auteur assume plus particulièrement la responsabilité des chapitres qu'il (elle) a écrits, il y a eu naturellement des échanges et influences réciproques entre eux trois. Il y a eu également influence des autres participants au séminaire de Paris VII, que les auteurs remercient.

TABLE DES MATIERES

Chapitre 1. Espaces hermitiens.

I - Généralités sur la classification des espaces hermitiens.

1. Définitions. Soit D un corps (pas nécessairement commutatif, mais de dimension finie sur son centre), muni d'une **involution** τ, i.e.d'un anti-automorphisme de carré l'application identique. On a donc

$$\tau(d+d')=\tau(d)+\tau(d')\ ,\ \tau(dd')=\tau(d')\tau(d)\ ,\ \tau(\tau(d))=d\ ,\ \text{pour } d,d' \in D.$$

On note F le corps commutatif formé par les points fixes de τ. Soit W un espace vectoriel à droite sur D , de dimension n, muni d'un produit **ε-hermitien**, i.e. d'une application sesquilinéaire $<\,,\,>$ de $W\times W$ dans D, linéaire en la seconde variable, i.e. $<wd,w'd'>=\tau(d)<w,w'>d'$, non dégénérée, telle que

$$<w',w> = \varepsilon\ \tau(<w,w'>).$$

Pour que cette définition ait un sens, ε doit appartenir au centre F' de D , et vérifier $\varepsilon\tau(\varepsilon)=1$.
Deux éléments de W sont **orthogonaux** si leur produit hermitien est nul.
Deux D-espaces ε-hermitiens sont **isométriques** (resp. semblables) s'il existe une application D-linéaire bijective de l'un sur l'autre conservant le produit hermitien (resp. à multiplication près par un élément du centre de D). Une telle application s'appelle une **isométrie** (resp. similitude).
L'ensemble des isométries de $(W,<\,,\,>)$ dans lui-même forment un groupe U appelé le **groupe unitaire** de $(W,<\,,\,>)$.
Ces définitions se généralisent au cas où D est un anneau à involution [Sc 7.1].

Remarques : Un D-module à gauche V est canoniquement un $D°$-module à droite, où $D°$ est le corps opposé à D (la multiplication est définie par $d\times d' = d'd$). L'involution permet de convertir un D-module à droite en un D-module à gauche, en posant $d\times v=v\tau(d)$ si $v\in V, d\in D$. Une application sesquilinéaire sur un D-module à gauche V à valeurs dans D est linéaire en la première variable : si $v,v'\in V$ et $d,d'\in D$, on a $<dv,d'v'>=d<v,v'>\tau(d')$. Inversement, tout D-module à gauche peut être converti en un D-module à droite.
L'ensemble $V^*=\mathrm{Hom}(V,D)$ est muni naturellement d'une structure de D-espace à gauche donnée pas $(df)(v)=d(f(v))$ si $f\in V^*$. Nous considérons toujours V^* avec sa structure d'espace à droite définie comme ci-dessus, même si D est commutatif... et nous l'appelons le **dual** de V. Avec cette définition, le produit hermitien définit un D-isomorphisme entre W et son dual : $w\to w^*$,

$$w^*(v)=<w,v> \qquad \text{si } w,v\in W.$$

Il définit sur l'algèbre $A=\mathrm{End}_D W$ une involution : $f\to f^*$, où

$$<f(w),w'>=<w,f^*(w')> \qquad \text{si } w,w'\in W\ ;$$

f^* est l'**adjoint** de f. Le groupe unitaire U(W) est égal à $\{u\in A,\ uu^*=id.\}$ Il est bien connu que l'application $W\to A=\mathrm{End}_D W$ induit une bijection entre

a) les espaces hermitiens de dimension finie, à similitude près,

b) les algèbres centrales simples à involution de dimension finie, à isomorphisme près.

2. Exemples. Les espaces ε-hermitiens sont des généralisations des espaces

1) quadratiques ($D=F$, $\varepsilon=1$)

2) symplectiques ($D=F$, $\varepsilon=-1$, caractéristique différente de 2)

3) hermitiens ($D=F'$ est une extension quadratique de F, $\varepsilon=1$)

Dans le cas 1) le groupe U est le **groupe orthogonal** de W , noté aussi O(W), dans le cas 2) le groupe U est le **groupe symplectique** de W, noté encore Sp(W).

Les exemples fondamentaux :

4) les **espaces ε-hermitiens D(a) de dimension 1**. Soit $a\in D$ tel que $a=\varepsilon\tau(a)$. On note D(a) le D-espace vectoriel à droite D muni du produit ε-hermitien $\langle d,d'\rangle = \tau(d)ad'$.

5) le **plan hyperbolique ε-hermitien H** égal au D-espace vectoriel à droite $D\times D$ muni du produit ε-hermitien $\langle (d_1,d_2),(d'_1,d'_2)\rangle = \tau(d_1)d'_2+\varepsilon\tau(d_2)d'_1$.

6) Si V est un D-espace à droite, $W=V+V^*$ muni du produit hermitien

$$\langle (v,f),(v',f')\rangle=f'(v)+\varepsilon\tau(f(v'))$$

est un espace ε-hermitien canonique associé à V généralisant 5).

3. Involutions. La classification des involutions sur une algèbre simple est bien connue. Une involution τ sur D envoie le centre F' de D sur lui-même, ce qui ouvre la voie à deux possibilités :

1) c'est l'identité sur F' , on dit alors qu'elle est **de première espèce,** alors $\varepsilon = +1$ (l'espace sera dit hermitien) ou -1 (espace antihermitien). On doit avoir $D\approx D^\circ$. C'est un théorème [Sc. 8.4] que D admet une involution de première espèce si et seulement si $D\approx D^\circ$.

2) F' est une extension quadratique séparable de F, τ restreint à F' est le F-automorphisme non trivial σ de F'. On dit alors que τ est **de seconde espèce.** Mais par le théorème 90 de Hilbert, si $\varepsilon\in F'$ vérifie $\varepsilon\varepsilon^\sigma=1$, il existe $\mu\in F'$ tel que $\varepsilon=\mu^\sigma/\mu$. On a

$$\mu\langle w,w'\rangle=\mu\varepsilon\tau(\langle w',w\rangle)=\tau(\mu\langle w',w\rangle).$$

La multiplication par μ fournit une bijection entre les espaces ε-hermitiens et les espaces 1-hermitiens (dits hermitiens). On se limitera donc aux espaces hermitiens, quand l'involution est de seconde espèce.

Si D^σ est le corps conjugué de D, on doit avoir $D\approx D^{\sigma\circ}$. Inversement, si $D\approx D^{\sigma\circ}$, il existe un anti-automorphisme ι de D prolongeant σ . Comme ι^2 est un automorphisme , il existe $a\in D$, tel que $\iota^2(d)=ada^{-1}$, $d\in D$. C'est un théorème [8.8.2] que $\alpha=a\iota(a) \in F$ ne dépend que de D, et que D admet une involution prolongeant σ si et seulement si α est norme d'un élément de F'. Si D est un corps de quaternions, on peut montrer qu'une involution de seconde espèce existe sur D, si et seulement si $D = D^1\otimes_F F'$ où D^1 est un corps de quaternions sur F.

4. Involutions sur un corps fini, local, ou global.

1) Si F est fini, tout corps fini étant commutatif, on a seulement deux cas : D=F , ou D=F' est l'unique extension quadratique de F.

2) Si F' =$\mathbb{C}$, D=$\mathbb{C}$, l'involution est triviale, ou l'unique automorphisme non trivial d'ordre 2 de $\mathbb{C}$, la conjugaison complexe.

3) Si F'=$\mathbb{R}$, D=$\mathbb{R}$, ou le corps des quaternions $\mathbb{H}$ de Hamilton. Comme $\mathbb{R}$ n'admet pas d'automorphisme d'ordre 2, l'involution dans ce cas est triviale. De plus, H n'admet pas d'involution de seconde espèce. Le théorème de Skolem-Noether montre que la conjugaison canonique de H sur $\mathbb{R}$ est à multiplication par un automorphisme intérieur près, l'unique involution de première espèce sur H .

4) Si F est un corps local non archimédien, par le même raisonnement, on trouve :
a) D=F
b) D=F' , une extension quadratique séparable de F
c) D=le corps de quaternions $\mathbb{H}$ sur F' (unique à isomorphisme près), involution canonique à automorphisme intérieur près, et F'=F .
Il n'y en a pas d'autre, la condition $D \approx D^1 \otimes F'$ de (3.2) étant impossible.

5) Si F est un corps global, on a encore les trois cas a),b), et c) pour un corps de quaternions quelconque, mais ce n'est pas tout : il y a des cas d'involution de seconde espèce.
d) Si F' est une extension quadratique séparable de F, D_0 un corps de quaternions de centre F, $D=D_0 \otimes_F F'$ est muni de l'involution de seconde espèce, produit tensorielde l'involution canonique de D_0 sur F et de σ .
Soit p une place quelconque de F' et $d_p \in \mathbf{Q}/\mathbf{Z}$ l'invariant local en p du corps gauche D. On a

$$d_p = 0 \text{ (i.e. } D_p = D \otimes_F F'_p \text{ est une algèbre de matrices),pour presque tout p,} \quad \text{et } \Sigma d_p = 0 .$$

A isomorphisme près, D est caractérisé par ses invariants locaux.

d général) F' est une extension quadratique séparable de F, d'automorphisme non trivial σ , D un corps gauche de centre F', tel que

$$d_p = 0 , \quad \text{si } p = p^\sigma \qquad \text{et} \qquad d_p + d_{p^\sigma} = 0 \ , \quad \text{sinon}$$

Alors D admet une involution prolongeant σ.

Ces conditions sont évidemment nécessaires car $d_p(D^{\sigma o}) = -d_{p^\sigma}$, par (3.2) et (4). Inversement, elles impliquent $D \approx D^{\sigma o}$, et $\alpha \in F$ de (3.2) est une norme locale partout, donc la norme d'un élément de F'.
La liste est complète.

5. Somme orthogonale.
Si W et W' sont deux espaces ε-hermitiens à droite sur D, alors la somme directe W"=W+W' est un espace à droite sur D, muni de l'unique produit ε-hermitien tel que W et W' soient orthogonaux, prolongeant les produits ε-hermitiens de W et W'. C'est par définition, la somme orthogonale de W et W', notée W⊕W'.

Un espace ε-hermitien **dégénéré** est somme orthogonale W+V d'un espace ε-hermitien (non dégénéré) W et d'un espace V sur lequel le produit est nul. On adopte la convention : un espace W muni d'un produit hermitien nul est dit de **type 2.** C'est simplement un espace vectoriel de dimension finie sur D (plus d'involution), son groupe unitaire est le groupe des isomorphismes $GL_D(W)$. C'est commode, pour avoir des résultats uniformes sur les groupes linéaires et unitaires. Par ricochet, un espace ε-hermitien (non dégénéré) est dit parfois de **type 1.**

La somme orthogonale est compatible avec l'isométrie : elle munit l'ensemble des classes d'isométrie des espaces ε-hermitiens sur D d'une structure de semi-groupe abélien. C'est le **semi-groupe de Witt-Grothendieck** des espaces ε-hermitiens sur (D,τ). Le groupe construit avec ce semi-groupe est le **groupe de Witt-Grothendieck** des espaces ε-hermitiens sur (D,τ). Soit H le plan hyperbolique ε-hermitien sur D. Le quotient du groupe de Witt-Grothendieck des espaces ε-hermitiens sur D par le sous-groupe, isomorphe à $\mathbf{Z}$, engendré par la classe d'isométrie de H s'appelle le **groupe de Witt** des espaces ε-hermitiens sur (D,τ).

6.Nous dirons que W est **alterné** si $\langle w,w\rangle = 0$ pour tout $w\in W$. Cette relation appliquée à w+w' donne $\varepsilon\tau(\langle w,w'\rangle)+\langle w,w'\rangle=0$, ce qui implique que τ est triviale. Si la caractéristique de F n'est pas 2, $\varepsilon=-1$, W est symplectique.

Théorème d'orthogonalisation. W est isométrique à une somme orthogonale

$$W \approx \oplus D(a_i) \oplus W^\circ,$$

où W° est un espace alterné.

Corollaire. Si la caractéristique n'est pas 2, tout espace non symplectique W est isométrique à une somme orthogonale $W \approx \oplus D(a_i)$.

La décomposition n'est pas unique, comme le montre l'exemple des espaces quadratiques. Elle permet de définir les invariants.

Invariants . Si W est quadratique, ce sont le **déterminant** $d(W)\in F^*/F^{*2}$ représenté par le produit des a_i , l'**invariant de Hasse** $h(W) = \Pi_{i<j}(a_i,a_j)$ où (,) est le symbole de Hilbert si F est local ou global, **la signature** si $F=\mathbb{R}$ égale à $s(W) =$ p-q où p est le nombre de a_i positifs et q le

nombre de a_i négatifs (la dimension et la signature déterminent (p,q) et inversement).

Dans le cas général, le déterminant se généralise et donne un invariant. Soit N : D $\rightarrow$ F' est la norme réduite, $N_{F'/F}$:F'$\rightarrow$F la norme. Le déterminant d(W) est l'image de $N(\Pi a_i)$ dans F^*/F^{*2} ou $d(W) \in F^*/N_{F'/F}(F^*)$ selon que τ est de première ou de seconde espèce.

La signature s(W) se généralise aux espaces hermitiens sur $\mathbb{C}$ (même définition).

Nous verrons que ces invariants, et la dimension, suffisent à classer les espaces hermitiens si F est fini ou local, à une exception près (les espaces anti-hermitiens sur un corps de quaternions muni de l'involution canonique).

Preuve du théorème par le classique procédé d'orthogonalisation de Schmidt : si W non alterné,soit $w \in W$, tel que $a = \langle w,w\rangle \neq 0$. On a : $a = \varepsilon\tau(a)$. On complète w en une base $\{w, v_2, \ldots, v_n\}$de W sur D. On choisit $d \in D$ tel que $wd+v_2$ soit orthogonal à w, ... etc. On peut donc supposer les v_i orthogonaux à w. L'espace qu'ils engendrent est un espace ε-hermitien de dimension n-1, s'il n'est pas alterné, on peut continuer,etc.

7. Théorème. Si W est alterné, il est isométrique à mH , et n=2m.

Preuve. Si $w \neq 0$, il existe $v \in W$, $d = \langle w,v\rangle \neq 0$, puisque la forme n'est pas dégénérée. Soit $w' = vd^{-1}$. Le sous-espace W_1 de W engendré par $\{w,w'\}$ est isométrique à H. Soit W_2 son orthogonal dans W. Comme W_1 n'est pas dégénéré, W est la somme orthogonale de W_1 et W_2 . Comme W_2 est alterné, de dimension n-2, on recommence, etc.

On a ainsi une décomposition (non unique) de W en somme d'espaces élémentaires D(a) et H.

Les espaces alternés sont classés par leur dimension $n \in 2\mathbb{N}$, $n \geq 2$.

D(a)+D(-a) est isométrique à H , car isotrope de dimension 2.

On note -W l'espace ε-hermitien d'espace W, de produit $-\langle\ ,\ \rangle$, alors W + (-W) est isométrique à nH. Un espace isométrique à nH est dit **hyperbolique.**

La même démonstration fournit aussi :

8. Proposition (Base hyperbolique). Si $V \subset W$ est un sous-espace vectoriel à droite sur D, tel que le produit hermitien soit nul sur $V \times V$, pour toute base $\{e_i\}$ de V sur D, il existe des éléments $\{f_i\}$ de W , tels que $\langle e_i,f_j\rangle = \delta_{i,j}$, et le produit hermitien est nul sur l'espace V* engendré par les $\{f_i\}$.

Si r=dimV, l'espace V+V* est ε-hermitien, isométrique à rH. La base $\{e_i,f_i\}$ de V+V* est appelée une base hyperbolique de V+V*. On dit que V est **totalement isotrope**, s'il vérifie les conditions ci-dessus. S'il existe $w \in W$, non nul, et $\langle w,w\rangle=0$, on dit que w est **isotrope.** Alors W contient un sous-espace isométrique à H. Un espace sans éléments isotropes est appelé un espace **anisotrope.**

Corollaire (décomposition de Witt). W est isométrique à une somme orthogonale

$$W \approx mH \oplus W^\circ,$$

où W° est anisotrope.

Le théorème de Witt ci-dessous montrera que l'entier $m \geq 0$ et la classe d'isométrie de W° sont uniques. On appelle m l'**indice de Witt** de W. La classification des espaces ε-hermitiens est ramenée à celle des espaces ε-hermitiens anisotropes, ou encore à la détermination du groupe de Witt.

9. Le théorème de Witt est valable si l'on n'est pas dans le cas exceptionnel suivant :
(*) F est de caractéristique 2, W est quadratique et non alterné.
Notre référence est [Dieu. 1.11].

Théorème de Witt. Si $V \subset W$ est un sous-espace vectoriel à droite sur D, une application linéaire injective f de V dans W telle que $\langle f(v),f(v')\rangle = \langle v,v'\rangle$ pour tout $v,v' \in V$ peut être prolongée en une isométrie de W .

On en déduit que l'entier m de (8) est unique, c'est la dimension d'un sous-espace totalement isotrope maximal de W. Si W est hyperbolique, un tel espace est appelé un **Lagrangien** de W. Tout sous-espace totalement isotrope se plonge dans un sous-espace totalement isotrope maximal.

Le but des paragraphes suivants 10 à 15 est de donner les résultats de la classification des espaces ε-hermitiens sur les corps finis, locaux et globaux. Ce sont essentiellement un résumé de [Sc.10]. Ces paragraphes ne sont pas utiles pour l'étude de la représentation de Weil et de la correspondance de Howe.

10. Invariants : données associées à un espace ε-hermitien, telles que deux espaces ε-hermitiens sont isométriques si et seulement s'ils ont les mêmes invariants. Les invariants donnés en (6) fournissent un système complet d'invariants (parfois redondant) sur un corps fini ou local .

La classification des espaces hermitiens W sur un corps commutatif ou égal à un corps de quaternions muni de l'involution canonique se ramène à celle des espaces quadratiques. L'espace W considéré comme un espace vectoriel sur F, muni de la restriction du produit hermitien : $W \times W \to F$, est un espace quadratique W_F. Deux tels espaces W et W' sont isométriques si et seulement si W_F

et W'_F le sont. L'espace W est isotrope si et seulement si W_F l'est.

11. Classification des espaces hermitiens sur un corps fini ou local, de caractéristique différente de 2.

1) Si F est fini,

a) les espaces quadratiques anisotropes sont : F(a), où $a \in F^*$ modulo $F^{*.2}$, et V=E l'unique extension quadratique de F, munie de la norme sur F.

b) il y a un seul espace hermitien anisotrope, E

Invariants des espaces quadratiques : la dimension $n \in \mathbb{N}$, $n \geq 1$ et le déterminant de F^*/F^{*2}

Invariants des espaces hermitiens sur E : la dimension $n \in \mathbb{N}$, $n \geq 1$.

2) Si $F = \mathbb{C}$, $\mathbb{C}$ (1) est l'unique espace (quadratique) anisotrope. Il y a un seul invariant, la dimension $n \geq 1$.

3) Si $F = \mathbb{R}$, les anisotropes sont : $n\mathbb{R}(1)$, $-n\mathbb{R}(1)$ $1 \leq n \leq 4$, pour les quadratiques, $n\mathbb{C}$, $-n\mathbb{C}$, $1 \leq n \leq 2$ pour les hermitiens sur $\mathbb{C}$, $\mathbb{H}$ hermitien de dimension 1 sur $\mathbb{H}$.

Invariants des espaces quadratiques : la dimension $n \geq 1$, la signature $s \in \mathbb{Z}$.

Invariants des espaces hermitiens sur $\mathbb{C}$: la dimension $n \geq 1$, la signature $s \in \mathbb{Z}$.

Invariant pour les espaces hermitiens sur $\mathbb{H}$: la dimension $n \geq 1$.

4) Si F est local non archimédien, les quadratiques anisotropes sont

a) F(a), pour $a \in F^*$ modulo F^{*2}, de dimension 1,

b) E, E(f), pour chaque extension quadratique E/F, munie de la norme sur F, $f \in F^*$ n'est pas norme d'un élément de E, de dimension 2.

c) $\mathbb{H}^*(a)$ ou $\mathbb{H}$, si $\mathbb{H}$ est l'unique corps de quaternions sur F, muni de la norme réduite, $\mathbb{H}^{*\circ}$ étant le sous-espace des éléments de trace nulle, $a \in F^*/F^{*2}$, de dimension 3 et 4 respectivement.

Invariants des espaces quadratiques : la dimension $n \geq 1$, le déterminant de F^*/F^{*2}, et en dimension $n > 1$ le symbole de Hasse h = 1 ou -1.

Espaces hermitiens sur E. Les anisotropes: b) et $\mathbb{H}$. Invariants : la dimension, le déterminant.

Espaces hermitiens sur $\mathbb{H}$. Invariant : la dimension. Un seul espace anisotrope, celui de dimension 1

12. Dans le cas où F est fini ou égal à $\mathbb{C}$, la classification est faite. Dans le cas $F = \mathbb{R}$ ou est local non archimédien, il reste à classer les espaces anti-hermitiens sur le corps des quaternions $\mathbb{H}$. Si $a \in \mathbb{H}^\circ$, $-a^2$ est sa norme réduite, c'est un élément quelconque de $F^{\cdot} - \{-F^{\cdot 2}\}$. La proposition ci-dessous est une version corrigée par cette remarque de [Sc.3.6].

Classification des espaces anti-hermitiens sur un corps de quaternions local

Classes d'isométries des espaces anisotropes : a) si $F \neq \mathbb{R}$,

- 3 espaces de dimension 1 , leur déterminant peut prendre toutes les valeurs possibles sauf $-F^{*2}$,
- 3 espaces de dimension 2 , de déterminant différent de F^{*2} ,
- un espace de dimension 3, de déterminant $-F^{*2}$.

Invariants : la dimension $n \geq 1$, le déterminant $d \in F^*/F^{*2}$, $d \neq -F^{*2}$ si $n=1$.
b) Si $F=\mathbb{R}$, un unique espace de dimension 1. Invariant : la dimension $n \geq 1$.

Exercice (utile) : soit $A=M(2,F)$ muni de l'involution canonique, conjuguée de la transposition par $u=(0,1;-1,0)$, les matrices étant écrites en ligne. Si V est un A-module antihermitien libre de rang n, alors Ve , où $e=(1,0;0,0)$ est un F-espace vectoriel quadratique de dimension 2n (pour la restriction à Ve du produit hermitien sur V). Par passage au quotient, on obtient une injection du groupe de Witt-Grothendieck des espaces anti-hermitiens sur M(2,F) dans celui des espaces quadratiques sur F.

13. La classification des espaces ε-hermitiens si F est un corps global, de caractéristique différente de 2, se déduit de la classification locale (11,12), de la description des corps à involution globaux (4), au moyen des principes de Hasse A et B de passage du local au global

A - Deux espaces ε-hermitiens sur D sont isométriques, si et seulement s'ils sont isométriques en toute place p' de F'.

B - Un espace ε-hermitien sur D est isotrope, si et seulement s'il est isotrope à toute place p' de F'.

et au moyen de la caractérisation des systèmes locaux $\{V_{p'}\}$ d'espaces ε-hermitiens sur $D_{p'}$ (qui n'est pas un corps gauche en général) provenant par localisation d'un espace ε-hermitien sur D.

Théorème. Les deux principes de Hasse A et B sont vrais sauf dans le cas exceptionnel où D est un corps de quaternions muni de l'involution canonique, et $\varepsilon=-1$.

Voir [Sc. 10].

14. Dans **le cas exceptionnel** (12), la déviation au principe de Hasse se voit en dimension 1, et la généralisation n'est pas difficile; soit D un corps de quaternions sur F, muni de l'involution canonique, et $i \in D^\circ$. Soit s le nombre de places p de F ramifiées dans D. Procédant comme en (13), si $W=D(i)$, et W' sont localement isométriques, ils ont même déterminant, et l'on se ramène à $W'=D(fi)$, $f \in F^\cdot$.Soit $\alpha=i^2$, et $\beta \in F$ tels que D soit engendré par i,j tels que $i^2=\alpha$, $j^2=\beta$, $ij=-ji$. Pour que D(fi) soit isométrique à D(i), il faut et il suffit qu'il existe $d \in D$ tel que $di\tau(d)=fi$. On écrit $d=x+yj$, où $x,y \in F(i)$. La condition implique x ou y = 0. On obtient les équivalences (en utilisant (6),(11),(13)):

$D(i) \approx D(fi)$ $\Leftrightarrow$ il existe $x,y \in F$ tels que $x^2-\alpha y^2 = f$ ou βf $\Leftrightarrow$ l'espace quadratique $F(f)+F(-\alpha f)$ est isométrique à $F+F(-\alpha)$ ou à $F(\beta)+F(-\alpha\beta)$ $\Leftrightarrow$ $(f,\alpha)_p=1$ en toute place p de F , ou $(f,\alpha)_p=(\beta,\alpha)_p$ en toute place p de F.

En une place p ramifiée dans D , les espaces $D_p(i)$ et $D_p(fi)$ sont isométriques. Ailleurs $D_p \approx M(2,F_p)$ et un cas particulier de la théorie de Morita, facile à vérifier (12), montre que

$$D_p(i) \approx D_p(fi) \Leftrightarrow (f,\alpha)_p=1=(\beta,\alpha)_p.$$

Il y a 2^{s-1} choix possibles pour $\gamma(f) = \{(f,\alpha)_p, p$ ramifié dans D$\}$, si D(fi) est localement isométrique à D(i). Pour que D(fi) soit globalement isométrique à D(f'i), il faut et il suffit que

$$\gamma(f) = \pm\gamma(f').$$

On en déduit la première partie du résultat suivant pour n=1. La généralisation n'est pas difficile(Sc.8.4). La déviation au principe de Hasse d'isotropie est plus difficile.

Proposition. A- Il y a exactement 2^{s-2} classes d'isométries d'espaces anti-hermitiens localement isométriques à un espace anti-hermitien donné.

B - Si $\dim_D W \geq 3$, et si W est localement isotrope, alors W est isotrope.

Notons que la démonstration fournit la structure du groupe unitaire de D(i), qui ressemble à celle d'un groupe orthogonal. Soit $F(i)^1$ l'ensemble des éléments de F' = F(i), de norme 1 sur F.

Lemme. Le groupe unitaire de D(i) est isomorphe à celui de F'(1) i.e. à $F(i)^1$.

Remarque. Si F est un corps local, il est facile de vérifier (voir aussi le lemme 5 de II) que l'algèbre engendrée par U(W) dans $A = \mathrm{End}_D W$ est égale à A sauf dans les deux cas suivants :

- W est hyperbolique orthogonal de dimension 2 sur F_3 (le groupe orthogonal est d'ordre 4, non cyclique)
- W est anti-hermitien de dimension 1 sur le corps des quaternions.

15. Invariants des espaces ε-hermitiens sur un corps global.

Espaces quadratiques : la dimension $n \geq 1$, le déterminant $d \in F^*/F^{*2}$, les invariants de Hasse $h_p \in \{\pm 1\}$ aux places non complexes de F, soumis à la condition $\Pi h_p = 1$

Espaces hermitiens sur D commutatif ou corps de quaternions muni de l'involution canonique : se ramène au cas précédent par (10).

Espaces hermitiens sur D de centre F', muni d'une involution de seconde espèce, F'/F quadratique. Pour D=F', voir le résultat précédent.

Deux cas différents :

a) p est une place de F décomposée en deux places p',q' de F' permutées par l'involution. Les algèbres $D_{p'}$, $D_{q'}$ sont anti-isomorphes. Les $D_{p'} \times D_{q'}$ espaces hermitiens de dimension n sont isométriques.

b) sinon, il existe une seule place p' de F' relevant p, l'extension F'/F est quadratique, D = M(r,K) où K=F'. La théorie de Morita montre quil existe un isomorphisme de catégories entre les espace hermitiens sur M(r,K) de dimension n et les espaces hermitiens sur K de dimension nr. Ces espaces sont classés par leur déterminant (12) si p est non archimédienne, et par la signature sinon.

Invariants : la dimension $n \in \mathbb{N} \geq 1$, le déterminant $d \in F^*/N(F'^*)$, les signatures s_p de W aux places réelles p de F non décomposées dans F' , soumis aux conditions : pour p réelle non décomposée,

a) $s_p \le \delta n$, où $[D:F']=\delta^2$

b) $s_p-\delta n$ divisible par 4 si $d_p>0$

$s_p-\delta n$ pair, non divisible par 4, si $d_p<0$.

2) Espaces anti-hermitiens sur un corps de quaternions. Le principe de Hasse pour l'isométrie ne s'applique pas. A presque toutes les places, le corps de quaternions est déployé : isomorphe à M(2,F) muni de l'involution canonique symplectique (ex.(12)). Les espaces anti-hermitiens sur M(2,F) muni de cette involution sont identifiés à des espaces quadratiques sur F. Nous laisserons la classification inachevée à ce point.

16. Produit tensoriel hermitien.

Soit W un D-espace à droite de dimension finie ε-hermitien. Supposons que $W = W_1 \otimes_{D_1} W_2$ est le produit tensoriel d'un espace W_1 à droite sur D_1 et d'un espace W_2 à gauche sur D_1, à droite sur D, où D_1 est un corps de centre contenant le centre F' de D. Si les algèbres

$$B = \mathrm{End}_{D_1} W_1 \ , \quad B' = \mathrm{End}_{(D_1,D)} W_2$$

sont stables sous l'involution adjointe de $A = \mathrm{End}_D W$, nous dirons que le produit tensoriel est un produit tensoriel hermitien. Alors W_1 est un espace ε_1-hermitien sur D_1 et W_2 est un espace ε_2-hermitien à droite sur D_2 , où D_2 est un corps dans la classe de Brauer de $D_1{}^\circ \otimes_{F'} D$, de centre égal à celui de D_1 . Les structures hermitiennes $(\, , \,)_1$ et $(\, , \,)_2$ de W_1 et W_2 sont définies par la structure hermitienne $(\, , \,)$ de W , à similitude près.

Dimensions : on a $D_1{}^\circ \otimes_{F'} D \approx M(r,D_2)$, $A \approx M(n,D^\circ)$, $B \approx M(n_1,D_1{}^\circ)$, $C \approx M(n_2,D_2{}^\circ)$

$$n = n_1 \, n_2 \, d_1 \, r^{-1} \ , \quad n^2 d = n_1{}^2 d_1 \times n_2{}^2 d_2 \, , \, d d_1 = r^2 d_2$$

où $n = \dim_D W$, $n_1 = \dim_{D_1} W_1$, $n_2 = \dim_{D_2} W_2$ $d = \dim_{F'} D$, $d_1 = \dim_{F'} D_1$, $d_2 = \dim_{F'} D_2$.

Nous étudierons en détail au §20 les décompositions d'un espace symplectique en produit hermitien, en détail.

17. Paires duales.

Définitions. Soit G un groupe. Un sous-groupe $H \subset G$, tel que le double commutant de H dans G soit égal à H sera appelé un **sous-groupe de Howe de G.** Si $H' = Z_G(H)$ est le commutant de H dans G, on dira que (H,H') est une **paire duale dans G.**

On note que :

0) si Z est le centre de G , on a dans G la **paire duale triviale** (Z,G) .

1) Pour tout sous-groupe $H \subset G$, le double commutant $Z_G Z_G(H)$ de H dans G est un sous-groupe de Howe de G contenant H . Tout sous-groupe de Howe de G contenant H contient $Z_G Z_G(H)$.

2) Si H, H' = $Z_G(H) \subset G_1 \times G_2 \subset G$, où G_1, G_2 sont deux groupes, alors H est un sous-groupe de Howe de G si et seulement si $H = H_1 \times H_2$, où les H_i sont des sous-groupes de Howe des G_i . Par définition, on dit alors que la paire duale (H,H') = $(H_1,H'_1) \times (H_2,H'_2)$ est **produit** de paires duales.

3) Une **paire duale balançoire** de G est un couple de paires duales (H,H') , (K,K') de G telles que $H \subset K'$, $K \subset H'$. On les représente par le dessin :

les traits verticaux indiquant l'inclusion, les obliques la dualité.

Soit A un anneau, $B \subset A$ un sous-anneau. On dit que B est un sous-anneau de Howe si B est égal à son double commutant dans A. Les propriétés 1),2) ci-dessus s'étendent aux anneaux. En particulier, si $B \subset A$, le double commutant de B dans A est l'intersection des sous-anneaux de Howe de A contenant B, et $Z_A(B)$ est un sous-anneau de Howe. Ces notions s'étendent aussi aux algèbres.

Nous allons maintenant classer les sous-algèbres de Howe des algèbres centrales simples , puis les sous-groupes de Howe des groupes classiques, (unitaires de type 1 ou 2).

Soit W un D-espace à droite ε-hermitien de type 1 ou 2. Une paire duale (H,H') de U(W) est dite **réductive** si

(i) W est HD, et H'D -semi-simple,

(ii) H et H' sont réductifs

(ces deux conditions sont probablement équivalentes). On dit alors que H est un sous-groupe de Howe réductif de U(W).

On définit de même les paires duales réductives de $End_D(W)$.

Une paire duale (H,H') de U(W) est dite **irréductible** s'il n'existe pas de décomposition orthogonale de W stable par HH'D.

Rappelons que l'on traite simultanément tous les groupes classiques, en admettant que le produit sur W peut être nul (i.e. W de type 2), auquel cas U(W) = $GL_D(W)$, et une décomposition orthogonale de W est une décomposition en somme directe.

W est par définition un espace à droite sur D , on le considère aussi comme un espace à gauche sur EndW ; noter que le corps opposé D° est contenu dans EndW .

Notation : étant donnée une action d'un ensemble X sur le **Z** -module W, à gauche ou à droite, on note $End_X W$ l'ensemble des **Z** -endomorphismes de W qui commutent avec l'action des éléments de X.

18. Proposition. Classification des sous-algèbres de Howe des algèbres centrales simples. 1) Toute sous-algèbre de Howe réductive B d'une algèbre centrale simple est produit de sous-algèbres de Howe irréductibles B_i d'algèbres centrales simples .

2) Pour toute décomposition $W = W_1 \otimes_{D_1} W_2$ en produit tensoriel , la paire $(\mathrm{End}_{D_1} W_1 , \mathrm{End}_{(D_1,D)} W_2)$
est une paire irréductible duale.
3) Toute paire irréductible duale est de la forme 2)

Cette proposition est une variante du théorème classique de H. Weyl : une sous-algèbre simple d'une algèbre centrale simple est égale à son double commutant . Elle se déduit facilement de [B, ch.8,§4].

Il est remarquable qu'une paire réductive duale de $\mathrm{End}_D W$ soit aussi duale dans $\mathrm{End}_F W$.

Preuve. Soit $A = \mathrm{End}_D W$, où W est comme en (17).
Soit $B \subset A$ une sous-algèbre opérant semisimplement sur W , alors $W = \oplus\, m_i V_i$ où les V_i sont des (B,D) -sous modules simples de W , deux à deux inéquivalents sous l'action de B . Utilisant le lemme de Schur, on voit que le commutant de B dans A est isomorphe à $\oplus\, M(m_i , D_i)$ où D_i est un corps. Le commutant de B dans A est donc réductif, et opère semi-simplement sur W . En particulier, on voit qu'en (17), les hypothèses (i) , (ii) pour une paire duale de A sont redondantes.

1) (Soit (B,B') une paire duale de A, opérant semi-simplement sur W . On décompose W comme ci-dessus. Soit $A_i = \mathrm{End}_D\, m_i V_i$. Alors par (17), B , B' s'identifie à la somme directe de leurs images canoniques B_i , B'_i dans les A_i , et la paire (B_i , B'_i) dans A_i est irréductible duale.
2) Soit $B=\mathrm{End}_{D_1} W_1$ et $B' = \mathrm{End}_{(D_1,D)} W_2$. Il est clair que B et B' commutent. Si Y est une base de B sur D_1 et Y' une base de B' sur $D_1{}^{\circ}\otimes_F D$, alors les $y \otimes_{D_1} y'$, $y \in Y$, $y' \in Y'$ forment une base de A. Pour que $u \in A$ commute avec B, il faut et il suffit que $u = \sum f_1(y') \otimes_{D_1} y'$, où f_1 est une application de Y' dans le centre de B . Ce centre est contenu dans $D_1{}^{\circ}\otimes_F D$, donc le commutant de B dans A est contenu dans B' . Il est donc égal à B' . On fait le même raisonnement en inversant les rôles de B et de B'.
3) W est (BB',D)-irréductible, ce qui implique qu'il est (B',D)-isotypique : $W = mW'$ où W' est (B',D)-irréductible. Alors $\mathrm{End}_{(B',D)} W'$ est un corps D_1 dont le centre contient celui de D. Inversement $B' = \mathrm{End}_{(D_1,D)} W'$. On peut écrire $W = W_1 \otimes_{D_1} W_2$, où W_1 est un D_1-espace à droite de dimension m , et $W_2 = W'$. Le commutant de B dans A est $B=\mathrm{End}_{D_1} W_1$. Le commutant de B' dans A est $B' = \mathrm{End}_{(D_1,D)} W_2 = \mathrm{End}_{D_2} W_2$, où D_2 est défini comme en (16).

Lemme. Soit $G = U(W)$ de type 1 ou 2. Si (H,H') est une paire duale irréductible dans G, les algèbres $B = End_{DH'}W$, $B' = End_{DH}W$ forment une paire duale irréductible de $A = End_D W$, et $B \cap G = H$, $B' \cap G = H'$.

La réciproque du lemme n'est pas vraie : si k/F est une extension séparable finie de F, et G le groupe orthogonal de la forme quadratique $tr_{K/F}(x^2)$, B=B'=k forment une paire duale dans $End_F k$ $k \cap G = \{\pm id\}$ n'est pas son propre centralisateur dans $G \neq \{\pm id\}$.

Preuve du lemme. $B' = End_{DH}W$ est une sous-algèbre de Howe de $End_D W$, et $B' \cap G = H'$. Soit $B = End_{DB'}W$, la paire (B,B') est une paire duale réductive, irréductible dans $A = End_D B$ (note : H, B opèrent à gauche, D à droite). Si elle était réductible, une décomposition orthogonale de W serait fixée par (H,H'), ce qui n'est pas. Elle est réductive, d'après la remarque débutant la preuve de la proposition 18. Par cette proposition, il est clair que

$$End_{DB}W = End_{DH}W \qquad \text{et} \qquad B \cap G = H.$$

La recherche des sous-groupes de Howe des groupes classiques se ramène à une réciproque du lemme ci-dessus. Elle utilise un résultat géométrique démontré en (II,5).

19. Classification des sous-groupes de Howe réductifs des groupes classiques. 1) Toute paire réductive duale de U(W) est produit de paires réductives duales irréductibles.

2) toute paire réductive duale irréductible non triviale dans U(W) est isomorphe à

a) $(U(W_1),U(W_2))$ pour toute décomposition de W en produit tensoriel hermitien $W=W_1 \otimes_{D'} W_2$, telle que chaque facteur ne soit pas du type suivant :

- orthogonal hyperbolique de dimension 2 sur $D' = F_3$,
- anti-hermitien de dimension 1 sur un corps de quaternions D' , et D = F

b) ou $(GL_{D_1}(X_1),GL_{D_2}(X_2))$ si W est totalement isotrope, et non dégénéré (de type 1), pour toute décomposition d'un Lagrangien X de W en produit tensoriel $X=X_1 \otimes_{D'} X_2$.

Preuve.

1) se déduit de 17. 2).

2) Si W est de type 2 , la proposition se déduit de (18).

Supposons donc que W est un espace ε-hermitien non dégénéré.

Aucun sous-espace non dégénéré de W n'est fixe par HH'D , mais il est possible qu'un D-espace $X \subset W$, tel que $X^\circ = X \cap X^\perp \neq \{0\}$ le soit. Alors l'espace totalement isotrope X° est fixe par HH'. Soit $P(X^\circ)$ le stabilisateur de X° dans U(W) (III,1).

Comme HH' est réductif, son intersection avec le radical unipotent de $P(X^\circ)$ est nul. On peut identifier (H,H') à une paire duale réductive (K,K') d'un sous-groupe de Lévi M de $P(X^\circ)$. Mais $M \approx GL_D(X^\circ)\times U(W')$ où W' est non dégénéré ou nul. Si $W'\neq\{0\}$, alors (K,K') n'est pas irréductible dans U(W). Si $W'=\{0\}$, W est hyperbolique, $X^\circ=X$ est un Lagrangien et (K,K') est une paire duale irréductible de $GL_D(X)$.

Inversement, une paire duale réductive irréductible (H,H') de $GL_D(X)$ est une paire duale dans U(W) si X est un Lagrangien de W, et $GL_D(X)$ plongé naturellement dans U(W). En effet, soit une décomposition $X = X_1\otimes_{D'}X_2$, telle que $(H,H') = (GL_{D_1}(X_1), GL_{D_2}(X_2))$; si

$g = \begin{matrix} a & b \\ c & d \end{matrix} \in U(W)$, $a\in GL_D(X)$, $d\in GL_D(X^*)$, $b\in Hom_D(X^*,X)$, $c\in Hom_D(X,X^*)$

commute aux éléments de H, alors pour tout $h\in H$, $bh^{*-1} = hb$; ceci implique que le noyau et l'image de b sont H-invariants; la décomposition canonique de h fournit une bijection $\eta : X_1\otimes_{D'}Y_2 \approx (X_1\otimes_{D'}Y_2)^*$, $Y_2\subset X_2$, vérifiant $b\eta^{*-1} = \eta b$.

Il existe b de norme réduite sur F, $dét_F b \neq \pm 1$. Comme la norme réduite est multiplicative, on en conclue que $Y_2 = \{0\}$; donc $b = 0$. On démontre de la même façon que $c=0$.

On s'est ramené à supposer que W ne contient aucun sous-espace stable par HH'D. Par le lemme (18), il existe une décomposition $W = W_1\otimes_{D_1}W_2$ telle que

$$H = U(W)\cap B,\ B = End_{D_1}W_1 \quad \text{et} \quad H' = U(W)\cap B',\ B' = End_{(D_1,D)}W_2 .$$

Un sous-groupe de U(W) est évidemment stable sous l'involution adjointe (1.1). Donc B et B' sont stables sous l'involution adjointe. La bijection entre espaces ε-hermitiens et algèbres à involutions implique que pour $i = 1,2$, W_i est un D_i-espace à droite ε_i-hermitien, de produit noté $<,>_i$, défini à similitude près (I,1), et $H = U(W_1)$, $H' = U(W_2)$.

Inversement toute décomposition de W en produit tensoriel hermitien sauf dans le cas exclus dans le théorème fournit une paire duale (voir la remarque de I,15).

20. Décompositions d'un espace symplectique en produit tensoriel.

Soit (W, <, >) un espace symplectique sur F de dimension 2n. Par (19) chercher les paires duales irréductibles de Sp(W) est équivalent à chercher les décompositions de W en produit tensoriel hermitien.

Soit $t_{D/F}\in Hom_F(D,F)$ tel que la forme bilinéaire $(d,d')\rightarrow t_{D/F}(dd')$, $d,d'\in D$, soit non dégénérée (la trace réduite en général).

Lemme. Si $(W_1, <,>_1)$, $(W_2, <,>_2)$ sont deux espaces sur D respectivement à droite et à gauche, ε_i-hermitiens tels que $-1 = \varepsilon_1\varepsilon_2$, alors le produit tensoriel $W = W_1\otimes_D W_2$ muni de la forme

$$<<w_1 \otimes w_2, w'_1 \otimes w'_2>> \;=\; t_{D/F}(<w_1,w'_1>_1 \, \tau(<w_2,w'_2>_2)), \quad w_i, w'_i \in W_i$$

est symplectique. Inversement, toute décomposition de $(W, <\,,\,>)$ en produit tensoriel hermitien est de ce type.

Preuve. Montrons la seconde partie (la première partie se vérifie directement).
Soit $W = W_1 \otimes_D W_2$ une décomposition de $(W, <\,,\,>)$ en produit tensoriel hermitien . La forme $<<\,,\,>>$ induit sur $End_F W$ une involution coincidant avec l'involution adjointe associée à $<\,,\,>_i$, sur $End_D W_i$, $i=1,2$. Deux involutions de $End_F W$ diffèrent par un automorphisme intérieur. Un automorphisme intérieur de $End_F W$ trivial sur $End_D W_i$, $i=1,2$ est donné par conjugaison par un élément non nul du centre de D . On peut modifier les produits $<\,,\,>_i$ tels que $<<\,,\,>> = <\,,\,>$.

Restriction des scalaires. 1) Pour tout espace $(W, <\,,\,>)$ anti-hermitien sur (D,τ) et tout homomorphisme $t_{D/F} \in Hom_F(D,F)$ tel que $(x,y) \to t_{D/F}(xy)$ soit une forme bilinéaire non dégénérée $D\times D \to F$ (la trace en général), l'espace $(W, t_{D/F}<\,,\,>)$ symplectique sur F , sera dit déduit de $(W, <\,,\,>)$ et $t_{D/F}$ par " restriction des scalaires ".
2) Une paire duale dans $Sp(W)$ reste une paire duale dans $Sp(W')$, si W' est déduit de W par restriction des scalaires, sauf si la paire est la paire triviale $(\{\pm 1\}, Sp(W))$.

Liste des paires duales irréductibles de Sp(2n,F), ne provenant pas par restriction des scalaires de Sp(2n',F') , n'[F:F'] = n .
a) paires de type 2 : $(GL(m,D), GL(m',D))$, D corps de centre F, $[D:F] = d$, $n = mm'd$
b) paires de type 1 :
- $(O(m,F), Sp(2m',F))$, $O(m,F') \neq O(2,F_3)$, $n=mm'$
- $(U^+(m,D), U^-(m',D))$, D'/F extension quadratique ou corps de quaternions muni de l'involution canonique, $U^{\pm}(m,D)$ groupe unitaire d'une forme $\pm$-hermitienne à m variables sur D , $m' \neq 1$ si D est un corps de quaternions, $mm'd = 2n$.

Si W n'est pas symplectique, on peut décrire sans difficulté les décompositions de W en produit tensoriel, et terminer la classification des paires réductives duales dans U(W) sur un corps fini, local Nous ne le faisons pas, car cela n'est pas utile pour la correspondance de Howe. C'est un peu plus compliqué que dans le cas symplectique, dû au fait que le groupe de Witt n'est pas trivial.
On peut aussi définir une "restriction des scalaires".

II - Lagrangiens (caractéristique $\neq 2$).

Soit W un espace ε-hermitien à droite sur (D,τ) ou un espace à droite sur D de dimension n (type 1 ou type 2). Soit F' le centre de D et $F\subset F'$ celui de l'involution. Nous convenons d'appeler **Lagrangien** de W soit un sous-espace totalement isotrope maximal si W est hyperbolique (type 1) soit un sous-espace quelconque non nul de W (type 2).

Soit $\Omega = \Omega(W)$ l'ensemble des Lagrangiens de W. On a donc $\Omega=\emptyset$ si et seulement si W et de type 1, et non hyperbolique. Soit $\Omega(r)$ l'ensemble des Lagrangiens de dimension r. On a donc $\Omega = \Omega(m)$, si W est de type 1, hyperbolique, d'indice de Witt m, et $\Omega(r)$ est la grassmanienne des sous-espaces de W de dimension r sinon.

L'action de U sur Ω a pour orbites les $\Omega(r)$. Elle est transitive si W est de type 1.

1. Paramétrisation de Ω associée à une polarisation.

Si $W=mH$, la donnée d'une polarisation complète de W, i.e. une décomposition $W=X+Y$ où X,Y sont deux Lagrangiens (9), induit une paramétrisation naturelle de Ω. Soit $S^2(V,\varepsilon)^*$ l'ensemble des formes sesquilinéaires sur un espace vectoriel V à droite sur D, vérifiant la propriété de symétrie ε-hermitienne (mais pouvant être dégénérées).

Lemme. On a une bijection canonique : $\Omega \approx \cup_{V\in\Omega(X)} S^2(V,-\varepsilon)^*$.

Preuve. Notons π la projection sur X parallèlement à Y. Soit $Z\subset W$ un Lagrangien. Posons pour $z,z'\in Z$, $B(z,z') = \langle\pi(z),z'\rangle$. Comme Z est un Lagrangien, si $z=x+y$ est la décomposition associée à la polarisation complète, on a

$$0=\langle z,z'\rangle=\langle x,y'\rangle+\langle y,x'\rangle=\langle x,y'\rangle+\varepsilon\tau(\langle y',x\rangle)$$

donc B induit sur $V=\pi(Z)$ une forme $-\varepsilon$-hermitienne. Inversement, $Z=\{x+y$, tels que pour tout $x'\in V$, l'on ait $\langle x',y\rangle=B(x',x)\}$.

2. Paramétrisation de Ω associée à une décomposition orthogonale.

Si $W=mH$, la donnée d'une décomposition orthogonale $W=W_1+(-W_2)$ en espaces ε-hermitiens induit une autre paramétrisation de Ω. On note $Z_i^\perp$ l'orthogonal de Z_i dans W_i.

Lemme. Il existe une bijection $\Omega \approx \{(Z_1,Z_2,\Phi)$, Z_i sous-espace isotrope de W_i, Φ isométrie de $Z_1^\perp/Z_1$ sur $Z_2^\perp/Z_2\}$

Preuve. Soit Z un Lagrangien, $\pi_1(Z)$ sa projection sur W_1 parallèlement à W_2, Z_1 son intersection avec W_1. On a

a) $Z_1^\perp=\pi_1(Z)$

par un calcul élémentaire sur les dimensions. Soient r_i, n_i l'indice de Witt, la dimension de W_i. On a $n_i=2r_i+n_i^\circ$, avec $n_1^\circ=n_2^\circ$ puisque les classes de Witt des W_i sont les mêmes. Soient $d = \dim Z$, $d_i = \dim Z_i$, $\lambda_i = \dim Z_i^\perp - \dim\pi_i(Z)$. Il est clair que $\pi_i(Z)\subset Z_i^\perp$, donc $\lambda_i\geq 0$. On montre $\lambda_i=0$ en écrivant

$$d = r_1+r_2+n_i^\circ$$
$$= \dim(\pi_1(Z)+Z_2) = d_1+2(r_1-d_1)+n_1^\circ-\lambda_1+d_2$$

d'où $(r_1-d_1)-(r_2-d_2) = -\lambda_1$ et aussi $= \lambda_2$ par symétrie. D'où $\lambda_i=0$.

b) Pour $z=z_1+z_2$, $z'=z'_1+z'_2\in Z$, on a $<z,z'>=0$, i.e. $<z_1,z'_1>-<z_2,z'_2>=0$.

La correspondance entre $Z_1^\perp$ et $Z_2^\perp$ de graphe Z induit une isométrie.

c) Inversement la donnée d'un triplet permet de construire un espace totalement isotrope de W : $Z=\{z_1+z_2\in Z_1^\perp+Z_2^\perp$, tels que $\Phi(z_1+Z_1)=z_2+Z_2\}$, de dimension n , i.e. un Lagrangien. Cette construction est l'inverse de la construction précédente.

Si $r_1\leq r_2$, les dimensions des Z_i prennent les valeurs entières vérifiant

$$0\leq d_1\leq r_1 , \quad d_2 = d_1 + (r_2-r_1)$$

Soit U le groupe unitaire de W. Avec les hypothèses de (2), le groupe unitaire U_i de W_i est canoniquement plongé dans U , l'action de U_i sur W_j, $j\neq i$, étant l'identité. On a $u_1u_2=u_2u_1$, pour $u_i\in U_i$. L'action de U_1U_2 sur Ω est donnée par $(u_1,u_2)(Z_1,Z_2,\Phi)=(u_1Z_1,u_2Z_2,u_2\Phi u_1^{-1})$. On en dédui

Lemme. Si $r_1\leq r_2$, deux Lagrangiens Z, Z' sont dans la même orbite sous U_1U_2 si et seulement si $\dim Z_1=\dim Z_1'$. Il y a r_1+1 orbites. Le stabilisateur de (Z_1,Z_2,Φ) dans U_1U_2 est

$$\{u_1u_2\in P_1(Z_1)P_2(Z_2),\ u_2=\Phi u_1\Phi^{-1} \text{ sur } Z_2^\circ/Z_2\} .$$

Si W est de type 2, la décomposition de W en somme directe induit une paramétrisation des grassmaniennes $\Omega(r)$ dont les lemmes 2,3 sont la version ε-hermitienne.

Lemme. Il existe une bijection :

$$\Omega(r) \approx \{(Z_1,T_1,Z_2,T_2,\Psi),\ Z_i\subset T_i \text{ sous-espaces de } W_i,\ \Psi \text{ isomorphisme de } T_1/Z_1 \text{ sur } T_2/Z_2\}.$$

Les dimensions d_i,e_i des Z_i, T_i prennent les valeurs entières vérifiant

$$r = e_2+d_1 = e_1+d_2 ,\quad e_i,d_i \leq n_i .$$

Ce sont les invariants des orbites de $\Omega(r)$ pour l'action de U_1U_2 .

Le stabilisateur de (Z_1,T_1,Z_2,T_2,Ψ) dans U_1U_2 est

$$\{ g_1g_2\in P_1(Z_1\subset T_1)P_2(Z_2\subset T_2),\quad g_2=\Psi g_1\Psi^{-1} \}$$

Indications sur la preuve. Si $Z\in X(r)$, $r\leq n_1+n_2$, poser $Z_i = V_i \cap Z$, $T_i=\pi_i(Z)$.

3. Quelques lemmes géométriques.

Soit W de type 1. Deux éléments (w_i) et (v_i) de mW (type1) , $m\geq 1$, sont dans la même orbite pour l'action naturelle de U, si et seulement si leurs coordonnées ont la même **matrice de Gram** (ou matrice moment) $(\langle w_i,w_j\rangle)=(\langle v_i,v_j\rangle)$ et engendrent des sous-espaces vectoriels de même dimension. Ceci résulte du théorème de Witt. De façon équivalente, soit V un D-espace vectoriel à droite de dimension m, $Hom_D(V,W)$ est muni d'une action de U : $(f,u)\rightarrow uf$, si $f\in Hom(V,W)$, $u\in U$; Pour que $g\in Hom(V,W)$ vérifie g=uf, il faut et il suffit que Z=Kerg=Kerf, et que les espaces V/Kerf et V/Kerg soient isométriques pour les formes induites par < , > , via f et g. Ces formes induites peuvent être dégénérées. On en déduit

Lemme. Il y a une bijection entre les orbites de Hom(V,W) pour l'action de U et l'ensemble des couples (Z,B), Z sous-espace de V, B forme ε-hermitienne dégénérée ou non sur Z , (V/Z,B) isométrique à un sous-espace de W}. La dernière condition est automatique si $r\geq m$.

La description des U-orbites de $Hom_D(V,W)\times Hom_D(W,V')$ où V,V' sont deux D-espaces à droite de dimension finie m et m',

$$u(f,g)=(uf,gu^{-1}) \quad , \quad \text{si } u\in U,\ f\in Hom(V,W),\ g\in Hom(W,V') .$$

se ramène à ce lemme grâçe à l'isomorphisme entre W et W* donné par le produit hermitien.

Soit W de type 2 , et V , V' comme ci-dessus. Les invariants d'une U-orbite de $Hom_D(V,W)\times Hom_D(W,V')$ sont Z=Kerf, Z'=Img, φ=gf.

Lemme. Les U-orbites de $Hom_D(V,W)\times Hom_D(W,V')$ sont en bijection avec l'ensemble des triplets (Z,Z',φ), Z , Z' sous-espaces de V, V', $\varphi\in Hom(V/Z,Z')$ tels que dimV/Z, dimZ', dimKerφ+dimZ' $\leq$ dimW }. Cette condition est automatique si $m+m'\leq n$.

4 . Lagrangiens fixés par un sous-groupe de Howe réductif.

Soit (U_1,U_2) une paire réductive duale irréductible dans U(W) (I,17).

Soit Ω l'ensemble des Lagrangiens de W, le sous-ensemble Ω^1 des Lagrangiens de W fixes par U_1, est stable pour l'action de U_2. Notons par l'ensemble des Lagrangiens de W . Ces ensembles peuvent être vides.

Lemme. On a une bijection canonique : $\Omega^1 \approx \Omega_2$, compatible avec l'action de U_2, si W_1 n'est pas le plan hyperbolique orthogonal sur F_3.

Preuve: a) type 1. Si W_1 n'est pas le plan hyperbolique orthogonal sur F_3, tout sous-espace invariant par U_1 est de la forme $W_1 \otimes Z'$ où Z' est un sous-espace de W_2 (II,5). Il est isotrope si et seulement si Z' l'est. C'est un Lagrangien si et seulement si $\dim Z' = n_2/2$.
b) type 2. Tout sous-espace invariant par U_1 est de la forme
$(W_1 \otimes Z') + (W_1{}^* \otimes Z'')$, où Z',Z'' sont des sous-espaces de W_2. C'est un Lagrangien si et seulement si Z'' est l'orthogonal de Z' dans $W_2{}^*$.

5. Lemme . Commutant de U(W) dans EndW.
Il est
a) isomorphe à $\mathbf{F}_3 \times \mathbf{F}_3$, si W est le plan hyperbolique orthogonal sur $\mathbf{F}_3$,
b) égal à EndW , si W est orthogonal de dimension 1 ,
c) isomorphe à D sinon.

Preuve. On suit la méthode de Dieudonné [Dieu, p.41-42]. Soit A=EndW l'ensemble des endomorphismes du $\mathbf{Z}$ -module W ; si $\mathbf{k}$ est le sous-corps premier de D , on a $\mathrm{End}W = \mathrm{End}_{\mathbf{k}}W$
Si $z \in A$ commute avec $h \in A$, alors z stabilise le sous-espace des points fixes de h. Si z commute avec U(W) il commute en particulier avec les symétries et les transvections de U(W), et laisse stable les hyperplans non isotropes de W (i.e. sur lesquels la restriction du produit de W reste non dégénérée) et si W n'est pas orthogonal les droites isotropes. On en déduit que si W est anisotrope, ou non orthogonal, z laisse stable toutes les droites de W (sur D). Si W est orthogonal, de dimension ≥ 3, on montre que toute droite isotrope est l'intersection de deux plans non isotropes, et l'on a le même résultat.
Si $\dim_D W > 1$ et si z stabilise les droites de W sur D , alors il existe $d \in D$ tel que $z(w)=wd$ pour tout $w \in W$. Inversement, il est clair que tout z de cette forme commute avec U(W). Donc $\mathrm{End}W \approx D$.
Soit W un plan orthogonal hyperbolique. Sur une base hyperbolique $\{e,f\}$, U(W) est représenté par les matrices diagonales ou antidiagonales $(a,0;0,1/a)$, $(0,a;1/a,0)$, $a \in F$ non nul. Soit $z \in A$ commutant avec U(W). Alors on vérifie facilement que $z(xe+yf) = A(x,y)e+B(x,y)f$, où $x,y \in F$ pour toutes fonctions $A,B : F \times F \to F$ telles que $A(x,y) = B(y,x)$, $A(xa, y/a) = a\,A(x,y)$, $a \in F$, et $A(x,y) = A(x,0)+A(0,y)$. On a donc en posant $\alpha = A(1,0)$ et $\beta = A(0,1)$

$$z(xe+yf) = \alpha(xe+yf) + \beta(e/y+f/x) \quad , \alpha,\beta \in F$$

S'il existe $a \in k$ tel que $a^2 \neq 1$, alors z est un k-endomorphisme de W si et seulement si $\beta = 0$, et $Z_{\mathrm{End}W}\, U(W) \approx F$.

Sinon, $k=F_3$, et $Z_{EndW}\,U(W) \approx F_3 \times F_3$.

Il reste le cas où $\dim_D W = 1$. Soit $W=D(a)$, avec $\tau(a)=\varepsilon a$, alors

$$U(W) \approx D^a = \{d\in D,\ da\tau(d)=a\}.$$

Soit E(a) le sous-corps de D engendré par D^a et le sous-corps premier de D. Le commutant de U(W) dans EndW est égal à $End_{E(a)}W$. Pour tout corps $k \subset D$, D est le commutant de U(W) dans $End_k W$, si et seulement si $kE(a) = D$.

1) Si l'involution τ sur D est triviale, on a W orthogonal, $U(W)=\{\pm id\}$, tout élément de EndW commute à U(W).

2) Si τ n'est pas triviale , et a dans le centre de D, alors $U(W) \approx \{d\in D,\ d\tau(d)=1\}$ ne dépend pas de a , et $E=E(a)$ non plus.

Lemme. Soit F'/F une extension quadratique , où F est un corps fini ou local non archimédien de caractéristique différente de 2. Soit F^- une clôture algébrique de F' . Il n'existe pas d'homomorphisme non trivial de F' dans F^- , trivial sur toutes les unités de F' de norme 1 dans F.

Supposons que F est fini ou local non-archimédien, alors par (I,4) :

- si D est fini, D=F' est commutatif, et de degré 2 sur le corps F des points fixes de τ . On a E = F' par le lemme. Le commutant de U(W) dans EndW est égal à F'.
- si D est local non-archimédien, soit D = F' commutatif, soit D est le corps des quaternions et W est hermitien. Par le lemme, D = E , si D est commutatif. Si D est un corps de quaternions, E contenant tout sous-corps commutatif maximal de D est aussi égal à D.

3) Si D est un corps de quaternions et a un quaternion pur, alors E(a) contient F(a) par le lemme. On vérifie que E(a) n'est pas commutatif, ce qui implique E(a) = D .

Corollaire. Si W n'est pas le plan hyperbolique orthogonal sur F_3, il n'existe pas de D-sous-espace non trivial V de W qui soit stable par U(W).

Preuve : si V est stable, alors V n'est pas totalement isotrope (par I (8),(9)), et $V^{\perp}$ est aussi stable. Comme $V^{\circ}=V\cap V^{\perp}$ est totalement isotrope, et stable, il est nul. Donc V est non isotrope,

$$W=V\oplus V^{\perp}, \qquad U(W)=U(V)\times U(V^{\perp})$$

ce qui est absurde par le lemme ci-dessus si V est non trivial.

III . Paraboliques.

1. Extension des scalaires.

Soit F^- une clôture algébrique de F et L un corps contenant F , et contenu dans F^- . Soit W un espace ε-hermitien de dimension n sur (D,τ). Le groupe U(W) est le groupe des points rationnels sur F d'un groupe algébrique U. On a $U(L)=U(W_L)$ où $W_L = W\otimes_F L$ est le $D_L= D\otimes_F L$ -module à droite muni du produit prolongeant celui de W. Si ι est l'involution de $A=End_D(W)$,

$$U(L) = \{a\in A_L, \iota(a)a=id\}.$$

On définit le groupe SU égal au noyau dans U du déterminant. Notons O(n), Sp(2m), GL(n) les trois groupes unitaires sur F^-. On suppose que F est fini, local ou global.

Lemme. Le groupe $U(F^-)$ est égal à

GL(rn) dans les deux cas :

- τ est de seconde espèce, avec r=1 si D=F' et r=2 si D est un corps de quaternions,
- W est de type 2 avec $r^2= [D:F]$

O(rn) si τ est de première espèce, avec ε=1 , r=1 si D=F et ε=-1, r= 2 si D est un corps de quaternions.

Sp(rn) si τ est de première espèce, ε=-1 r=1 si D=F et ε=1, r= 2 si D est un corps de quaternions.

Corollaire. U est un groupe réductif Zariski-connexe, sauf si W est orthogonal ou anti-hermitien sur un corps de quaternions muni de l'involution canonique. Dans ce cas, SU est un groupe réductif connexe.

Corollaire. Si W est orthogonal, $SU(W)\subset U(W)$ est d'indice 2 , et U n'est pas le groupe des points rationnels sur F d'un groupe réductif connexe. Si W est ε-hermitien sur un corps de quaternions muni de l'involution canonique, alors SU(W)=U(W) (mais SU≠U) est le groupe des points rationnels sur F d'un groupe semi-simple connexe.

Indications sur les preuves : Si l'involution est de seconde espèce,

$A_{F^-} \approx M(rn,F^-)\times M(rn, F^-)$ munie d'une involution ι permutant les deux facteurs

$U(F^-) \approx GL(rn, F^-)$.

Si $W = \oplus F(a_i)$ ou $\oplus$ mH est orthogonal ou symplectique,

$A\approx M(n,F)$ muni de l'involution $a\to h\,{}^t a h^{-1}$ où h =diag(a_i) ou diag(u) , et u=(0,1;-1,0),

$A_{F^-} \approx M(n,F^-)$ muni de la même involution.

Si D est le corps de quaternions muni de l'involution canonique, $A_{F^-} \approx M(2n,F^-)$ muni de l'involution $a \to h\,\mathrm{diag}(u)^t a (h\,\mathrm{diag}(u))^{-1}$ et hu est -ε-symétrique si h est ε-symétrique (1,12). Si D est un corps de quaternions, le déterminant de Dieudonné : $A^\times \to D^\times/(D^\times, D^\times)$ est trivial sur U(W), donc SU=U. La connexité de GL(n), Sp(n), SO(n) est bien connue [H 7.5,p.55].

2. Groupes paraboliques.

L'ensemble des drapeaux totalement isotropes $\Phi = \{0 \not\subset X_1 \not\subset .... \not\subset X_r\}$, $X_r \subset W$ totalement isotrope, est muni d'une action naturelle de U.

a) **Orbites** : par le théorème de Witt, le seul invariant est $\{n_1 \le ..... \le n_r\}$ où $n_i = \dim_D X_i$.

b) **Orbites sous SO** : si W est orthogonal, une O-orbite est une SO-orbite sauf dans **le cas exceptionnel** : $W \approx mH$ hyperbolique et $n_r = m$, où une O-orbite est l'union de deux SO-orbites. Alors Φ n'est pas SO-conjugué au drapeau $\Phi' = \{0 \not\subset X'_1 \not\subset .... \not\subset X'_r\}$ où $X'_i = X_i$, si i<r et X'_r est engendré par $\{e_i, 1 \le i \le m-1, f_m\}$ où $\{e_i, f_i , 1 \le i \le m\}$ est une base hyperbolique de W telle que $\{e_i, 1 \le i \le m\}$ est une base de X_r.

c) **Paraboliques.** Nous appellerons sous-groupe parabolique de U (resp. SU) le stabilisateur dans U (resp. SU) d'un drapeau totalement isotrope Φ de W, et nous le noterons P(Φ) (resp. $P^+(\Phi)$).

Par b), $P^+(\Phi) \subset P(\Phi)$ est d'indice 2 sauf dans le cas exceptionnel où $P^+(\Phi) = P(\Phi)$.

Dans **le cas très exceptionnel** : $W \approx mH$ est orthogonal hyperbolique, $n_r = m$, $n_r = m-1$.

Soit Φ' le drapeau construit en b) et Φ" celui obtenu en supprimant X_r de Φ . On a

$$P^+(\Phi) = P^+(\Phi') = P^+(\Phi''),$$

mais seulement $P(\Phi) = P(\Phi')$

Proposition. Si $P^+(\Phi) = P^+(\Phi_1)$ alors $\Phi = \Phi_1$ sauf dans le cas très exceptionnel, où

$$\Phi_1 \in \{\Phi, \Phi', \Phi''\}.$$

La preuve est donnée au paragraphe 4. La proposition est vraie avec P(Φ), en supprimant Φ".

3. Cette proposition a pour corollaires :

Normalisateurs. P(Φ) est égal à son normalisateur dans U , sauf dans le cas très exceptionnel, où il est d'indice 2 dans son normalisateur. $P^+(\Phi)$ est égal à son normalisateur dans SU.

Classes de conjugaison. P(Φ) est conjugué dans U à $P(\Phi_1)$ si et seulement si Φ et Φ_1 sont dans la même U-orbite. Le seul invariant est donc $\{n_1 \le ..... \le n_r\}$. En effet, dans le cas exceptionnel

$\Phi'=u\Phi$ où $u\in O$ (non à SO).

Classes de conjugaison dans SO. $P^+(\Phi)$ est conjugué dans SU à $P^+(\Phi_1)$ si et seulement si Φ et Φ_1 sont dans la même U-orbite, dans le cas non exceptionnel. Le seul invariant est alors

$$\{n_1\leq.....\leq n_r\}.$$

Dans le cas très exceptionnel, Φ et Φ'' ne sont pas dans la même U-orbite. Dans le cas exceptionnel, non très exceptionnel, $P^+(\Phi)$ n'est pas SU conjugué à $P^+(\Phi')$.

Paraboliques maximaux. $P(X)=P(0\not\subset X)$, à conjugaison près il y en a m si m est l'indice de Witt de W, classés par $\dim_D X$.

Paraboliques maximaux de SO. $P^+(X)$, avec dans le cas exceptionnel $\dim X\neq m-1$ $(P(X)\cap P(X')=P(X\cap X')$ si X est un Lagrangien.) A conjugaison près, il y en a m classés par $\dim_D X$ sauf dans le cas exceptionnel, où on a une classe pour chaque dimension $<m-1$, aucune pour m-1, deux pour m.

4. Preuve de la proposition 2.
Soient $\Phi_1=\{0\not\subset Y_1\not\subset....\not\subset Y_s\}$ tel que $P^+(\Phi)=P^+(\Phi_1)$.
On montre d'abord qu'il existe k tel que pour $1\leq i\leq k$, $X_i=Y_i$ et pour $i>k$, $X_i=X_k+Z_i$, $Y_i=X_k+Z_i^*$, où l'accouplement sur $Z_i\times Z_i^*$ donné par $<,>$ est non dégénéré. En effet, soit i(1) le sup des i tels que $Y_1\cap X_i=X_i$. Pour $i=i(1)+1$, on a $Y_1\cap X_i=X_{i(1)}$, sinon on aurait un drapeau strictement plus fin que Φ

$$\{0\not\subset X_1\not\subset...\not\subset X_{i(1)}\not\subset Y_1\cap X_{i(1)+1}\not\subset X_{i(1)+1}\not\subset ...\not\subset X_r\}$$

stabilisé par $P^+(\Phi)$. C'est impossible (se voit sur un Levi (5)).
Pour $i=i(1)+2$, on a encore $Y_1\cap X_i=X_{i(1)}$ sinon, $Y_1\cap X_i=X_{i(1)}+T$ où $T\cap X_{i-1}=\{0\}$ et $X_{i-1}\not\subset X_{i-1}+T\not\subset X_i$ est stabilisé par $P^+(\Phi)$. C'est impossible de la même façon. On démontre ainsi l'existence de k, avec $1\leq i\leq k$, $X_i=Y_i$ et pour $i,j>k$, $X_i\cap Y_j=X_k$.
On choisit alors une base $B=\{e_i,f_j,u_k\}$ de X_r et une base $C=\{e_i,f_j^*,v_t\}$ de Y_s telles que $\{e_i\}$ soit une base de X_k,

$$<f_j, f_{j'}^*>=\delta_{j,j'} ,\ <u_k,Y_s>=<v_t,X_r>=\{0\}.$$

Alors l'espace $X_{r+1}=(X_r+Y_t)\cap(X_r+Y_t)^{\perp}$ est totalement isotrope, stabilisé par $P^+(\Phi)$ et contient X_r. Par le même argument que précedemment, sauf si W est orthogonal hyperbolique et $\dim X_r = m-1$, on en déduit $X_{r+1}=X_r$, il n'y a ni v ni u, et $X_r=X_k+Z_r$, $Y_s=X_k+Z_r^*$.
On procède de même avec X_{r-1} et Y_s. On obtient un espace totalement isotrope $X''_{r-1,s}$ contenant X_{r-1} stabilisé par $P^+(\Phi)$ admettant une base $\{e_i,f_j,f_t^*\}$ où $\{e_i,f_j\}$ est une base de X_{r-1}, $\{e_i,f_j,f_t\}$ une

base de X_r. On a

$$P^+(\Phi) = P^+(\Phi)\cap P(Y_s) = P^+(\{0\not\subset X_1\not\subset....\not\subset X_{r-1}\not\subset X''_{r-1,s}\}).$$

On procède de même avec Y_{r-1} et Y_{s-1}. On obtient $X''_{r-1,s-1}$ engendré par X_{r-1} et les $f_t{}^*$ de Y_{s-1} orthogonaux à X_{r-1}, contenu dans $X''_{r-1,s}$, stable par $P^+(\Phi)$. Pour la même raison que précédemment, il ne peut y avoir de f_t. Donc

$$X_{r-1}= X_k+Z_{r-1}\ ,\ Y_{s-1} = X_k+Z_{r-1}{}^*$$

Au bout d'un nombre fini d'étapes, on démontre ce que l'on voulait, sauf si $W \approx mH$ est orthogonal hyperbolique, et l'un des X_i a pour dimension m-1.

On décompose $W= (X_k+X_k{}^*)\oplus(Z_r+Z_r{}^*)\oplus W°$, où l'accouplement sur $X_k{\times}X_k{}^*$ est non dégénéré. Il faut que $W°=\{0\}$ et $S^2(Z,-\varepsilon)^*=\{0\}$ cf. la description de $P(\Phi)$ en (5). On a $S^2(Z,-\varepsilon)^*=\{0\}$ si et seulement si $Z=\{0\}$ ou $\dim Z=1$, $\varepsilon=1$, $D=F$.
C'est le cas très exceptionnel, pour lequel on vérifie directement l'assertion.

5. Description de P(X). Il y a une suite exacte scindée

$$1 \to N(X) \to P(X) \to M(X) \to 1$$

N(X) est le radical unipotent de P(X), il est nilpotent à deux pas.
Si $W=(X+X^*)\oplus W°$, $M(X) \approx GL_D(X){\times}U(W°)$ et on a une suite exacte :

$$1 \to S^2(X,-\varepsilon) \to N(X) \to \mathrm{Hom}_D(W°,X) \to 1$$

L'extension est centrale.

S'il existe un accouplement dégénéré sur $X{\times}X^*$ et sur $Y{\times}Y^*$, noté $<,>_X$ et $<,>_Y$, si $f\in \mathrm{Hom}_D(X,Y)$, l'application adjointe $f^*\in \mathrm{Hom}_D(Y^*,X^*)$ est définie par

$$<f(x),y^*>_Y=<x,f^*(y^*)>_X .$$

Le sous-groupe de Levi M(X) de P(X) associé à la décomposition $W=X+W°+X^*$ est formé des m(g,u) de matrice

$$\mathrm{diag}(g,u,g^{*-1}) \qquad g\in GL_D(X),\ u\in U(W°)$$

Le radical unipotent N(X) de P(X) contient le sous-groupe distingué $N_1(X)$ formé des $n_1(s)$, $s\in \mathrm{Hom}_D(X^*,X)$ $s^*=-s$, de matrice

$$\begin{bmatrix}1 & 0 & s\\ 0 & 1 & 0\\ 0 & 0 & 1\end{bmatrix}$$

$N_1(X)$ s'identifie à au groupe $S^2(X,-\varepsilon)$ des formes sesquilinéaires sur X^*, $-\varepsilon$ symétrique.
Soit $N_2(X) \subset N(X)$ formé des $n_2(h)$, $h\in \mathrm{Hom}_D(W°,X)$, de matrice

$$\begin{pmatrix} 1 & h & -hh^*/2 \\ 0 & 1 & -h^* \\ 0 & 0 & 1 \end{pmatrix}$$

Tout $n \in N(X)$ s'écrit de façon unique $n = n_1(s)\, n_2(h)$.

On a les formules

(a) $m(g,u)n_1(s)m(g,u)^{-1} = n_1(gsg^*)$

(b) $m(g,u)n_2(h)m(g,u)^{-1} = n_2(ghu^{-1})$

l'action de $M(X)$ sur $N(X)$ est donc l'action naturelle,

(c) $n_2(h)n_2(k) = n_2(h+k)\, n_1((-hk^*+kh^*)/2)$

le commutateur de deux éléments de $N_2(X)$ est donné par

(d) $(n_2(h)\, ,\, n_2(k)) = n_1(-hk^*+kh^*)$

Lemme. 1) Le groupe des commutateurs de $N(X)$ est $N_1(X)$ si $W^o \neq \{0\}$.

2) $N(X)$ est abélien si et seulement si

a) $W^o = \{0\}$, et alors $N(X) = N_1(X)$

b) W^o est orthogonal et $\dim_D X = 1$, et alors $N(X) = N_2(X)$.

Preuve. $\{N_2(X)=0\} \Leftrightarrow \{a)\}$ et $\{N_1(X)=0\} \Leftrightarrow \{b)\}$. Il est donc clair qu'il suffit de montrer 1) en supposant que l'on a ni a) ni b).

Par le théorème d'orthogonalisation (1,6), il suffit de montrer que le groupe des commutateurs de $N(X)$ contient les $n_1(s)$, $s \in \mathrm{Hom}_D(X^*,X)$ $s^*=-s$,

rang $s = 1$, si W non orthogonal

rang $s = 2$, si W orthogonal.

Par (d), il contient les $n_1(s-s^*)$, $s \in \mathrm{Hom}_D(X^*,X)$ se factorisant par W^o , i.e. rang $s \leq \dim_D W^o$.

On en déduit (1), sauf si W est orthogonal et

$\dim_D W^o = 1$. Dans ce cas, le plus facile est de le vérifier directement par un calcul simple.

Bibliographie du premier chapitre

[B] Bourbaki N. Algèbre , ch.8 , Hermann , Paris.

[Sc] Scharlau W. Quadratic and hermitians forms, Springer-Verlag Grundlehren der mathematischen Wissenschaften 270 [1985].

[Dieu] Dieudonné J. La géométrie des groupes classiques , Springer-Verlag Ergebnisse der Mathematik und ihrer Grenzgebiete 5 [1971]

[J] Jacobson N. The theory of rings, AMS Math Surveys II (1943).

[H] Humphreys J.E. Linear Algebraic Groups , Springer Verlag Graduate Texts in Mathematics 21 [1975].

Chapitre 2. Représentations métaplectiques et conjecture de Howe

Remarques préliminaires. On renvoie à [H2] ou [LV] pour la théorie sur un corps de base égal à $\mathbb{R}$ ou $\mathbb{C}$. On renvoie à [BZ] pour la théorie des représentations des groupes localement compacts totalement discontinus. Précisons simplement que si G est un tel groupe, les représentations de G qu'on considère ici agissent dans des espaces vectoriels complexes. On note (ρ,S) la donnée d'un tel espace S et d'un homomorphisme $\rho:G\longrightarrow GL(S)$.

I. Le groupe d'Heisenberg.

I.1. Soit F un corps de caractéristique différente de 2, qui est soit local non archimédien, soit fini. Dans le premier cas, on note $\mathcal{O}$, ou $\mathcal{O}_F$, son anneau des entiers. Soit W un espace vectoriel de dimension finie sur F, muni d'une forme symplectique $<\ ,\ >$. Le groupe d'Heisenberg associé H, ou $H(W,<\ ,\ >)$, est l'ensemble $W\times F$, muni de la topologie produit, et de la loi de groupe

$$(w,t)(w',t')=(w+w',t+t'+<w,w'>/2).$$

Notons $\zeta:F\longrightarrow H$ le monomorphisme $\zeta(t)=(0,t)$. Son image est le centre de H. Notons $\delta:W\longrightarrow H$ l'injection $\delta(w)=(w,0)$. Ce n'est pas un morphisme de groupes.

Remarques (1) Soit $a\in F^*$. L'application

$$H(W,<\ ,\ >)\longrightarrow H(W,a<\ ,\ >)$$
$$(w,t)\longmapsto(w,at)$$

est un isomorphisme.

(2) Soient W_1, W_2 deux espaces symplectiques, et $W=W_1\oplus W_2$ leur somme orthogonale (cf. chap.1,I.5). L'application

$$H(W_1,<\ ,\ >)\times H(W_2,<\ ,\ >)\longrightarrow H(W,<\ ,\ >)$$
$$((w_1,t_1),(w_2,t_2))\longmapsto(w_1+w_2,t_1+t_2)$$

est un homomorphisme surjectif, de noyau l'ensemble des éléments $(\zeta(t),\zeta(-t))$ pour $t\in F$.

I.2. Soit $\psi : F \longrightarrow \mathbb{C}^\times$ un homomorphisme continu non trivial. Un tel caractère est localement constant: soit U un voisinage de 1 dans $\mathbb{C}^\times$ ne contenant pas de sous-groupe autre que $\{1\}$, $\psi^{-1}(U)$ est un voisinage de 0, donc contient un sous-groupe ouvert L de F; $\psi(L)$ est un sous-groupe de U, donc égal à $\{1\}$. D'autre part, comme F est réunion de sous-groupes compacts, les valeurs de ψ sont de module 1.

Théorème (Stone, Von Neumann). A isomorphisme près, il existe une et une seule représentation (ρ,S) de H, lisse et irréductible, telle que $\rho\circ\zeta(t)=\psi(t)\mathrm{id}_S$ pour tout $t\in F$.

I.3. Commençons par construire de telles représentations. Nous aurons besoin des rappels suivants (cf. [B]).

L'application qui à $w\in W$ associe le caractère $w'\longmapsto\psi(\langle w,w'\rangle)$ de W est un isomorphisme de W sur son dual topologique (le groupe des homomorphismes continus de W dans le groupe des nombres complexes de module 1). Soit A un sous-groupe fermé de W, posons

$$A^\perp=\{w\in W;\ \text{pour tout } a\in A,\ \psi(\langle w,a\rangle)=1\}.$$

Alors $A^\perp$ est un sous-groupe fermé de W, et s'identifie au dual de W/A. On a l'égalité $(A^\perp)^\perp=A$. Si A_1,A_2 sont deux sous-groupes fermés de W, on a l'égalité $(A_1+A_2)^\perp=A_1^\perp\cap A_2^\perp$, et, si $A_1^\perp+A_2^\perp$ est fermé (ce qui est le cas si $A_1^\perp$ ou $A_2^\perp$ est compact), on a l'égalité $A_1^\perp+A_2^\perp=(A_1\cap A_2)^\perp$.

Soit A un sous-groupe fermé de W, supposons $A=A^\perp$. Soit $A_H=A\times F\subset H$. C'est un sous-groupe de H, dont l'image dans $H/\zeta(\mathrm{Ker}\ \psi)$ est un sous-groupe commutatif maximal de ce groupe. Soient ψ_A un caractère de A_H tel que $\psi_A\circ\zeta=\psi$, S_A l'espace des fonctions $f:H\longrightarrow\mathbb{C}$ telles que

(i) $f(ah)=\psi_A(a)f(h)$

pour tous $a\in A_H$, $h\in H$,

(ii) il existe un sous-groupe ouvert compact $L\subset W$ tel que

$$f(h\delta(\ell))=f(h)$$

pour tous $\ell\in L$, $h\in H$.

Je dis que si $f\in S_A$, f est à support compact modulo A_H. En effet soient

L tel que (ii) soit vérifiée, et $w\in W$ tel que $f\circ\delta(w)\neq 0$. Pour $\ell\in L\cap A$, on a

$f\circ\delta(w)=f(\delta(w)\delta(\ell))=f((\ell,<w,\ell>)\delta(w))=\psi(<w,\ell>)\psi_A\circ\delta(\ell)f\circ\delta(w)$,

d'où

$$\psi(<w,\ell>)=\psi_A\circ\delta(-\ell).$$

Alors l'image de w dans $W/(L\cap A)^{\perp}$ est bien déterminée. Or $(L\cap A)^{\perp}=L^{\perp}+A$, et $L^{\perp}$ est compact. Donc l'image de w dans W/A est dans un compact bien déterminé.

Soient $w\in W$, L un sous-groupe ouvert compact de W, supposons que ψ_A est égal à 1 sur $A_H\cap\delta(w)\delta(L)\delta(w)^{-1}$. Il en est ainsi si L est assez petit. On définit une fonction $f_{w,L}$ sur H par

$$f_{w,L}(a\delta(w)\delta(\ell))=\psi_A(a), \text{ si } a\in A_H,\ \ell\in L,$$

$$f_{w,L}(h)=0, \text{ si } h\notin A_H\delta(w)\delta(L).$$

Cette fonction appartient à S_A. Donc $S_A\neq\{0\}$. La propriété ci-dessus montre que si pour tout $w\in W$, on se donne un sous-groupe ouvert compact L_w "assez petit", les fonctions $f_{w,L}$, pour $w\in W$ et $L\subset L_w$, engendrent linéairement l'espace S_A.

Soit ρ la représentation de H dans S_A par translations à droite. Il est clair que ρ est lisse et vérifie $\rho\circ\delta(t)=\psi(t)\mathrm{id}_{S_A}$ pour tout $t\in F$. Montrons que ρ est irréductible. Soient S' un sous-espace non nul de S_A invariant par H, et $f\in S'$, $f\neq 0$. Soit $w\in W$. En translatant f, on peut supposer $f\circ\delta(w)\neq 0$. Soit L_w un sous-groupe ouvert compact de W tel que f soit invariante par $\delta(L_w)$, et soit L un sous-groupe ouvert de L_w. Fixons une mesure de Haar sur A. Comme A s'identifie au dual de W/A, la théorie de la transformation de Fourier montre qu'il existe une fonction φ' localement constante à support compact sur A telle que pour $w'\in W$

$$\int_A \psi(<w',a>)\varphi'(a)\,da=\begin{cases}1, & \text{si } w'\in A+w+L,\\ 0, & \text{si } w'\notin A+w+L.\end{cases}$$

Posons $\varphi(a)=\psi_A\circ\delta(-a)\varphi'(a)$. On peut définir l'opérateur $\rho(\varphi)$ de S_A. Pour $w'\in W$, on a

$$\rho(\varphi)(f)\circ\delta(w')=\int_A f(\delta(w')\delta(a))\varphi(a)\,da,$$

$$=\int_A f((a,<w',a>)\delta(w'))\varphi(a)\,da,$$

$$= \int_A \psi(<w',a>)\psi_A\circ\delta(a)\varphi(a)\ da\ f\circ\delta(w') = \begin{cases} f\circ\delta(w'), \text{ si } w'\in A+w+L, \\ 0, \text{ si } w'\notin A+w+L. \end{cases}$$

Comme f est invariante par $\delta(L)$, $\rho(\varphi)(f)$ est donc non nulle et proportionnelle à $f_{w,L}$. Comme $\rho(\varphi)(f)\in S'$, on obtient $f_{w,L}\in S'$. Ces fonctions engendrant S_A, on a $S'=S_A$, et ρ est irréductible.

I.4. Exemples. (1) Soit W=X+Y une polarisation complète. Posons A=X. On peut choisir ψ_A tel que $\psi_A\circ\delta=1$. Alors S_A s'identifie à l'espace $\mathcal{S}(Y)$ des fonctions localement constantes à support compact sur Y. On a la formule

$$\rho((x+y,t))f(y')=\psi(<y',x>+<y,x>/2+t)f(y+y'),$$

pour tous $f\in\mathcal{S}(Y)$, $x\in X$, $y,y'\in Y$, $t\in F$.

(2) Supposons F local non archimédien. Notons δ_ψ le plus grand sous-$\mathcal{O}$-module de F inclus dans $\operatorname{Ker}\psi$. Soit A un réseau de W, i.e. un sous-$\mathcal{O}$-module de type fini, de rang maximal. Alors

$$A^\perp=\{w\in W;\ \text{pour tout } a\in A,\ <w,a>\in\delta_\psi\}\ .$$

C'est encore un réseau de W. A l'aide d'une base hyperbolique, on vérifie qu'il existe toujours des réseaux A de W tels que $A=A^\perp$.

I.5. Démontrons maintenant l'unicité de la représentation ρ. Soit (ρ,S) une représentation vérifiant les conditions du théorème. Soit $(\check{\rho},\check{S})$ sa contragrédiente, $\check{S}$ est donc l'ensemble des points lisses du dual de S. Notons $\mathcal{S}(H,\psi)$ l'espace des fonctions $f:H\longrightarrow\mathbb{C}$, localement constantes, à support compact modulo $\zeta(F)$, telles que $f(h\zeta(t))=\psi(t)f(h)$ pour tous $h\in H$, $t\in F$. L'application $f\longmapsto f\circ\delta$ identifie $\mathcal{S}(H,\psi)$ à $\mathcal{S}(W)$. Notons ρ_d, resp. ρ_s, la représentation de H dans $\mathcal{S}(H,\psi)$ par translations à droite, resp. à gauche. Pour $s\in S$, $\check{s}\in\check{S}$, on définit le coefficient $f_{\check{s},s}(h)=\check{s}(\rho(h)s)$ pour tout $h\in H$. Je dis que $f_{\check{s},s}$ est à support compact modulo $\zeta(F)$. Soient en effet $w\in W$ tel que $f_{\check{s},s}\circ\delta(w)\neq0$, et L un sous-groupe ouvert compact de W tel que s et $\check{s}$ soient invariants par $\delta(L)$. Pour $\ell\in L$, on a

$$\begin{aligned} f_{\check{s},s}\circ\delta(w)&=\check{s}(\rho\circ\delta(w)s)=\check{s}(\rho(\delta(w)\delta(\ell))s)=\psi(<w,\ell>)\check{s}(\rho(\delta(\ell)\delta(w))s) \\ &=\psi(<w,\ell>)[\check{\rho}\circ\delta(-\ell)\check{s}](\rho\circ\delta(w)s)=\psi(<w,\ell>)f_{\check{s},s}\circ\delta(w). \end{aligned}$$

Donc $\psi(<w,\ell>)=1$ et $w\in L^\perp$ qui est compact. Il est alors clair que $f_{\check{s},s}\in\mathcal{S}(H,\psi)$

et que l'application $(\check{s},s)\longmapsto f_{\check{s},s}$ se prolonge en une application linéaire $\check{S}\otimes S\longrightarrow \mathcal{S}(H,\psi)$ qui entrelace les représentations $\check{\rho}\otimes\rho$ et $\rho_s\times\rho_d$ de H×H. En particulier pour $\check{s}\neq 0$, l'application $s\longmapsto f_{\check{s},s}$ identifie (ρ,S) à une sous-représentation irréductible de $(\rho_d,\mathcal{S}(H,\psi))$. Pour démontrer l'unicité de ρ, il reste à montrer que ρ_d est isotypique.

Considérons la représentation $(\rho,\mathcal{S}(Y))$ de l'exemple (1), et la représentation $(\rho',\mathcal{S}(X))$ obtenue en échangeant les rôles de X et Y et en remplaçant ψ par le caractère $t\longmapsto\psi(-t)$. On définit une dualité entre $\mathcal{S}(X)$ et $\mathcal{S}(Y)$ par

$$\langle s',s\rangle=\int_{X\times Y} s'(x)s(y)\psi(\langle x,y\rangle)\,dx\,dy,$$

pour $s'\in\mathcal{S}(X)$, $s\in\mathcal{S}(Y)$, où on a fixé des mesures de Haar sur X et Y. On vérifie que $(\rho',\mathcal{S}(X))$ s'identifie ainsi à la contragrédiente de $(\rho,\mathcal{S}(Y))$. D'après les considérations ci-dessus, on a une application $(s',s)\longmapsto f_{s',s}$ qui entrelace $\rho'\otimes\rho$ et $\rho_s\times\rho_d$. Mais un calcul explicite donne

$$f_{s',s}\circ\delta(x+y)=\psi(\langle x,y\rangle/2)\int_{X\times Y} s'(x')s(y')\psi(\langle y',x\rangle-\langle x',y\rangle)\psi(\langle x',y'\rangle)\,dx'\,dy',$$

pour tous $x\in X$, $y\in Y$. En identifiant $\mathcal{S}(X)\otimes\mathcal{S}(Y)$ et $\mathcal{S}(H,\psi)$ à $\mathcal{S}(W)$, l'application $\mathcal{S}(X)\otimes\mathcal{S}(Y)\longrightarrow\mathcal{S}(H,\psi)$ devient essentiellement une transformée de Fourier, et est donc bijective. Donc $\rho_s\times\rho_d$ est isomorphe à $\rho'\otimes\rho$ et, comme ρ est irréductible, ρ_d est isomorphe à une somme directe de représentations isomorphes à $(\rho,\mathcal{S}(Y))$. Cela achève la démonstration. □

I.6. On appellera représentation métaplectique, et on notera ρ_ψ la (classe de la) représentation de H dont l'unicité est affirmée par le théorème. L'assertion suivante résulte de la démonstration du théorème.

<u>Lemme</u>. <u>La représentation</u> $\rho_s\times\rho_d$ <u>de</u> H×H <u>dans</u> $\mathcal{S}(H,\psi)$ <u>est isomorphe à</u> $\rho_{\bar\psi}\otimes\rho_\psi$ ($\bar\psi$ est le conjugué complexe de ψ). □

Les propriétés suivantes sont immédiates:

(1) soit $a\in F^\times$, notons ψ^a le caractère $\psi^a(t)=\psi(at)$, et j_a l'isomorphisme défini à la remarque (1) du I.1. Alors $\rho_\psi\circ j_a\approx\rho_{\psi^a}$ (avec un abus de notation: ρ_ψ et ρ_{ψ^a} sont ici des représentations de deux groupes différents);

(2) si $W=W_1\oplus W_2$, somme orthogonale, notons ρ_ψ, ρ_ψ^1, ρ_ψ^2 les représentations

des groupes $H(W,<\ ,>)$, $H(W_1,<\ ,\ >)$, $H(W_2,<\ ,>)$, et j l'homomorphisme de la remarque (2) du I.1. Alors $\rho_\psi \circ j \approx \rho_\psi^1 \otimes \rho_\psi^2$;

(3) ρ_ψ est admissible;

(4) $\rho_{\bar\psi}$ est la représentation contragrédiénte de ρ_ψ.

I.7. Changement de modèles. Pour tout sous-groupe fermé A de W tel que $A=A^\perp$, on a construit un modèle S_A de la représentation ρ_ψ (cf.I.3). Soient A_1, A_2 deux sous-groupes fermés de W tels que $A_1=A_1^\perp$, $A_2=A_2^\perp$. Supposons A_1+A_2 fermé.

Remarque. Cette condition est évidemment automatique si F est fini. Elle l'est aussi si F est local de caractéristique nulle. En effet si p est la caractéristique résiduelle de F (i.e. F est une extension finie de $\mathbb{Q}_p$), un sous-groupe A de W est fermé si et seulement si A est stable par multiplication par $\mathbb{Z}_p$. Si A_1 et A_2 sont stables par $\mathbb{Z}_p$, A_1+A_2 l'est aussi.

On choisit ψ_{A_1}, ψ_{A_2} (cf.I.3). Alors $\psi_{A_1}\psi_{A_2}^{-1}|_{A_1\cap A_2}$ est un caractère de $A_1\cap A_2$, donc il existe $w\in W$ tel que $\psi_{A_1}\psi_{A_2}^{-1}(a)=\psi(<a,w>)$ pour tout $a\in A_1\cap A_2$. Pour $f\in S_{A_1}$, considérons la fonction

$$a \longmapsto f(\delta(w)a)\psi_{A_2}^{-1}(a)$$

pour $a\in A_{2,H}$. Elle est invariante à gauche par $A_{1,H}\cap A_{2,H}$. Elle est à support compact modulo $A_{1,H}\cap A_{2,H}$. En effet on a vu que f est à support compact modulo $A_{1,H}$ et, d'après notre hypothèse, l'image de $A_{2,H}$ dans $A_{1,H}\backslash H$ est fermée. On peut définir une fonction If sur H par

$$If(h)=\int_{A_{1,H}\cap A_{2,H}\backslash A_{2,H}} f(\delta(w)ah)\psi_{A_2}^{-1}(a)\ da.$$

Lemme. L'application I est un isomorphisme de S_{A_1} sur S_{A_2} qui entrelace les représentations de H sur ces espaces.

Démonstration. Il est clair que I est à valeurs dans S_{A_2} et commute aux translations à droite. les représentations étant irréductibles, il suffit, pour prouver que I est un isomorphisme, de montrer que I est non nul. On prend pour f une fonction $f_{w,L}$ (cf.I.3). Pour L suffisamment petit, on vérifie que $If_{w,L}(1)\neq 0$. □

I.8. On peut préciser la structure des représentations lisses de H.

Lemme. Soit (ρ,S) une représentation lisse de H. Supposons que $\rho\circ\zeta(t)=\psi(t)\mathrm{id}_S$ pour tout $t\in F$. Alors ρ est isomorphe à une somme directe de copies de ρ_ψ.

Démonstration. Si F est fini, H est un groupe fini, et ses représentations sont semi-simples. Supposons F local non archimédien, soient A un réseau de W tel que $A=A^\perp$, et ψ_A un caractère de A_H prolongeant ψ. Pour toute représentation lisse (ρ',S') de H vérifiant $\rho'\circ\zeta(t)=\psi(t)\mathrm{id}_{S'}$, notons $S'(\psi_A)$ l'espace des vecteurs $s'\in S'$ tels que $\rho'(a)s'=\psi_A(a)s'$ pour tout $a\in A_H$. Le foncteur $S'\longmapsto S'(\psi_A)$ est exact. Utilisons le modèle de ρ_ψ construit au I.3. Il est immédiat que $S_A(\psi_A)$ est de dimension 1. Notons $\mathcal{X}=\mathcal{S}(H,\bar\psi)$, et $\mathcal{X}_A$ l'espace des fonctions $f\in\mathcal{X}$ telles que $\rho_s(a)\rho_d(a')f=\psi_A(a)\overline{\psi_A}(a')f$ pour tous $a,a'\in A_H$. Le lemme I.6 montre que $\mathcal{X}_A$ est de dimension 1, il est engendré par la fonction f_A définie par

$$f_A(h)=\begin{cases}\overline{\psi_A}(h), & \text{si } h\in A_H,\\ 0, & \text{sinon.}\end{cases}$$

Fixons une mesure de Haar sur W telle que A soit de mesure 1. L'espace $\mathcal{X}$ muni du produit de convolution est une algèbre, et pour (ρ',S') comme ci-dessus, $\mathcal{X}$ agit naturellement dans S'. L'opérateur $\rho'(f_A)$ est un projecteur de S', d'image $S'(\psi_A)$. Soient alors S l'espace de l'énoncé, $s\in S(\psi_A)$, $s\neq 0$, et S' le sous-H-module de S engendré par s. On a $S'=\rho(\mathcal{X})s=\rho(\mathcal{X}*f_A)s$, donc $S'(\psi_A)=\rho(f_A)S'=\rho(f_A*\mathcal{X}*f_A)s=\rho(\mathcal{X}_A)s=\mathbb{C}s$. Par exactitude, et grâce au théorème, S' admet donc au plus un sous-quotient irréductible, i.e. S' est irréductible. Soit alors S'' le sous-module de S engendré par $S(\psi_A)$. D'après ce qui précède, S'' est engendré par ses sous-modules irréductibles et est donc somme directe de tels sous-modules. D'autre part $S''(\psi_A)=S(\psi_A)$, donc par exactitude $(S/S'')(\psi_A)=\{0\}$, et $S/S''=\{0\}$ comme ci-dessus. D'où $S=S''$, ce qui achève la démonstration. □

II. Le groupe symplectique, la représentation métaplectique.

II.1. Soit Sp(W) le groupe symplectique. Il agit sur H par $g(w,t)=(gw,t)$ pour $g\in Sp(W)$, $w\in W$, $t\in F$. Soit (ρ_ψ,S) un modèle de la représentation métaplectique de H. Pour $g\in Sp(W)$, l'application $h\longmapsto\rho_\psi(gh)$ est une représentation de H dans S vérifiant les conditions du théorème I.2. Elle est donc équivalente à ρ_ψ, i.e. il existe $M\in GL(S)$ tel que

(A) $M\rho_\psi(h)M^{-1}=\rho_\psi(gh)$, pour tout $h\in H$.

De plus M est unique à un scalaire près. On note $\widetilde{Sp}_\psi(W)$ le sous-groupe topologique de $Sp(W)\times GL(S)$ formé des couples (g,M) vérifiant l'équation (A). A isomorphisme près, il est indépendant de la réalisation de ρ_ψ. On a une suite exacte

(B) $1\longrightarrow\mathbb{C}^\times\xrightarrow{i}\widetilde{Sp}_\psi(W)\xrightarrow{p}Sp(W)\longrightarrow 1.$

On peut parfois remplacer le groupe $\widetilde{Sp}_\psi(W)$ par un revêtement d'ordre au plus 2 de Sp(W) grâce à la proposition suivante.

<u>Proposition.</u> (1) <u>Si</u> F <u>est fini, il existe un homomorphisme</u> $Sp(W)\longrightarrow\widetilde{Sp}_\psi(W)$ <u>qui scinde la suite exacte</u> (B). <u>A l'exception du cas</u> $F=\mathbb{F}_3$, $\dim_F W=2$, <u>cet homomorphisme est unique.</u>

(2) <u>Si</u> F <u>est local non archimédien, un tel homomorphisme n'existe pas. Par contre il existe un unique sous-groupe</u> $\widehat{Sp}_\psi(W)$ <u>de</u> $\widetilde{Sp}_\psi(W)$ <u>tel que la restriction de</u> p <u>à ce sous-groupe soit surjective et ait un noyau d'ordre</u> 2. <u>Ce sous-groupe est fermé, et la restriction de</u> p <u>à ce sous-groupe admet des sections locales.</u>

Cf. [S] th.33 pour (1), [W]§43 pour (2). □

Si F est local non archimédien, on sait qu'à isomorphisme près, il n'existe qu'un revêtement d'ordre 2 de Sp(W), non trivial. En effet un tel revêtement est déterminé par un cocycle dans $H^2(Sp(W),\{\pm 1\})$. Or ce groupe est isomorphe à $\mathbb{Z}/2\mathbb{Z}$ ([M] th.10.4). Fixons un tel revêtement $\widehat{Sp}(W)$. On renvoie à [P] pour une expression du cocycle associé. Le groupe métaplectique est l'extension $\widetilde{Sp}(W)=\widehat{Sp}(W)\times_{\{\pm 1\}}\mathbb{C}^\times$ obtenue en identifiant $\{\pm 1\}\subset\mathbb{C}^\times$ au noyau de la projection de

$\widehat{Sp}(W)$ sur $Sp(W)$. Il existe un unique isomorphisme $\widetilde{Sp}(W) \longrightarrow \widetilde{Sp}_{\psi}(W)$ commutant aux projections sur $Sp(W)$ et équivariant pour l'action de $\mathbb{C}^{\times}$. L'image par cet isomorphisme de $\widehat{Sp}(W)$ est $\widehat{Sp}_{\psi}(W)$. Le composé de cet isomorphisme avec la projection $\widetilde{Sp}_{\psi}(W) \longrightarrow GL(S)$ est une représentation du groupe métaplectique, qu'on note ω_{ψ}, et qu'on appelle la représentation métaplectique, ou la représentation de Weil.

Si F est fini on pose $\widehat{Sp}(W)=Sp(W)$, $\widetilde{Sp}(W)=Sp(W)\times\mathbb{C}^{\times}$. On poursuit la construction comme ci-dessus. Dans le cas particulier $F=\mathbb{F}_3$, $\dim_F W=2$, on doit choisir l'homomorphisme $Sp(W) \longrightarrow \widetilde{Sp}_{\psi}(W)$. Nous le choisirons tel que la représentation ω_{ψ} de $Sp(W)$ qui s'en déduit soit donnée sur les éléments unipotents supérieurs par les formules usuelles, quand on la réalise dans un modèle de Schrödinger (cf. plus loin II.6).

Remarque. Soient $\hat{G}$ un groupe localement compact totalement discontinu, n un entier $\geqslant 1$, $i:\mu_n(\mathbb{C}) \longrightarrow \hat{G}$ un plongement central du groupe des racines n-ièmes complexes de l'unité dans $\hat{G}$, et $\tilde{G}$ le produit $\tilde{G}=\hat{G} \underset{\mu_n(\mathbb{C})}{\times} \mathbb{C}^{\times}$. On a un diagramme commutatif

$$\begin{array}{ccccccc} 1 \longrightarrow & \mathbb{C}^{\times} & \xrightarrow{i} & \tilde{G} & \searrow & & \\ & j\uparrow & & j\uparrow & & \hat{G}/\mu_n(\mathbb{C}) \longrightarrow 1. & \\ 1 \longrightarrow & \mu_n(\mathbb{C}) & \xrightarrow{i} & \hat{G} & \nearrow & & \end{array}$$

Soit $m\in\mathbb{Z}$. Une représentation (π,V) de $\tilde{G}$ telle que $\pi\circ i(z)=z^m id_V$ pour tout $z\in\mathbb{C}^{\times}$ s'identifie à une représentation $\hat{\pi}$ de $\hat{G}$ vérifiant $\hat{\pi}\circ i(z)=z^m id_V$ pour tout $z\in\mu_n(\mathbb{C})$. D'où:

(1) si m, $m'\in\mathbb{Z}$, $m-m'\in n\mathbb{Z}$, on peut identifier les représentations (π,V) de $\tilde{G}$ vérifiant $\pi\circ i(z)=z^m id_V$ à celles vérifiant $\pi\circ i(z)=z^{m'} id_V$;

(2) On peut étendre à ces représentations les notions définies pour les représentations des groupes localement compacts totalement discontinus (lissité, etc...).

La représentation métaplectique vérifie les propriétés ci-dessous:

(1) ω_{ψ} est lisse, et même admissible;

(2) soit $a \in F^{\times}$. Les groupes symplectiques de W muni de $\langle\ ,\ \rangle$ et de W muni de $a\langle\ ,\ \rangle$ sont égaux. Les représentations ρ_{ψ} de $H(W,a\langle\ ,\ \rangle)$ et ρ_{ψ^a} de $H(W,\langle\ ,\ \rangle)$ peuvent se réaliser dans un même espace S (cf. I.6.1). Alors le groupe $\widetilde{Sp}_{\psi}(W)$ construit à partir de la forme $a\langle\ ,\ \rangle$ et du caractère ψ, et le groupe $\widetilde{Sp}_{\psi^a}(W)$ construit à partir de la forme $\langle\ ,\ \rangle$ et du caractère ψ^a, qui sont tous deux des sous-groupes de $Sp(W)\times GL(S)$ sont égaux. Autrement dit, changer $\langle\ ,\ \rangle$ en $a\langle\ ,\ \rangle$ équivaut à remplacer ψ par ψ^a;

(3) le groupe GSp(W) des similitudes symplectiques agit sur H par $\gamma(w,t)=(\gamma w,N(\gamma)t)$, pour $\gamma\in GSp(W)$, $w\in W$, $t\in F$, où $N(\gamma)$ est le rapport de similitude de γ. Réalisons ρ_{ψ} dans un espace S. Pour $\gamma\in GSp(W)$, l'application $h\longmapsto\rho_{\psi}(\gamma h)$ est une réalisation de $\rho_{\psi^{N(\gamma)}}$ dans S. Si $(g,M)\in\widetilde{Sp}_{\psi}(W)$, on a d'après (A)

$$M\rho_{\psi}(\gamma h)M^{-1}=\rho_{\psi}(g\gamma h)$$

pour tout $h\in H$, d'où

$$M\rho_{\psi^{N(\gamma)}}(h)M^{-1}=\rho_{\psi^{N(\gamma)}}(\gamma^{-1}g\gamma h).$$

Donc $(\gamma^{-1}g\gamma,M)\in\widetilde{Sp}_{\psi^{N(\gamma)}}(W)$ et $(g,M)\longmapsto(\gamma^{-1}g\gamma,M)$ est un isomorphisme de $\widetilde{Sp}_{\psi}(W)$ sur $\widetilde{Sp}_{\psi^{N(\gamma)}}(W)$. Par composition avec les isomorphismes de ces groupes sur $\widetilde{Sp}(W)$, on obtient qu'il existe un automorphisme de $\widetilde{Sp}(W)$, d'ailleurs unique (sauf si $F=\mathbb{F}_3$, $\dim_F W=2$), relevant la conjugaison par γ, qu'on note encore $\tilde{g}\longmapsto\gamma^{-1}\tilde{g}\gamma$, et la représentation $\tilde{g}\longmapsto\omega_{\psi^{N(\gamma)}}(\gamma^{-1}\tilde{g}\gamma)$ est équivalente à ω_{ψ};

(4) soit $a\in F^{\times}$. Appliquons (3) pour $\gamma=a\ \mathrm{id}_W$. Nécessairement $\gamma^{-1}\tilde{g}\gamma=\tilde{g}$ pour tout $\tilde{g}\in\widetilde{Sp}(W)$. Donc ω_{ψ^b} est équivalente à ω_{ψ} si $b=a^2$. Il est par contre aisé de vérifier que ω_{ψ^b} n'est pas équivalente à ω_{ψ} si b n'est pas un carré de $F^{\times}$ (par exemple en calculant des modules de Jacquet "tordus" de ω_{ψ^b} et ω_{ψ}, cf. chap. 5);

(5) La contragrédiente de ω_{ψ} est $\omega_{\bar{\psi}}$ (en utilisant l'identification du (1) de la remarque ci-dessus);

(6) Soient W_1, W_2 deux espaces symplectiques, et $W=W_1\oplus W_2$ leur somme orthogonale. Pour $i=1,2$, soit S_i l'espace d'un modèle de la représentation métaplectique de $H(W_i,\langle\ ,\ \rangle)$. Réalisons la représentation métaplectique de $H(W,\langle\ ,\ \rangle)$

dans $S=S_1\otimes S_2$ (cf. I.6.2). On a un plongement

$$Sp(W_1)\times Sp(W_2)\longrightarrow Sp(W),$$

et un homomorphisme

$$GL(S_1)\times GL(S_2)\longrightarrow GL(S)$$

de noyau l'ensemble des $(z\ id_{S_1}, z^{-1}id_{S_2})$ pour $z\in\mathbb{C}^\times$. D'où un homomorphisme

$$(Sp(W_1)\times GL(S_1))\times(Sp(W_2)\times GL(S_2))\longrightarrow Sp(W)\times GL(S).$$

L'image par cet homomorphisme de $\widetilde{Sp}_\psi(W_1)\times\widetilde{Sp}_\psi(W_2)$ est incluse dans $\widetilde{Sp}_\psi(W)$. En d'autres termes, il existe un homomorphisme (unique si $F\neq\mathbb{F}_3$):

$$j:\widetilde{Sp}(W_1)\times\widetilde{Sp}(W_2)\longrightarrow\widetilde{Sp}(W)$$

de noyau $\mathbb{C}^\times$ plongé antidiagonalement dans le produit de gauche, commutant avec les projections sur les groupes symplectiques, et équivariant pour l'action de $\mathbb{C}^\times$. La représentation $\omega_\psi\circ j$ est équivalente au produit tensoriel externe $\omega_{\psi,1}\otimes\omega_{\psi,2}$, avec une notation évidente.

II.2. Soit (ρ_ψ,S) un modèle de la représentation métaplectique de H. Soit $g\in Sp(W)$. Fixons une mesure de Haar sur l'espace vectoriel $W/Ker(1-g)$. On vérifie que la fonction sur W: $w\longmapsto\psi(\langle w,gw\rangle/2)$ est constante sur les classes modulo $Ker(1-g)$. Si F est fini, on peut définir un endomorphisme M, ou $M[g]$, de S par

$$Ms=\int_{W/Ker(1-g)}\psi(\langle w,gw\rangle/2)\rho_\psi(\delta\circ(1-g)w)s\ dw$$

pour tout $s\in S$. Supposons maintenant F local. Soit L un réseau de $W/Ker(1-g)$. Pour $s\in S$, on définit un élément $M_Ls\in S$ par

$$M_Ls=\int_L\psi(\langle w,gw\rangle/2)\rho_\psi(\delta\circ(1-g)w)s\ dw.$$

<u>Lemme</u>. <u>Pour tout</u> $s\in S$, <u>il existe un réseau</u> $L_s\subset W/Ker(1-g)$, <u>et un élément</u> $Ms\in S$ <u>tels que si</u> L <u>est un réseau de</u> $W/Ker(1-g)$, <u>si</u> $L_s\subset L$, <u>on a l'égalité</u> $M_Ls=Ms$.

Démonstration. Soit L_1 un réseau de $W/Ker(1-g)$ tel que $\langle\ell,g\ell\rangle/2\in\delta_\psi$ pour tout $\ell\in L_1$ (cf. I.4.2) et que s soit invariant par $\rho_\psi[\delta\circ(1-g)\ell]$ pour tout $\ell\in L_1$. Un tel réseau existe. Pour $L\supset L_1$, on a l'égalité

$$\text{(C)}\quad M_Ls=\sum_{w\in L/L_1}\int_{L_1}\psi(\langle w+\ell,g(w+\ell)\rangle/2)\rho_\psi(\delta\circ(1-g)(w+\ell))s\ d\ell.$$

Comme

$$\delta_\circ(1-g)(w+\ell)=\delta_\circ(1-g)w.\delta_\circ(1-g)\ell.\zeta(<(1-g)w,(1-g)\ell>/2),$$

l'intégrale intérieure vaut

$$\psi(<w,gw>/2)\ \rho_\psi(\delta_\circ(1-g)w)s\ \int_{L_1}\psi(X/2)\ d\ell,$$

où

$$X=<w,g\ell>+<\ell,gw>+<\ell,g\ell>+<(1-g)w,(1-g)\ell>=2<(1-g)w,\ell>+<\ell,g\ell>.$$

Remarquons que $\psi(<\ell,g\ell>/2)=1$. Le bicaractère $(w_1,w_2)\longmapsto\psi(<(1-g)w_1,w_2>)$ de $W/\mathrm{Ker}(1-g)$ est non dégénéré. Alors la fonction

$$w\longmapsto\int_{L_1}\psi(<(1-g)w,\ell>)\ d\ell$$

est à support compact, i.e. il existe un réseau $L_s\subset W/\mathrm{Ker}(1-g)$ tel que l'intégrale ci-dessus soit nulle si $w\notin L_s$. On peut supposer $L_1\subset L_s$. Supposons $L_s\subset L$. Les termes de la somme (C) sont nuls si $w\notin L_s/L_1$. Alors $M_L s=M_{L_s}s$, d'où le lemme. □

Ce lemme définit un endomorphisme M, ou M[g], de S.

II.3. Dans les démonstrations des trois lemmes suivants, on traite le cas d'un corps local, le cas d'un corps fini étant plus simple.

<u>Lemme</u>. <u>Pour tous</u> $g\in Sp(W)$, $h\in\dot{H}$, <u>on a l'égalité</u>

$$M[g]\rho_\psi(h)=\rho_\psi(gh)M[g].$$

Démonstration. Posons $M=M[g]$, supposons $h=\delta(w_0)$, et soit $s\in S$. Pour un réseau L assez grand, on a

$$\rho_\psi(\delta(gw_0))Ms=\rho_\psi(\delta(gw_0))M_L s$$
$$=\int_L\psi(<w,gw>/2)\rho_\psi(\delta(gw_0)\delta_\circ(1-g)w)s\ dw.$$

On a

$$\delta(gw_0)\delta_\circ(1-g)w=\delta(gw_0+(1-g)w)\zeta(<gw_0(1-g)w>/2)$$
$$=\delta((1-g)(w-w_0)+w_0)\zeta(<gw_0,(1-g)w>/2)$$
$$=\delta(1-g)(w-w_0)\delta(w_0)\zeta(<gw_0,(1-g)w>/2+<w_0,(1-g)(w-w_0)>).$$

Enfin

$$<w,gw>+<gw_0,(1-g)w>+<w_0,(1-g)(w-w_0)>=<w-w_0,g(w-w_0)>.$$

Alors

$$\rho_\psi(\delta(gw_0))Ms=\int_L\psi(<w-w_0,g(w-w_0)>/2)\rho_\psi(\delta_\circ(1-g)(w-w_0))\rho_\psi(\delta w_0)s\ dw.$$

Pour L assez grand, on a $w_0 \in L$. On effectue le changement de variable $w-w_0 \longmapsto w$. Le deuxième membre devient $M_L \circ \rho_\psi(\delta w_0)s$. Pour L assez grand, c'est $M \circ \rho_\psi(\delta w_0)s$. □

II.4. Lemme. Pour tout $g \in Sp(W)$, il existe $c(g) \in \mathbb{R}_+^*$ tel que

$$M[g^{-1}] \circ M[g] = c(g) id_S.$$

Démonstration. Posons $M=M[g]$, $M'=M[g^{-1}]$. Soit $s \in S$, posons $s'=Ms$. Soient $L_s \subset W/Ker(1-g)$, resp. $L_{s'} \subset W/Ker(1-g^{-1})$, deux réseaux vérifiant les conditions du lemme II.2 relativement à s et g, resp. s' et g^{-1}. Remarquons que $w \longmapsto gw$ définit un isomorphisme de $W/Ker(1-g)$ sur $W/Ker(1-g^{-1})$. Si L est un réseau de $W/Ker(1-g)$ tel que $L_s \cup g^{-1}L_{s'} \subset L$, on a donc

$$Ms = M_L s, \quad M's' = M'_{gL} s',$$

d'où (à une constante positive près provenant d'un changement de mesure de Haar):

$$\begin{aligned} M'Ms &= \int_L \psi(\langle gw',w'\rangle/2)\rho_\psi(\delta(g-1)w')s'\, dw' \\ &= \int_{L\times L} \psi(\langle gw',w'\rangle/2+\langle w,gw\rangle/2)\rho_\psi(\delta(g-1)w').\delta(1-g)w)s\, dw\, dw' \\ &= \int_{L\times L} \psi(\langle gw',w'\rangle/2+\langle w,gw\rangle/2+\langle(g-1)w',(1-g)w\rangle/2)\rho_\psi(\delta\circ(1-g)(w-w'))s\, dw\, dw'. \end{aligned}$$

Prenons pour variables w', $w''=w-w'$. On obtient

$$M'Ms = \int_{L\times L} \psi(\langle(1-g)w'',w'\rangle+\langle w'',gw''\rangle/2)\rho_\psi(\delta\circ(1-g)w'')s\, dw''\, dw'.$$

Comme le bicaractère $(w_1,w_2) \longmapsto (\langle(1-g)w_1,w_2\rangle)$ de $W/Ker(1-g)$ est non dégénéré, l'intégrale intérieure en w' vaut la fonction caractéristique d'un certain réseau L^*, multipliée par la mesure m(L) de L. Alors

$$M'Ms = m(L)\int_{L\cap L^*} \psi(\langle w'',gw''\rangle/2)\rho_\psi(\delta\circ(1-g)w'')s\, dw''.$$

Quand L devient grand, L^* devient petit. On peut choisir L assez grand pour que $L^* \subset L$ et que le terme à intégrer soit constant, égal à s. Alors

$$M'Ms = m(L)m(L^*)s. \ \square$$

Corollaire. Pour tout $g \in Sp(W)$, on a $(g,M[g]) \in \widetilde{Sp}_\psi(W)$.

Démonstration. D'après le lemme ci-dessus, M[g] est inversible. L'assertion résulte du lemme II.3. □

II.5. Lemme. Soient g_1, $g_2 \in Sp(W)$. Supposons que $g_1g_2=g_2g_1$. Alors

$$M[g_1]M[g_2]=M[g_2]M[g_1].$$

Autrement dit, si deux éléments de $Sp(W)$ commutent, deux images réciproques (quelconques) de ces éléments dans $\widetilde{Sp}(W)$ commutent aussi.

Démonstration. Soient $s\in S$, L un réseau de $W/Ker(1-g_2)$. Si L est assez grand,

$$M[g_1]M[g_2]s=M[g_1]M_L[g_2]s=\int_L \psi(<w,g_2w>/2)M[g_1]\rho_\psi(\delta\circ(1-g_2)w)s\ dw.$$

D'après le lemme II.3, on obtient

$$M[g_1]M[g_2]s=\int_L \psi(<w,g_2w>/2)\rho_\psi(\delta\circ g_1(1-g_2)w)M[g_1]s\ dw.$$

Effectuons le changement de variables $w=g_1^{-1}w'$. Son jacobien vaut:

$$|\det(g_1^{-1}|W/Ker(1-g_2))|=|\det(g_1|W)|^{-1}|\det(g_1|Ker(1-g_2)|\ .$$

Le premier terme vaut 1 car $g_1\in Sp(W)$. En utilisant la description explicite du commutant de g_2 ([SS] § IV.2), on montre que le second terme vaut 1 lui aussi. Comme g_1 et g_2 commutent, on obtient

$$M[g_1]M[g_2]s=\int_{g_1L} \psi(<w,g_2w>/2)\rho_\psi(\delta\circ(1-g_2)w)M[g_1]s\ dw=M_{g_1L}[g_2]M[g_1]s.$$

Pour L assez grand, c'est $M[g_2]M[g_1]s$. □

II.6. Modèle de Schrödinger. Dans ce paragraphe et les suivants, on introduit différents modèles de la représentation métaplectique. Certains termes seront notés $M[g]$ dans chacun des cas. Mais ils sont en général différents selon les modèles et sont différents du $M[g]$ défini au II.2.

Soient $W=X+Y$ une polarisation complète. Identifions Y à X^*. Réalisons ρ_ψ dans $\mathcal{S}(X^*)$ (cf. I.4.1). Un élément g de $Sp(W)$ s'identifie à une matrice $\begin{pmatrix} a & b\\ c & d\end{pmatrix}$, avec $a\in End(X)$, $d\in End(X^*)$, $b\in Hom(X^*,X)$, $c\in Hom(X,X^*)$. Pour un tel g, fixons une mesure de Haar sur $X/Ker(c)$, et définissons $M[g]\in End\ \mathcal{S}(X^*)$ par

$$M[g]f(x^*)=\int_{X/Ker(c)} \psi(<a^*x^*,b^*x^*>/2+<c^*x,b^*x^*>+<c^*x,d^*x>/2)f(a^*x^*+c^*x)\ dx$$

pour $f\in\mathcal{S}(X^*)$, $x^*\in X^*$. Alors $(g,M[g])\in\widetilde{Sp}_\psi(W)$ (cf. [P] th.2.2).

En particulier, en normalisant convenablement les mesures, on obtient les formules plus usuelles:

- pour $a\in GL(X)$, et $g=\begin{pmatrix} a & 0\\ 0 & a^{*-1}\end{pmatrix}$,

$M[g]f(x^*)=|\det_X a|^{1/2}f(a^*x^*)$,

- pour $b\in S^2(X)\subset Hom(X^*,X)$, et $g=\begin{pmatrix} 1 & b\\ 0 & 1\end{pmatrix}$,

$M[g]f(x^*)=\psi(<bx^*,x^*>/2)f(x^*)$,

- pour $b\in \mathrm{Isom}(X^*,X)$, et $g=\begin{pmatrix} 0 & b \\ b^{*-1} & 0\end{pmatrix}$,

$M[g]f(x^*)= \int_X \psi(<x,x^*>)f(b^{-1}x)\, dx.$

Les deux premières formules définissent une représentation du sous-groupe parabolique P(X) de Sp(W) (cf. chap.1, III.3). On peut les obtenir de la façon suivante: considérons le produit semi-direct HP et son sous-groupe $\Delta=(X\times F)P$. L'application $\chi:\Delta\to\mathbb{C}^\times$ définie par

$$\chi((x,t)\begin{pmatrix} a & b \\ 0 & a^{*-1}\end{pmatrix})=|\det_X a|^{1/2}\psi(t)$$

est un caractère de Δ. On peut identifier $\mathcal{S}(X^*)$ à l'espace des fonctions lisses f sur HP telles que $f(\delta\gamma)=\chi(\delta)f(\gamma)$ pour tous $\delta\in\Delta$, $\gamma\in HP$. Le groupe P opère par translations à droite dans cet espace de fonctions, donc dans $\mathcal{S}(X^*)$. C'est l'opération donnée par les formules ci-dessus.

Notons $\widetilde{P}(X)$ l'image réciproque de P(X) dans $\widetilde{Sp}(W)$. On a donc $\widetilde{P}(X)\simeq P(X)\times\mathbb{C}^\times$.

II.7. Modèle de Schrödinger "mixte". Soit X un sous-espace totalement isotrope de W, non nul et non maximal. Identifions W à $X+W^0+X^*$ (cf. chap.1, III.5). Soit (ρ^0_ψ,S^0) un modèle de la représentation métaplectique de $H(W^0,<\ ,\ >)$. Réalisons la représentation métaplectique de $H(X+X^*,<\ ,\ >)$ dans $\mathcal{S}(X^*)$. Alors $\mathcal{S}(X^*)\otimes S^0$ est un modèle de la représentation métaplectique de $H(W,<\ ,\ >)$ (cf. I.6.2). Identifions $\mathcal{S}(X^*)\otimes S^0$ à l'espace $\mathcal{S}(X^*,S^0)$ des fonctions de Schwartz sur X^* à valeurs dans S^0. Utilisons les notations du chap.1, III.5. Il y a un homomorphisme naturel $j:P(X)\longrightarrow Sp(W^0)$ ($j(n)=1$ si $n\in N(X)$, $j(m(a,u))=u$ pour $u\in Sp(W^0)$, $a\in GL(X)$). Notons ici $p:\widetilde{Sp}_\psi(W^0)\longrightarrow Sp(W^0)$ la projection. Soit P'(X) l'ensemble des $(g,\tilde{u})\in P(X)\times\widetilde{Sp}_\psi(W^0)$ tels que $j(g)=p(\tilde{u})$. Pour certains éléments $(g,\tilde{u})$ de P'(X), on définit $M[g,\tilde{u}]\in \mathrm{End}\,\mathcal{S}(X^*,S^0)$ par les formules suivantes, où $f\in\mathcal{S}(X^*,S^0)$ et $x^*\in X^*$:

- pour $a\in GL(X)$, $u\in Sp(W^0)$, $g=m(a,u)$, $\tilde{u}=(u,M^0[u])$,

$M[g,\tilde{u}]f(x^*)=|\det_X a|^{1/2}M^0[u]f(a^*x^*)$,

- pour $s\in S^2X\subset \mathrm{Hom}(X^*,X)$, $g=n_1(s)$, $\tilde{u}=1$,

$M[g,\tilde{u}]f(x^*)=\psi(<sx^*,x^*>/2)f(x^*)$,

(comme au II.6, ces formules se retrouvent par un procédé d'induction);

- pour $h \in \mathrm{Hom}(W^0,X)$, $g=n_2(h)$, $\tilde{u}=1$,

$M[g,\tilde{u}]f(x^*)=\rho_\psi^0(\delta \circ h^*(x^*))f(x^*)$.

Ces formules se prolongent en une représentation $(g,\tilde{u}) \longmapsto M[g,\tilde{u}]$ du groupe $P'(X)$. On a $(g,M[g,\tilde{u}]) \in \widetilde{Sp}_\psi(W)$ pour tout $(g,\tilde{u}) \in P'(X)$. En particulier l'image réciproque $\tilde{P}(X)$ de $P(X)$ dans $\widetilde{Sp}(W)$ est isomorphe à $P'(X)$.

II.8. <u>Modèle latticiel</u>. Supposons F local de caractéristique résiduelle différente de 2. Soit A un réseau tel que $A=A^\perp$ (cf. I.4.2). Grâce à notre hypothèse sur la caractéristique résiduelle, on peut choisir le caractère ψ_A du I.3 tel que $\psi_A \circ \delta(a)=1$ pour tout $a \in A$. L'espace S_A du I.3 s'identifie à l'espace des fonctions $f:W \longrightarrow \mathbb{C}$, localement constantes, à support compact, telles que

$$f(a+w)=\psi(\langle w,a\rangle/2)f(w)$$

pour tous $w \in W$, $a \in A$. Pour $g \in Sp(W)$, définissons $M[g] \in \mathrm{End}(S_A)$ par

$$M[g]f(w)=\sum_{a\in A/gA\cap A} \psi(\langle a,w\rangle/2)f(g^{-1}(a+w)).$$

Alors $(g,M[g]) \in \widetilde{Sp}_\psi(W)$.

En particulier, soit K le stabilisateur de A dans Sp(W). C'est un sous-groupe compact maximal de Sp(W). Si $g \in K$, on a simplement

(D) $M[g]f(w)=f(g^{-1}w)$.

Cela définit une représentation de K, et l'image réciproque de K dans $\widetilde{Sp}(W)$ est isomorphe à $K \times \mathbb{C}^\times$.

II.9. Soient G un sous-groupe fermé de Sp(W), $\tilde{G}$ son image réciproque dans $\widetilde{Sp}(W)$. On a une suite exacte

$$1 \longrightarrow \mathbb{C}^\times \longrightarrow \tilde{G} \longrightarrow G \longrightarrow 1.$$

On dit que G est scindé dans $\widetilde{Sp}(W)$ s'il existe un homomorphisme $\sigma:G \longrightarrow \tilde{G}$ qui scinde la suite ci-dessus. Dans ce cas $\tilde{G} \simeq G \times \mathbb{C}^\times$.

<u>Remarque</u>. On peut définir une notion analogue en remplaçant $\widetilde{Sp}(W)$ par $\widehat{Sp}(W)$. Si G est scindé dans $\widehat{Sp}(W)$, il l'est à fortiori dans $\widetilde{Sp}(W)$. La réciproque est fausse car l'application

$$H^2(G,\{\pm 1\}) \longrightarrow H^2(G,\mathbb{C}^*)$$

n'est pas injective en général. C'est la justification de notre préférence pour l'extension $\widetilde{Sp}(W)$.

Soient $\Phi=\{0\subsetneq X_1\subsetneq\ldots\subsetneq X_r\}$ un drapeau totalement isotrope, $P(\Phi)$ son normalisateur dans $Sp(W)$. Si X_r n'est pas maximal, décomposons W en $X_r+W^0+X_r^*$, soient $j:P(\Phi)\longrightarrow Sp(W^0)$ la projection naturelle, et $P_1(\Phi)$ son noyau. Si X_r est maximal, posons $P_1(\Phi)=P(\Phi)$. Les formules des paragraphes II.6, II.7 montrent que $P_1(\Phi)$ est scindé dans $\widetilde{Sp}(W)$. Et ce scindage est normalisé par $P(\Phi)$, i.e. si on note σ le scindage, on a l'égalité $\tilde{q}\sigma(g)\tilde{q}^{-1}=\sigma(qgq^{-1})$ pour tous $g\in P_1(\Phi)$, $\tilde{q}\in\tilde{P}(\Phi)$, où $q=p(\tilde{q})$. La même propriété s'ensuit pour le radical unipotent $N(\Phi)$ de $P(\Phi)$. Plus précisément:

Lemme. Il existe un scindage $\sigma:N(\Phi)\longrightarrow\widetilde{Sp}(W)$ normalisé par $P(\Phi)$. A l'exception du cas $F=\mathbb{F}_3$, W de dimension 2, ce scindage est unique, et est à valeurs dans $\widehat{Sp}(W)$.

Démonstration. Soit σ un tel scindage. Pour $n\in N(\Phi)$ et $\tilde{q}\in\tilde{P}(\Phi)$, on a :

$$\sigma(qnq^{-1}n^{-1})=\tilde{q}\sigma(n)\tilde{q}^{-1}\sigma(n)^{-1},$$

où $q=p(\tilde{q})$. Le membre de droite est bien déterminé car $\sigma(n)$ l'est à un élément central près. C'est un élément de $\widehat{Sp}(W)$, comme tout commutateur, car $\widetilde{Sp}(W)/\widehat{Sp}(W)$ est abélien. Donc σ est bien déterminé, et à valeurs dans $\widehat{Sp}(W)$, sur les éléments de la forme $qnq^{-1}n^{-1}$. A l'exception du cas indiqué dans l'énoncé, ces éléments engendrent $N(\Phi)$.□

II.10. Supposons F local de caractéristique résiduelle différente de 2. Soient A et K comme en II.8. Alors K est scindé dans $\widetilde{Sp}(W)$.

Lemme. Le scindage de K défini par la formule (D) de II.8 est à valeurs dans $\widehat{Sp}(W)$.

Remarque. Si le corps résiduel de F a au moins 4 éléments, K est égal à son sous-groupe des commutateurs, et le lemme est immédiat (cf.[M] lemme 11.1).

Démonstration. Notons σ ce scindage. Pour tout modèle (ρ_ψ,S) de la représentation métaplectique de H, il y a, à une constante près, un unique vecteur $s_A\in S$ fixé par $\rho_\psi\circ\delta(A)$. Pour $g\in K$, $\sigma(g)$ est déterminé par l'égélité $\omega_\psi\circ\sigma(g)s_A=s_A$. On peut trouver une polarisation complète $W=X+Y$ telle que $A=X\cap A+Y\cap A$. Identifions Y et X^*. Dans le modèle de Schrödinger II.6, l'élément s_A est la fonction caractéristique $f_{X^*\cap A}$ de $X^*\cap A$. Le groupe $N(X)\cap K$ a deux scindages possibles: le scindage $\sigma_{N(X)\cap K}$, et celui, qu'on note ici σ', décrit en II.6. On constate que pour $n\in N(X)\cap K$, $\omega_\psi\circ\sigma'(n)f_{X^*\cap A}=f_{X^*\cap A}$. Cela caractérise $\sigma(n)$, d'où $\sigma(n)=\sigma'(n)$, et $\sigma(n)\in\widehat{Sp}(W)$, d'après le lemme II.9. En inversant les rôles de X et X^*, on a la même relation pour tout $n\in N(X^*)\cap K$. Or $N(X)\cap K$ et $N(X^*)\cap K$ engendrent K. Donc $\sigma(g)\in\widehat{Sp}(W)$ pour tout $g\in K$. □

Remarque: cette démonstration montre que le scindage choisi est indépendant de ψ, pourvu qu'on ait $A=A^\perp$.

. Pour F local quelconque, une construction un peu plus fine que celle de II.8 montre qu'il existe un sous-groupe ouvert $K\subset Sp(W)$ qui soit scindé dans $\widetilde{Sp}(W)$.

III. La conjecture de Howe.

III.1. Soit (H_1,H_2) une paire réductive duale de $Sp(W)$ (cf. chap.1, I.17). On s'intéresse à leurs images réciproques $\widetilde{H}_1,\widetilde{H}_2$ dans $\widetilde{Sp}(W)$, et aux restrictions de ω_ψ à $\widetilde{H}_1$ et $\widetilde{H}_2$.

Lemme. Pour $i,j\in\{1,2\}$, $i\neq j$, $\widetilde{H}_i$ est le commutant de $\widetilde{H}_j$ dans $\widetilde{Sp}(W)$.

Cela résulte du lemme II.5. □

Si F est fini, H_1 et H_2 sont évidemment scindés, puisque $Sp(W)$ l'est.

Si F est local non archimédien, supposons $W=W_1\otimes_D W_2$, avec W_i ε_i-hermitien (de type I), et $H_i=U(W_i)$ pour $i=1,2$. Alors H_1 est scindé sauf si D est commutatif muni de l'involution triviale , $\varepsilon_1=-1$ (i.e. W_1 est symplectique) et $\dim_D W_2$ est impaire. Dans ce cas $\widetilde{H}_1\simeq\widetilde{Sp}(W_1)$ (cf. chap.3).

Pour F quelconque, supposons $W=X_1\otimes_D X_2+(X_1\otimes_D X_2)^*$, et $H_i=GL_D(X_i)$ pour $i=1,2$. Alors H_1 et H_2 sont scindés dans $\widetilde{Sp}(W)$. En fixant un scindage convenable, on voit grâce à un modèle de Schrödinger que la restriction de ω_ψ à $H_1\times H_2$ est la représentation de ce groupe dans l'espace de Schwartz $\mathcal{S}(X_1\otimes_D X_2)$ définie par

$$\omega_\psi(h_1,h_2)f(x_1\otimes x_2)=|\det h_1|^{-m_2/2}|\det h_2|^{-m_1/2}f(h_1^{-1}x_1\otimes h_2^{-1}x_2)$$

où $m_i=\dim_D X_i$, et $\det h_i$ est le déterminant de h_i considéré comme endomorphisme du F-espace vectoriel X_i.

III.2. Soit G un sous-groupe fermé de Sp(W). Notons $i:\mathbb{C}^\times \longrightarrow \tilde{G}$ l'injection évidente. Dans la suite, les représentations (π,V) de $\tilde{G}$ qu'on considérera seront supposées vérifier l'hypothèse:

$$\pi\circ i(z)=z\ \mathrm{id}_V$$

pour tout $z\in\mathbb{C}^\times$. On note $\mathcal{R}_\psi(\tilde{G})$ l'ensemble des classes d'isomorphie de représentations admissibles irréductibles (π,V) de $\tilde{G}$ telles que $\mathrm{Hom}_{\tilde{G}}(S,V)\neq\{0\}$, où (ω_ψ,S) est la représentation métaplectique de $\widetilde{Sp}(W)$.

Soit (H_1,H_2) une paire réductive duale de Sp(W). Soit $\pi\in\mathcal{R}_\psi(\widetilde{H_1\times H_2})$. Il existe des représentations admissibles irréductibles π_1 de $\tilde{H}_1$ et π_2 de $\tilde{H}_2$, uniques à isomorphisme près telles que π soit obtenue en factorisant la représentation $\pi_1\otimes\pi_2$ de $\tilde{H}_1\times\tilde{H}_2$ par la projection $\tilde{H}_1\times\tilde{H}_2\longrightarrow\widetilde{H_1\times H_2}$ (cf.[F] th.1). Ce qu'on notera abusivement $\pi=\pi_1\otimes\pi_2$. Comme π est un quotient de ω_ψ, π_1 et π_2 en sont également, d'où $\pi_i\in\mathcal{R}_\psi(\tilde{H}_i)$ pour i=1,2. Donc $\mathcal{R}_\psi(\widetilde{H_1\times H_2})$ s'identifie à un sous-ensemble de $\mathcal{R}_\psi(\tilde{H}_1)\times\mathcal{R}_\psi(\tilde{H}_2)$.

Conjecture (Howe). Si F est local non archimédien, $\mathcal{R}_\psi(\widetilde{H_1\times H_2})$ est le graphe d'une bijection entre $\mathcal{R}_\psi(\tilde{H}_1)$ et $\mathcal{R}_\psi(\tilde{H}_2)$.
(cf. [H1] paragraphe 6).

On donnera plus loin une forme plus précise de cette conjecture, incluant le problème des multiplicités. On a besoin des lemmes techniques ci-dessous.

III.3. Lemme. Soient G_1, G_2 deux groupes localement compacts totalement discontinus, (π_1,V_1) une représentation admissible irréductible de G_1, (π_2,V_2) une représentation lisse de G_2, V un sous-espace $G_1\times G_2$-invariant de $V_1\otimes V_2$. Alors il existe un sous-espace V_2' de V_2, invariant par G_2, tel que $V=V_1\otimes V_2'$.

Démonstration. Posons

$$V_2' = \{v_2 \in V_2 ;\ \text{pour tout } v_1 \in V_1,\ v_1 \otimes v_2 \in V\}.$$

Cet espace est invariant par G_2, et $V_1 \otimes V_2' \subset V$. Quotientons par $V_1 \otimes V_2'$. On est ramené au cas où $V_2' = \{0\}$, et on veut montrer qu'alors $V = \{0\}$. Si $V \neq \{0\}$, soit $v \in V$, $v \neq 0$. On peut écrire

$$v = \sum_{i=1}^{n} v_1^i \otimes v_2^i,$$

avec des vecteurs v_1^i linéairement indépendants, et $v_2^i \neq 0$ pour tout $i=1,\dots,n$. Soit K un sous-groupe ouvert de G_1 tel que pour tout $i=1,\dots,n$, v_1^i appartienne au sous-espace V_1^K des vecteurs de V_1 invariants par K. Soit $\mathcal{H}_K$ l'algèbre des distributions sur G_1 à support compact, biinvariantes par K. La représentation déduite de π_1 de $\mathcal{H}_K$ dans V_1^K est irréductible ([BZ] I.2.10) et V_1^K est de dimension finie. Donc l'application $\pi_1 : \mathcal{H}_K \longrightarrow \mathrm{End}_{\mathbb{C}} V_1^K$ est surjective, et il existe $f \in \mathcal{H}_K$ telle que

$$\pi_1(f) v_1^i = \begin{cases} 0, & \text{si } i \neq 1, \\ v_1^1, & \text{si } i = 1. \end{cases}$$

Alors $v_1^1 \otimes v_2^1 = \pi_1(f) v \in V$. Soit $v_1 \in V_1$ quelconque. D'après l'irréductibilité de π_1, il existe une distribution f' à support compact sur G_1 telle que $\pi_1(f') v_1^1 = v_1$. Alors $v_1 \otimes v_2^1 = \pi_1(f')(v_1^1 \otimes v_2^1) \in V$. D'où $v_2^1 \in V_2'$, contradiction. □

III.4. Lemme. Soient G_1, G_2 deux groupes localement compacts totalement discontinus, (π_1, V_1) une représentation admissible irréductible de G_1, (π, V) une représentation lisse de $G_1 \times G_2$. Supposons que $\bigcap \mathrm{Ker}(f) = \{0\}$, où f parcourt $\mathrm{Hom}_{G_1}(V, V_1)$. Alors il existe une représentation lisse (π_2, V_2) de G_2, unique à isomorphisme près, telle que π soit isomorphe au produit tensoriel externe $\pi_1 \otimes \pi_2$.

Démonstration. Pour tout G_1-module U_1, notons $U_1[G_1]$ son plus grand quotient sur lequel G_1 agisse trivialement. Soit $(\check{\pi}_1, \check{V}_1)$ la représentation contragrédiente de (π_1, V_1). Comme π_1 est irréductible, on a $(\check{V}_1 \otimes V_1)[G_1] \simeq \mathbb{C}$. Supposons que π_2 existe. Alors

$$(\check{V}_1 \otimes V)[G_1] \simeq (\check{V}_1 \otimes V_1 \otimes V_2)[G_1] \simeq (\check{V}_1 \otimes V_1)[G_1] \otimes V_2 \simeq V_2 .$$

D'où l'unicité de V_2. Réciproquement posons $V_2' = (\check{V}_1 \otimes V)[G_1]$, soit $p : \check{V}_1 \otimes V \longrightarrow V_2'$

la projection naturelle. L'espace V_2' est naturellement muni d'une action lisse π_2' de G_2. On définit une application linéaire

$$\varphi : V \longrightarrow \mathrm{Hom}_{\mathbb{C}}(\check{V}_1, V_2')$$
$$v \longmapsto (\check{v}_1 \longmapsto p(\check{v}_1 \otimes v)).$$

Cette application entrelace π avec l'action de $G_1 \times G_2$ sur $\mathrm{Hom}_{\mathbb{C}}(\check{V}_1, V_2')$ déduite de $\check{\pi}_1$ et π_2'. Soient $v \in V$, K un sous-groupe ouvert de G_1 fixant v, e_K l'idempotent associé de l'algèbre des distributions à support compact sur G_1. Pour $\check{v}_1 \in \check{V}_1$, on a

$$\varphi(v)(\check{v}_1) = p(\check{v}_1 \otimes v) = p(\check{v}_1 \otimes \pi(e_K)v) = p(\check{\pi}_1(\check{e}_K)\check{v}_1 \otimes v),$$

où $\check{e}_K$ est l'image de e_K par l'antiautomorphisme $g \longmapsto g^{-1}$. Mais $\check{e}_K = e_K$, d'où

$$\varphi(v)(\check{v}_1) = \varphi(v)(\check{\pi}_1(e_K)\check{v}_1).$$

Autrement dit $\varphi(v)$ se factorise par $\check{\pi}_1(e_K)$. On a un plongement naturel $V_1 \otimes V_2' \longrightarrow \mathrm{Hom}(\check{V}_1, V_2')$. L'admisssibilité de π_1 implique que son image est le sous-espace des $f \in \mathrm{Hom}(\check{V}_1, V_2')$ tels qu'il existe un sous-groupe ouvert compact K de G_1 tel que f se factorise par $\check{\pi}_1(e_K)$. Alors φ se factorise par $\varphi' : V \longrightarrow V_1 \otimes V_2'$. Montrons que φ' est injective. Soit $v \in V$, $v \neq 0$. Il existe par hypothèse $f \in \mathrm{Hom}_{G_1}(V, V_1)$ tel que $f(v) \neq 0$. Fixons un tel f, et $\check{v}_1$ tel que $\check{v}_1 \circ f(v) \neq 0$. Par fonctorialité, f définit une application

$$f' : (\check{V}_1 \otimes V)[G_1] \longrightarrow (\check{V}_1 \otimes V_1)[G_1] \simeq \mathbb{C}.$$

On a $f' \circ p(\check{v}_1 \otimes v) = \check{v}_1 \circ f(v) \neq 0$. Donc $p(\check{v}_1 \otimes v) \neq 0$, et $\varphi(v) \neq 0$. Donc φ est injective et φ' l'est à fortiori. Alors V s'identifie à un sous-$G_1 \times G_2$-module de $V_1 \otimes V_2'$, et l'existence de (π_2, V_2) résulte du lemme III.3. □

III.5. Soient (H_1, H_2) une paire réductive duale, et $(\pi_1, V_1) \in \mathcal{R}_{\psi}(\tilde{H}_1)$. Posons

$$S(\pi_1) = \bigcap \mathrm{Ker}(f), \text{ où } f \text{ parcourt } \mathrm{Hom}_{\tilde{H}_1}(S, V_1),$$
$$S[\pi_1] = S/S(\pi_1).$$

L'espace $S(\pi_1)$ est stable par $\tilde{H}_1$ (chacun des $\mathrm{Ker}(f)$ l'est), et par $\tilde{H}_2$ (qui permute les f car $\tilde{H}_2$ commute à $\tilde{H}_1$). Par passage au quotient on obtient une représentation de $\tilde{H}_1 \times \tilde{H}_2$ dans $S[\pi_1]$. Soit (π_2', V_2') la représentation lisse de $\tilde{H}_2$ telle que $S[\pi_1] \simeq V_1 \otimes V_2'$ (cf. lemme III.4).

Conjecture. Si F est local non archimédien, il existe un unique sous-espace V_2'' de V_2', invariant par $\widetilde{H}_2$, tel que V_2'/V_2'' soit irréductible.

Si cette assertion est vraie, on note $V_2=V_2'/V_2''$, π_2 la représentation de $\widetilde{H}_2$ dans V_2. On dit que π_2 correspond à π_1.

Remarques. (1) Cette conjecture implique la conjecture III.2.

(2) Grâce à II.1.6, et au chap.1,I.17, si la conjecture est vraie pour toute paire réductive duale irréductible, elle est vraie pour toute paire réductive duale. De même pour la conjecture III.2.

(3) Plusieurs cas particuliers de cette conjecture sont aujourd'hui démontrés (ou quasi-démontrés...).

(4) L'analogue pour $F=\mathbb{R}$ a été démontré par Howe ([H2]).

(5) L'analogue de la conjecture pour F fini est faux (voir [H3]).

(6) Supposons la paire duale irréductible de type I. Il résulte des travaux de Kudla (cf. chap.3) que si π_1 est cuspidale, la représentation π_2' introduite ci-dessus est irréductible (ce qui est plus fort que la conjecture ci-dessus). Et quelle que soit π_1, π_2' est de longueur finie.

(7) Supposons la paire duale irréductible de type I, "non ramifiée" (cf. chap.5). Alors la conjecture est vraie (Howe). Si de plus π_1 est "non ramifiée", π_2 l'est aussi.

III.6. En admettant que la conjecture ci-dessus soit vraie, plusieurs questions se posent sur la correspondance $\pi_1 \leftrightarrow \pi_2$. Par exemple:

(1) soit π_1 une représentation admissible irréductible de $\widetilde{H}_1$. A quelles conditions a-t-on $\pi_1 \in \mathcal{R}_\psi(\widetilde{H}_1)$?

(2) soit $\pi_1 \in \mathcal{R}_\psi(\widetilde{H}_1)$, supposons π_1 et π_2 cuspidales. La représentation π_2 se déduit-elle de π_1 par une fonctorialité à la Langlands? Plus concrètement peut-on calculer le caractère (ou un caractère tordu) de π_2 en fonction de celui de π_1?

(3) Kudla a montré que la correspondance $\pi_1 \leftrightarrow \pi_2$ est plus ou moins compatible à l'induction. On obtient alors une correspondance entre sous-quotients

de certaines représentations induites. Il serait intéressant d'avoir des précisions sur cette correspondance.

(4) comment la correspondance varie-t-elle en fonction de ψ? Une question liée est de savoir si on peut adapter la théorie des paires réductives duales au cadre des groupes de similitudes GSp(W). La première difficulté est que pour l'extension métaplectique d'ordre 2 $\widehat{GSp}(W) \longrightarrow GSp(W)$, l'analogue du lemme II.5 est faux.

BIBLIOGRAPHIE.

[B] N.BOURBAKI, Théories spectrales, chapitre 2, Hermann, Paris.

[BZ] J.BERNSTEIN, A.V.ZELEVINSKI, Representations of the group GL(n,F) where F is a non archimedean local field, Russian Math. Surveys 31 (1976), 1-68.

[F] D.FLATH, Decomposition of representations into tensor products, in Automorphic forms, representations and L-functions, Proc. Symp. in Pure Math. XXXIII, AMS 1979, 179-184.

[H1] R.HOWE, θ-series and invariant theory, in Automorphic forms, representations and L-functions, Proc. Symp. in Pure Math. XXXIII, AMS 1979, 275-286.

[H2] R.HOWE, Transcending classical invariant theory, preprint.

[H3] R.HOWE, Invariant theory and duality for classical groups over finite fields, with applications to their singular representation theory, preprint.

[LV] G.LION, M.VERGNE, The Weil representation, Maslov index and thêta series, Progress in Math. 6, Birkhäuser, Boston, Basel, Stuttgart 1980.

[M] C.MOORE, Group extensions of p-adic and adelic linear groups, Publ. IHES 35 (1968), 5-70.

[P] P.PERRIN, Représentations de Schrödinger. Indice de Maslov et groupe métaplectique, in Non commutative Harmonic Analysis and Lie Groups, Proceedings Marseille-Luminy 1980, Springer LN 880, Berlin, Heidelberg,

New-York 1981, 370-407.

[SS] T.A.SPRINGER, R.STEINBERG, Conjugacy classes, in Seminar on algebraic groups and related finite groups, Springer LN 131, Berlin, Heidelberg, New-York 1970, 167-266.

[S] R.STEINBERG, Générateurs, relations et revêtement de groupes algébriques, Colloque sur la théorie des groupes algébriques, Bruxelles 1962, 113-128.

[W] A.WEIL, Sur certains groupes d'opérateurs unitaires, Acta Math. 111, (1964),143-211.

Chapitre 3. Correspondance de Howe et induction

I - Restriction de l'extension métaplectique aux paires duales.

1 . Soit $(W,<\ ,\ >)$ un espace symplectique sur un corps local non-archimédien F (toujours de caractéristique différente de 2) et (H,H') une paire duale dans Sp(W). La restriction de l'extension métaplectique de Sp(W) à HH' est scindée si la paire est de type 2 (ch.2,II,7). Que se passe-t-il pour une paire de type 1 ?

Il existe par (ch.1,I,20) un corps à involution (D,τ) tel que F soit contenu dans l'ensemble des éléments du centre de D , fixes par τ , et une décomposition en produit tensoriel hermitien

$$W = W_1 \otimes_D W_2 \qquad \text{telle que } H = U(W_1)\,,\ H' = U(W_2)\,.$$

Par (ch.2,III,1) , l'image inverse $(H^{\sim},H'^{\sim})$ de (H,H') dans le groupe métaplectique de Sp(W) est une paire duale. Pour ne pas confondre $H^{\sim}$ et l'extension métaplectique de $Sp(W_1)$, lorsque W_1 est symplectique, nous noterons souvent dans ce chapitre par Mp(W) l'extension métaplectique de W (au lieu de $Sp(W)^{\sim}$).

Théorème. L'extension $H^{\sim}$ est scindée sur H , sauf si $H \approx Sp(W_1)$, où W_1 est un espace symplectique sur une extension F' de F , et $\dim_{F'} W_2$ impaire, où l'extension n'est pas scindée.

Preuve. . Le résultat semble nouveau dans le cas général, mais il est bien connu pour H orthogonal ou symplectique; il est démontré dans [K] que le cocycle métaplectique est scindé sur le groupe spécial unitaire, si W_1 est hermitien sur une extension quadratique de F . La démonstration générale n'est pas très différente de celle de [K]. Chaque type de groupe sera examiné séparément.

Si W_2 est hyperbolique, X un Lagrangien de W_2 , $W_1 \otimes X$ est un Lagrangien de W , et par (ch.2,II,6) $H^{\sim}$ est scindée sur H . Ceci traite le cas où H est **orthogonal** .

Si $W_2°$ est la partie anisotrope de W_2 , $H'' = U(W_2°)$, $W'' = W_1 \otimes_D W_2°$, la paire (H,H'') est duale dans Sp(W'') . Par (ch.2,II,1,6)) , $H^{\sim}$ est scindée si et seulement si l'image inverse de H dans Mp(W'') est scindée. On peut donc supposer W_2 anisotrope. On diagonalise W_2 (ch.1,I,5) . Par (ch.2,II,1) si $\varepsilon_2=1$ et $\dim_D W_2 = 1$, la classe de l'extension $H^{\sim}$ ne dépend pas de W_2 . Elle est d'ordre 1 ou 2 . Par (ch.2,II,1,6)) si $\dim_D W_2$ est paire, $H^{\sim}$ est scindée sur H. Sinon, la classe de l'extension est celle que l'on a pour $\dim_D W_2 =1$. Ceci traite le cas où W_1 est **symplectique** sur E = F . Si $E \neq F$, le théorème résulte de la compatibilité du cocycle métaplectique avec la restriction des scalaires, donnée au lemme suivant.

Rappelons (ch.1,I,20) qu'une paire duale (H,H') non triviale de $Sp(W_E)$ est aussi une paire duale dans Sp(W) , pour toute extension finie E/F (munie de la trace $tr_{E/F} \in Hom_F(E, F)$) si W est déduit de W_E par restriction des scalaires. Posons $\psi_E = \psi \circ tr_{E/F}$.

Il est commode d'appeler **représentation métaplectique de Sp(W) associée à ψ**, la représentation projective de Sp(W) dans S vérifiant (ch.2, II,1 (A)), pour tout modèle (ρ_ψ, S) de la représentation irréductible de caractère central ψ du groupe d'Heisenberg H(W).

Lemme. La représentation métaplectique de $Sp(W_E)$ associée à ψ_E est égale à la restriction à $Sp(W_E)$ de la représentation métaplectique de Sp(W) associée à ψ.

La correspondance de Howe pour une paire duale (H,H') non triviale est donc invariante par restriction des scalaires.

Preuve. On a $\psi_E(<,>_E) = \psi(<,>)$, et l'on compare les formules de la représentation métaplectique sur un modèle de Schrödinger (ch.2,II,7). Voir aussi la formule explicite du cocycle métaplectique au paragraphe 3.

2 . Soit E le corps formé par les éléments du centre de D fixes sous l'involution. Par restriction des scalaires, on peut supposer que

- F = E .

Rappelons que l'on s'est ramené à

- H ni orthogonal, ni symplectique, donc D est une extension quadratique de F ou un corps de quaternions de centre F, τ est l'involution canonique,

$\dim_D W_2 = 1$,

et l'on veut montrer que $H^{\sim}$ est scindée sur H . Si cette propriété est vraie pour W_1 hyperbolique, elle est vraie pour tout W_1 . En effet, $U(W_1)$ se plonge dans $U(W_1 \oplus (-W_1))$ en opérant par l'identité sur le second facteur, et l'on utilise (ch.2,II,1,6)). On est ramené à

- W_1 hyperbolique .

Si W_1 est **anti-hermitien** sur (D,τ), on peut supposer que $W_2 = D(1)$, $W = (W_1, t_{D/F}<,>_1)$. Supposons que W_1 soit le plan hyperbolique anti-hermitien sur D , de base hyperbolique {e,f} . Muni du produit de W_1 , le sous-F-espace vectoriel W' de W_1 de base {e,f} est un espace symplectique. Soit P le stabilisateur dans $U(W_1)$ de la droite eD, alors (ch.1,III,5), le radical unipotent N et un Levi M de P sont

$$N = \{(1,x;0,1), x \in F\}, \qquad M = \{(d,0;0,\tau(d)^{-1}), d \in D^\times\}.$$

On a

$$U(W_1) = P\, Sp(W') \approx D^\times SL(2,F) .$$

Lemme. Le groupe unitaire H d'un plan hyperbolique anti-hermitien sur une extension quadratique, ou un corps de quaternions D/F , est isomorphe au sous-groupe de GL(2,D) engendré par SL(2,F) et $M = \{(d,0;0,\tau(d)^{-1}), d \in D^\times\}$. On a une suite exacte :

$$1 \to SL(2,F) \to H \to D^\times/F^\times \to 1 .$$

Nous montrerons au paragraphe 4 que l'extension métaplectique est scindée sur $H = U(W_1)$, si W_1 est un plan antihermitien (d'après [K], ce résultat est montré dans [T]; nous donnerons une autre preuve). Par un théorème général de Prasad et Ragunathan [PR,th.9.5] ceci implique que $SU(W_1)^\sim$ est scindée sur $SU(W_1)$, pour tout espace anti-hermitien W_1 sur une extension quadratique D/F.
Le déterminant induit une suite exacte :

$$1 \to SU(W_1) \to U(W_1) \to D^1 \to 1 ,$$

où D^1 est le noyau de la norme $N_{D/F} : D^\times \to F^\times$. Comme $H^1(SU(W_1),\mathbb{C}^\times) = 0$, on déduit de la suite d'Hochschild-Serre, la suite exacte :

$$1 \to H^2(D^1,\mathbb{C}^\times) \to H^2(U(W_1),\mathbb{C}^\times) \to H^2(SU(W_1),\mathbb{C}^\times) .$$

Si c est le 2-cocycle métaplectique restreint à $U(W_1)$, sa restriction à $SU(W_1)$ étant triviale, il existe un 2-cocycle χ sur D^1 tel que

$$c(g,g') = \chi(\text{dét}g,\text{dét}g') \text{ modulo un cobord.}$$

Si $H \subset W_1$ est un plan hyperbolique, la restriction de c à U(H) est triviale : ceci implique que χ (donc c) est trivial. Donc, $U(W_1)^\sim$ est scindée sur $U(W_1)$ si W_1 est **anti-hermitien sur une extension quadratique.**

Le cas des espaces **hermitiens sur une extension quadratique** se ramène à celui des espaces anti-hermitiens (ch.1,I,3,2)).

Il reste à considérer le cas où W_1 est **ε-hermitien sur le corps des quaternions** D . On va se ramener au cas précédent. Si W_1 est hermitien, $W_2 = D(i)$ où $i \in D$ est de trace nulle, soit $F' = F(i)$ et $j \in D$ tel que $j^2 \in F$, $ji = -ij$; alors $D = F' + j F'$. On note par $r : D \to F'$ la projection sur le premier facteur. L'espace $(W_1 , r(i<\,,\,>_1)$ est un espace anti-hermitien sur F' que l'on notera W'. On a $U(W_1) \subset U(W')$. L'espace W est l'espace symplectique sur F, d'espace vectoriel W_1, de produit $tr_{D/F} i<\,,\,>_1 = tr_{F'/F} r(i<\,,\,>_1)$. On a montré que $U(W')^\sim$ est scindé sur U(W'). On en déduit que $U(W_1)^\sim$ est scindé sur $U(W_1)$.
Si W_1 est anti-hermitien, on fait le même raisonnement, en plus simple. On choisit n'importe quelle extension quadratique F'/F, $F' \subset D$, et l'on note $W' = (W_1, r(<\,,\,>_1)$ l'espace hermitien sur F', etc...
Ceci termine la démonstration du théorème, si l'on admet le résultat pour un plan hyperbolique anti-hermitien sur une extension quadratique.

3. Formule explicite pour le cocycle métaplectique [Rao].

Pour pouvoir présenter la formule, quelques définitions sont nécessaires. Soit W un espace symplectique de dimension 2n sur F, Ω l'ensemble des Lagrangiens de W (ch.1,II), $(\{e_i\},\{e_i^*\})_{1 \le i \le n}$ une base hyperbolique de W, X, resp. X*, le Lagrangien engendré par les e_i resp. e_i^*, P = P(X), N = N(X) son radical unipotent. Pour $q \in S^2(X)$, soit $n_q \in N$ associé à q par l'isomorphisme $N(X) \approx S^2(X)$ défini par la polarisation $W = X+X^*$ (ch.1,III).

On a une décomposition de Sp(W) en doubles classes mod P :

$$\mathrm{Sp}(W) = \cup_{j=0,\ldots,n} C_j \quad , \quad C_j = \{ \begin{matrix} a & b \\ c & d \end{matrix} , \text{ rang } c = j \} , \quad \text{ainsi } C_o = P .$$

Pour $S \subset \{1, \ldots, n\}$, soit $\tau_S \in C_{|S|}$, $\tau_S(e_i) = \begin{cases} -e_i^* , & \text{si } i \in S , \\ e_i , & \text{sinon} . \end{cases}$

L'invariant de Leray.

Soient $X_1, X_2 \in \Omega$, on vérifie facilement que

(i) {il existe $n \in N$, $X_2 = nX_1$ } $\Leftrightarrow$ { $X \cap X_1 = X \cap X_2$ }; si cette intersection est nulle (i.e. X transversal à X_1 et à X_2), n est unique.

(ii) {il existe $p \in P$, $X_2 = pX_1$ } $\Leftrightarrow$ { $\dim_F X \cap X_1 = \dim_F X \cap X_2$ }

Définition. Si (X, X_1, X_2) est un triplet de Lagrangiens deux à deux transversaux, l'élément $n \in N$ de (i) s'identifie dans la polarisation $W = X + X_1$ à un élément $q \in S^2(X)$ non dégénéré. La classe d'isométrie de q est l'invariant de Leray du triplet.

Soit (X_o, X_1, X_2), (Y_o, Y_1, Y_2) deux triplets de Lagrangiens deux à deux transversaux. On vérifie facilement que

(iii) {il existe $p \in P$, $Y_o = pX_o$, $Y_1 = pX_1$, $Y_2 = pX_2$ } $\Leftrightarrow$ { les deux triplets ont même invariant de Leray }

On étend la définition de l'invariant de Leray aux triplets (X_o, X_1, X_2) de Ω non transversaux deux à deux. Soit $M = (X_o \cap X_1) + (X_2 \cap X_1) + (X_o \cap X_2)$, et $W_M = M^\perp / M$ l'espace symplectique associé. Les images $Z_i = ((X_i + M) \cap M^\perp)/M$ des X_i sont des Lagrangiens de W_M, transversaux deux à deux. Par définition, leur invariant de Leray (noté ρ) est celui de (X_o, X_1, X_2).

On démontre [R] que la propriété (iii) reste (presque) vraie. Soit (X_o, X_1, X_2) (Y_o, Y_1, Y_2) deux triplets de Lagrangiens,

(iv) {il existe $p \in P$, $Y_o = pX_o$, $Y_1 = pX_1$, $Y_2 = pX_2$ } $\Leftrightarrow$ { les deux triplets ont même invariant de Leray, et $\dim X_i \cap X_j = \dim Y_i \cap Y_j$ pour tout $0 \leq i,j \leq 2$, $\dim X_o \cap X_1 \cap X_2 = \dim X_o \cap X_1 \cap X_2$ }

On dira que $q \in S^2(X)$ est de classe ρ si la forme quadratique non dégénérée associée à q est de dimension $(\dim W_M)/2$ et de classe ρ.

Théorème. Si $g_1, g_2 \in Sp(W)$, il existe $p, p_1, p_2 \in P$, $S, S' \subset \{1, .., n\}$, $q \in S^2(X)$ de classe l'invariant de Leray du triplet (X, g_1X, g_2X) tels que

$$g_1 = p\, \tau_S\, n_q\, p_1\,,\quad g_2 = p\, \tau_{S'}\, p_2$$

Preuve ([Rao]). Soient les deux Lagrangiens $X_1 = g_1X$, $X_2 = g_2X$. Le théorème consiste à démontrer que les triplets (X, X_1, X_2) et $(X, \tau_S n_q X_1, \tau_{S'} X_2)$ vérifient (iv). On décompose $\{1, ...,n\}$ en 5 parties éventuellement vides :

S_o = l'ensemble des $n_o = \dim X \cap X_1 \cap X_2$ premiers éléments

S_1 = l'ensemble des $\dim X_1 \cap X_2 - n_o$ éléments suivants S_o

S_2 = l'ensemble des $\dim X \cap X_1 - n_o$ éléments suivants S_1

S_3 = l'ensemble des $\dim X \cap X_2 - n_o$ éléments suivants S_2

S_4 = les éléments restants.

On prend $S = S_1 \cup S_3 \cup S_4$, $S' = S_1 \cup S_2 \cup S_4$, q non dégénéré et de classe l'invariant de Leray de (X, X_1, X_2) sur l'espace X_4 engendré par les $e_i \in S_4$,

$q(x,z) = q(z,z) = 0$ pour $x \in X_4$, z dans l'espace Z_4 engendré par les $e_i \notin S_4$

Cocycle métaplectique (première formule).

Soit X un Lagrangien de W, ψ un caractère continu non trivial de F, et γ l'invariant de Weil [R]. Pour $(g,g') \in Sp(W)$, soit $q(g,g')$ l'invariant de Leray du triplet $(X, g^{-1}(X), g'(X))$.

Théorème [P], [Rao]. La classe du 2-cocycle $c(g,g') = \gamma(\psi(q(g,g'))/2)$ dans $H^2(Sp(W), \mathbb{C}^\times)$ est non triviale. Elle est d'ordre 2.

On note que

a) pour $p, p_1, p_2 \in P(X)$, on a $q(p_1 g p, p^{-1} g' p_2) = q(g,g')$

b) $c(g,g')$ est une racine huitième de l'unité, dépend du choix de ψ, X, mais sa classe dans $H^2(Sp(W), \mathbb{C}^\times)$ est l'unique classe "métaplectique" d'ordre 2.

c) on déduit du théorème le lemme du paragraphe 1. Un Lagrangien X de W_E est aussi un Lagrangien de W, et si c_E est le cocycle de $Sp(W_E)$ associé à $(X, \psi tr_{E/F})$, c celui de $Sp(W)$ associé à (X, ψ), le théorème implique

$$c(g,g') = c_E(g,g')\,, \qquad g,g' \in Sp(W_E) \subset Sp(W).$$

Deuxième formule. Nous allons donner maintenant un cocycle équivalent au précédent, à valeurs dans $\{\pm 1\}$. Soit

$x : Sp(W) \to F^\times/F^{\times 2}$, $\quad x(p\, \tau_S\, p') = \text{dét}(pp'|_X)$ modulo $F^{\times 2}$.

$d = \text{dét}(-q(g,g')) \in F^\times/F^{\times 2}$, $h = h(-q(g,g')) \in \{\pm 1\}$, le déterminant et l'invariant de Hasse (ch.1,I,6) de $-q(g,g')$

$(,) : F^{\times}/F^{\times 2} \times F^{\times}/F^{\times 2} \to \{\pm 1\}$ le symbole de Hilbert

$r = r(g,g') = (1/2)(s + s' - s'' - \dim q(g,g'))$, où $g \in C_S$, $g' \in C'_S$, $gg' \in C_{S''}$,

où s est le cardinal de S , et s', s'' ceux de S' , S'' .

Théorème [Rao]. On peut choisir le cocycle $c : Sp(W)\times Sp(W) \to \{\pm 1\}$ fourni par la formule explicite

$c(g,g') = (x(g), x(g'))\,(-x(g)x(g'), x(gg'))\,((-1)^r, d)\,(-1,-1)^{r(r+1)/2}$ h

Exemple : pour $SL(2,F)$, on a $r = 0$ sauf si $g,g' \notin P$ mais $gg' \in P$ où $r = 1$,

$\{ q \neq 0\} \Leftrightarrow \{s=s'=s''=1\})$, et l'on obtient la formule de Kubota [Kub] :

$c(g,g') = (x(g), x(g'))\,(-x(g)x(g'), x(gg'))$

où $x(g) = \begin{cases} d\,F^{\times 2} & \text{si } c = 0 \\ c\,F^{\times 2} & \text{si } c \neq 0 \end{cases}$, $g = \begin{bmatrix} a & b \\ c & d \end{bmatrix}$

4. Nous allons montrer en la calculant que la restriction de c à U(H) est cohomologiquement triviale, si H est le **plan hyperbolique anti-hermitien** sur D , lorsque W est l'espace symplectique canoniquement associé à **H** par restriction des scalaires.

On pose $n = 1$ ou 2 selon que D/F est quadratique ou un corps de quaternions [En fait, il suffirait de supposer D/F quadratique, mais cela ne simplifie pas].

On fixe une base hyperbolique $\{e,f\}$ de **H** et une base de D/F

$\{1,i\}$, $i^2 = -\alpha \in F^{\times}$, si $n=1$

$\{1,i,j,ij\}$, $i^2 = -\alpha \in F^{\times}$ $j^2 = -\beta \in F^{\times}$, $ij = -ji$, si $n = 2$

La base hyperbolique associée de W est

$\{e, ei/\alpha ; f, fi\}$, si $n = 1$

$\{e, ei/\alpha, ej/\beta, eij/\alpha\beta ; f, fi, fj, fij\}$, si $n = 2$

Soit $h = \begin{bmatrix} a & b \\ c & d \end{bmatrix} \in SL(2,F)$, $k = x + iy \in D$, si $n = 1$

$k = x + iy + jz + ijt \in D$, si $n = 2$

Soient H , K les plongements de h , k dans Sp(W) , sur les bases données

$H = \begin{pmatrix} a1 & b\delta \\ c\delta^{-1} & d1 \end{pmatrix}$ $\quad 1 = id_{2\times 2}$, $\delta =$ diag$(1,\alpha)$ si $n = 1$

$1 = id_{4\times 4}$, $\delta =$ diag$(1,\alpha,\beta,\alpha\beta)$ si $n=2$

$K = \begin{pmatrix} \varphi(k) & 0 \\ 0 & \zeta(\tau(k^{-1})) \end{pmatrix}$ $\quad \varphi(k), \zeta(k) =$ matrices de la multiplication par k dans D sur les bases $\{1,i/\alpha,j/\beta,ij/\alpha\beta\}$, $\{1,i,j,ij\}$

Calcul de x .

$x(K) = \text{dét}\,\varphi(k) = k\tau(k)\,F^{\times 2}$ ou $F^{\times 2}$ selon que $n = 1$ ou 2

$x(H) = F^{\times 2}$, si $c = 0$

Supposons $c \neq 0$, posons $\tau = (0,1;-1,0)$, écrivons $h = (u,v;0,w)\tau(r,s;0,t)$,

alors un calcul facile montre que $H = (u\delta^{-1}, v1; 01, w\delta)\tau(r1, s\delta^{-1}; 01, t1)$,

$\tau = \tau_S$, $|S| = 2n$. Donc $x(H) = \alpha\,F^{\times 2}$ ou $F^{\times 2}$ selon que $n = 1$ ou 2,

$x(H)x(K) = x(HK) = x(KH)$

Calcul de l'invariant de Leray $q(g,g')$.

$q(KH,H'K') = q(H,H')$. Un calcul facile montre que $-q \approx cc'c'' N$,

où N est la norme (réduite si $n = 2$) de D/F. Son invariant de Hasse est

$\mathbf{h} = (cc'c'', cc'c''\alpha)$, si $n = 1$, et $\mathbf{h} = -1$, si $n = 2$.

Si $\dim q > 0$, alors $\mathbf{r} = 0$,

Si $\dim q = 0$, alors $\mathbf{r} = 2n$ si $cc' \neq 0$, $c'' = 0$ et $\mathbf{r} = 0$ sinon

Calcul de c.

Si $n = 1$, $c(KH,H'K') =$ $(-1, -\alpha)(\alpha, N(kk'))(N(k), N(k'))$, $cc' \neq 0$, $c'' = 0$

$(N(k), \alpha N(k'))$, $c'c'' \neq 0$, $c=0$,

$(N(k), N(k'))$, $c=c'=c''=0$

$(cc'c'', -\alpha)(N(k), N(k'))$, $cc'c'' \neq 0$

Si $n = 2$, $c(KH,H'K') = 1$ ou -1 selon que $cc'c''=0$ ou $\neq 0$.

Montrons que la classe de c est triviale, i.e. $c(g,g') = b(gg')/b(g)b(g')$, i.e. $c = \delta b$.

Si $n = 2$, on peut prendre $b(KH) = b(HK) = 1$ ou -1 selon que $c=0$ ou non

Si $n = 1$, on vérifie que la restriction de c à $SL(2,F)$ et à $D^\times$ est triviale.

On a $c|_{SL(2,F) \times SL(2,F)} = \delta\rho$, $c|_{D^\times \times D^\times} = \delta\beta$

où $\rho(H) = (c,-\alpha)$ si $c \neq 0$, et $\rho(H) = (d,-\alpha)$ si $c = 0$.

$\beta(K) = \gamma(\psi(N(k)x^2)/\gamma(\psi(x^2))\, \chi(N(k))$

γ étant le facteur de Weil déjà rencontré, $\chi \in \mathrm{Hom}(F^\times, \mathbb{C}^\times)$, $\chi^2(d) = (d,-\alpha)$, $d \in F^\times$. Ces trivialisations sont compatibles. Soit $\varepsilon(HK) = \varepsilon(KH) = (Nk,\alpha)$ ou 1 selon que $c \neq 0$ ou non. Alors si l'on pose $b(HK) = \rho(H)\,\beta(K)\,\varepsilon(HK)$, on a $c = \delta b$.

II - Remarques sur les représentations des groupes p-adiques.

Soit F un corps fini ou local non archimédien, de caractéristique $\neq 2$.

1. Definitions [BZ1], [BZ2] .

Soit G un groupe localement compact totalement discontinu, AlgG la catégorie des représentations lisses complexes de G, $\pi^* \in$ AlgG la contragrédiente lisse de $\pi \in$ AlgG . Soit IrrG l'ensemble des représentations lisses complexes irréductibles de G. Pour tout sous-groupe fermé $H \subset G$, on a les foncteurs : AlgH $\rightarrow$ AlgG

- ind(G,H,) : le foncteur d'induction à support compact
- Ind(G,H) : le foncteur d'induction à support non compact
- $i_{G,H}$, $I_{G,H}$: les foncteurs d'induction unitaire à support compact, à support non compact .

On a :

$$i_{G,H}(\pi)^* = I_{G,H}(\pi^*) \qquad \text{pour } \pi \in \text{AlgH}$$

Si ξ est un homomorphisme continu $N \rightarrow \mathbb{C}^{\times}$ défini sur un sous-groupe fermé N de G , et $H \subset G$ un sous-groupe fermé normalisant N et ξ , on définit des foncteurs : Alg G $\rightarrow$ Alg H :

- $\pi \rightarrow \pi(N,\xi)$: d'espace $E(N,\xi)$ engendré par les vecteurs $\pi(n)v-\xi(n)v$, $n \in N$, $v \in E$, où E est l'espace de π , et muni de l'action de H par restriction. On supprime ξ de la notation si ξ est trivial.
- $\pi \rightarrow \pi_{N,\xi}$: d'espace les coinvariants $E_{N,\xi} = E/E(N,\xi)$

Alors, $\pi \rightarrow \pi_N$ est l'adjoint à gauche de Ind(G,H,) ; on note par $r_{H,G}$ celui de $I_{G,H}$.

N est dit limite de ses sous-groupes compacts, si toute partie compacte de N est contenue dans un sous-groupe compact de N . C'est une hypothèse très utile dès que l'on utilise des foncteurs de coinvariants, car elle entraîne qu'ils sont exacts, via l'astuce :

$$v \in E(N,\xi) \Leftrightarrow \text{il existe un sous-groupe fermé ouvert } N_v \text{ de } N \text{ tel que } \int_{N_v} \xi^{-1}(n)\, \pi(n)v\, dn = 0 .$$

Les foncteurs d'induction sont toujours exacts.

2.Induction, restriction pour un produit semi-direct. Soit M un sous-groupe fermé de G normalisant N , $H \subset M$, $M \cap N = \{1\}$, $\pi \in$ Alg(NH).

Lemme. 1) ind(NM, NH, π)$|_M \approx$ ind(M, H, $\pi|_H$)

2) ind(NM, NH, π)(N) $\approx$ ind(M, H, π(N)

Preuve. 1) est facile, l'isomorphisme est $F \rightarrow f(F) = F|_M$

2) On utilise le faisceau associé à une représentation induite ([BZ1]). Le membre de gauche définit un faisceau sur $H \backslash M$, muni d'une représentation de M . L'action de H sur la fibre au point $H \in H \backslash M$ est égale à π(N) .

3. L'algèbre $\mathbf{S}(G,\mathbb{C})$ des fonctions localement constantes à support compact sur G, à valeurs complexes (le produit est la convolution) est munie d'une représentation naturelle ρ de $G\times G$:

$$\rho((g_1,g_2))f(g) = f(g_1^{-1}gg_2)$$

On plonge diagonalement G dans $G\times G$; la représentation $\mathrm{ind}(G\times G,G,1)$ est isomorphe à ρ.

Lemme. Pour tout $\pi \in \mathrm{Irr}G$, le plus grand quotient π-isotypique de $\rho|_{G\times 1}$ est isomorphe à $\pi\otimes\pi^*$ comme $G\times G$-module.

Preuve. On note par V l'espace de π, V^* celui de π^*. L'espace des endomorphismes de V d'image de dimension finie est $V\otimes V^*$. Le $G\times G$-homomorphisme non nul

$$f\in \mathbf{S}(G,\mathbb{C}) \to \pi(f) = \int_G f(g)\,\pi(g)\,dg \in V\otimes V^*$$

Montrons que son noyau $S(\pi)$ est égal à l'intersection $N(\pi)$ des homomorphismes non nuls $A\in \mathrm{Hom}_{G\times 1}(\mathbf{S}(G,\mathbb{C}), V)$. On a

a) $A(f_*\varphi) = \pi(f)A(\varphi)$, pour $f, \varphi \in \mathbf{S}(G,\mathbb{C})$. Si $\pi(f) = 0$, alors pour tout φ, $f_*\varphi\in \mathrm{Ker}A$, en particulier pour un φ tel que $f_*\varphi = f$. Donc $f\in N(\pi)$

b) Soit $v\in V$ non nul. Alors $A_v : f \to \pi(f)v$ appartient à $\mathrm{Hom}_{G\times 1}(\mathbf{S}(G,\mathbb{C}), V)$. Si $f\in N(\pi)$, on a $\pi(f) = 0$.

4. Si G est un groupe réductif connexe, la théorie de l'induction permet de construire IrrG, à partir du sous-ensemble $\mathrm{Irr}^\circ G$ formé des représentations irréductibles cuspidales :

$\pi \in \mathrm{Alg}\, G$ est dite **cuspidale**, si pour tout sous-groupe parabolique $P \subset G$, distinct de G, de radical unipotent N, on a $\pi_N = \{0\}$.

Il est équivalent de dire que π est finie (ses coefficients sont à support compact, i.e. π se plonge dans $\rho|_{G\times 1}$), dans le cas local non-archimédien, si le centre de G est fini.

Les groupes figurant dans les paires duales du groupe métaplectique ne sont pas toujours algébriques ou connexes : les exceptions sont Mp(W) qui n'est pas algébrique, O(W) qui n'est pas connexe

Les résultats de [BZ2, §2] sont tous valables pour $G = \mathrm{Mp}(W)$, si l'on utilise la définition suivante pour un groupe parabolique : un parabolique de Mp(W) est l'image inverse $P^\sim$ d'un sous-groupe parabolique P de Sp(W) ; une décomposition de Levi $P = MN$ se remonte en une décomposition dite encore de Levi : $P^\sim = M^\sim\sigma(N)$, où σ est une section comme en (ch.2,II,9). On fixe un un drapeau complet totalement isotrope Φ_0 dans W. Pour tous les sous-groupes paraboliques standards P, Q (stabilisant des drapeaux Φ,Φ' extraits de Φ_0) on a

$$P^\sim\backslash G/Q^\sim \approx P\backslash \mathrm{Sp}(W)/Q.$$

D'autre part l'automorphisme intérieur de G induit par un élément $g \in Mp(W)$ ne dépend que de sa projection dans $Sp(W)$. Ceci permet de donner un sens dans $Mp(W)$ aux résultats de [BZ2,§2] qui restent tous valables, en définissant le groupe de Weyl de $Mp(W)$ égal à celui de $Sp(W)$.

5. Représentations de O(W) .

Leur théorie se ramène à celle de la composante connexe $SO(W)$ d'indice 2. Soit sign le caractère non trivial de $O(W)/SO(W)$, et ε un élément de $O(W)$ n'appartenant pas à $SO(W)$. On note ρ^ε l'image de $\rho \in \mathrm{Irr}SO(W)$ par conjugaison par ε :

$$\rho^\varepsilon(\varepsilon s \varepsilon^{-1}) = \rho(s),\ s \in SO(W)$$

La classe de ρ^ε ne dépend pas du choix de ε.

Lemme. (i) Soit $\pi \in \mathrm{Irr}O(W)$, on a

$$\{\pi|_{SO} \text{ est irréductible}\} \Leftrightarrow \{\pi \text{ non équivalent à } \pi\otimes\mathrm{sign}\};$$

alors si $\rho = \pi|_{SO}$, $\pi+\pi\otimes\mathrm{sign} = \mathrm{ind}(O,SO,\rho)$ et $\rho \approx \rho^\varepsilon$

(ii) Soit $\rho \in \mathrm{Irr}SO(W)$, on a

$$\{\mathrm{ind}(O(W),SO(W),\rho) \text{ est irréductible}\} \Leftrightarrow \{\rho \text{ non équivalent à } \rho^\varepsilon\};$$

alors si $\pi = \mathrm{ind}(O(W),SO(W),\rho)$, $\pi|_{SO} = \rho+\rho^\varepsilon$ et $\pi \approx \pi\otimes\mathrm{sign}$.

6. Exemples: Groupes orthogonaux en petite dimension.

Pour les obtenir tous, il suffit de décrire les espaces orthogonaux à similitude près. Soit $n = \dim W$ et $W = W^\circ + mH$, où W° est anisotrope, H l'espace hyperbolique orthogonal de dimension 2.

- **n=1** , $SO(W) = \{1\}$, $O(W) = \{\pm 1\}$, on a deux caractères sur $O(W)$, le caractère trivial et le non trivial: sign .

- **n=2** , $SO(W)$ est commutatif. Si $W = H$ est isotrope, sur une base hyperbolique

$$SO(W) = \{\begin{bmatrix} a & 0 \\ 0 & a^{-1}\end{bmatrix},\ a \in F^\times\},\quad \varepsilon = \begin{bmatrix} 0 & 1 \\ 1 & 0\end{bmatrix}$$

Les représentations irréductibles de $SO(W)$ s'identifient aux caractères χ de $F^\times$ sur lesquels ε opère par $\chi \to \chi^{-1}$. Par le lemme 5, les représentations irréductibles de $O(W)$ sont à équivalence près,

- de dimension 1 , prolongements des caractères d'ordre ≤ 2 de $F^\times$: il y en a $2\,[F^\times : F^{\times 2}]$
- de dimension 2 , induites des caractères non quadratiques de $SO(W)$.

Si W est anisotrope, c'est une extension quadratique F'/F munie de la norme $N_{F'/F} : F' \to F$, $SO(W) \approx \mathrm{Ker}N_{F'/F}$, ε est la conjugaison canonique, et l'on a la même classification en remplaçant $F^\times$ par $\mathrm{Ker}N_{F'/F}$.

- **n=3** , $W \approx D°$ muni de la norme réduite $D° \to F$, où $D°$ est l'ensemble des quaternions de trace nulle d'une algèbre de quaternions D/F ; W est isotrope (m=1) si et seulement si $D \approx M(2,F)$. Les automorphismes intérieurs de D stabilise $D°$ et forment $SO(W) \approx D^\times/F^\times$ (PGL(2,F) si m=1). On peut prendre pour ε la multiplication par -1, $O(W) \approx SO(W)\times\{\pm1\}$. Donc les représentations irréductibles de $D^\times$ triviales sur le centre, s'identifient aux représentations irréductibles ρ de SO(W) .
- **n=4** . Si $m \neq 1$, alors $W = D$ muni de la norme réduite $N_{D/F}$ ($\{m=2\} \Leftrightarrow \{D\approx M(2,F)\}$).
L'action naturelle $d \to adb^{-1}$ de $D^\times\times D^\times$ sur D identifie

$$SO(W) \approx \{ (a,b) \in D^\times\times D^\times , N_{D/F}(a) = N_{D/F}(b) \},$$

la norme induit une suite exacte :

$$\{1\} \to (\mathrm{Ker}N_{D/F})^2 \to SO(W) \to F^\times \to \{1\}$$

La conjugaison canonique τ appartient à O(W) mais n'appartient pas à SO(W). Par conjugaison sur SO(W), elle envoie (a,b) sur $(\tau(b)^{-1},\tau(a)^{-1})$. Son action sur $(\mathrm{Ker}N_{D/F})^2$ est $(a,b) \to (b,a)$.

Si m = 1, il existe une extension quadratique F'/F telle que
$W = \{ \begin{pmatrix} a & z \\ \tau(z) & d \end{pmatrix}$, $a,d \in F$, $z \in F'$ $\}$, muni du déterminant $ad-N_{F'/F}(z)$
i.e. l'ensemble des éléments de M(2,F') fixes sous l'involution $x \to {}^t\tau(x)$.
Le groupe $G = \{ g\in GL(2,F') , N_{F'/F}(\det g) = 1 \}$ opère sur W par l'isométrie $x \to {}^t\tau(g)xg$. Le groupe SO(W) est engendré par l'image de G ($\approx G/\mathrm{Ker}N_{F'/F}$) et par la multiplication par -1 si $-1\notin N_{F'/F}F'$.
L'application $(a,d,z)\to (d,a,\tau(z))$ appartient à O(W) et non à SO(W).

Pour **n≥5** , les espaces orthogonaux sont isotropes, i.e. m≥1 . Il existe encore des isomorphismes classiques pour n =5 ou 6 (voir [Dieu],IV,§8,p.109)
Si n = 5, m=2 ,lien avec Sp(4) ; m=1 ,lien avec U(**D(1)**)
n=6, m=3 , lien avec SL(4), m=2 lien avec un groupe unitaire sur une extension quadratique U(2**H**), m=1,lien avec SL(2,D).

7. Induction dans les groupes orthogonaux.
Nous dirons qu'un sous-groupe de O(W) est parabolique s'il est le stabilisateur d'un drapeau totalement isotrope de W. La définition analogue pour SO(W) fournit les sous-groupes paraboliques non triviaux de SO(W), sauf dans le cas exceptionnel W = **H** , où SO(W) est le stabilisateur d'une droite isotrope, et commutatif : tous ses caractères sont "cuspidaux", tandis que O(W) ayant SO(W) comme sous-groupe parabolique (avec la définition donnée) de radical unipotent nul, n'a aucune représentation "cuspidale".

On fixe une base $\{e_i\}_{1\leq i\leq m}$ d'un sous-espace totalement isotrope maximal, d'où un drapeau complet totalement isotrope Φ_0, un tore déployé maximal A_0 dans SO(W). Le groupe de Weyl de O(W) sera par définition le quotient du normalisateur de A_0 par son centralisateur dans O(W). On remarque qu'il est isomorphe à celui de SO(W) sauf si $W \approx m\mathbf{H}$ est orthogonal hyperbolique. Dans ce cas, il contient le groupe de Weyl de SO(W) comme sous-groupe d'indice 2. Les résultats de [BZ2,§2] sont vrais dès que l'on peut choisir un système de représentants admissible au sens de [BZ2,2.11] pour P\O(W)/Q pour tous les sous-groupes paraboliques standard P, Q (stabilisant un drapeau extrait de Φ_0). C'est clair si P ou Q est différent de son intersection avec SO(W), ou bien si le normalisateur du Levi de P ou Q dans SO(W) est différent de celui dans O(W). Ceci implique que les résultats de [BZ2,§2] sont vrais, sauf peut-être si W =m**H** est orthogonal, m pair. Dans ce cas, par restriction à SO(mH), on vérifie encore que [BZ2,§2] reste vrai.

III. Paires duales de type 2.

1. Soit (H,H') une paire duale irréductible de Sp(W) de type 2 (ch.1,20). Autrement dit, soit D un corps de centre F, m, m' ≥1 deux entiers, H = GL(m,D), H' = GL(m',D). On considère la représentation naturelle σ de HH' dans l'espace **S**=**S**(M(m,m'; D), $\mathbb{C}$) des fonctions à valeurs complexes, localement constantes à support compact sur l'ensemble M(m,m'; D) des matrices à m lignes, m' colonnes, à coefficients dans D

$$\sigma(gg')f(x) = f({}^t g x g') , \qquad g\in H , g'\in H' , f\in S$$

A un caractère près, c' est la représentation métaplectique M (ch.2,II,c) restreinte à HH' :

$$M = \sigma \otimes \nu_m{}^{m'/2} \otimes \nu_{m'}{}^{m/2},$$

où ν_m est le caractère $|\mathrm{dét}_F|^e$ du groupe $H = H_m = GL(m,D)$, et $e^2 = [D:F]$.

Soit E(H) l'ensemble des classes d`équivalence de IrrH. La représentation σ définit une correspondance entre E(H) et E(H'), de graphe

$$R(HH') = \{\text{classes des } \pi\otimes\pi' \in \mathrm{Irr}(HH') , \text{ quotient de } \sigma \}.$$

La correspondance associée à σ sera parfois appelée "correspondance de Howe modifiée". Les conjectures sur la correspondance de Howe (ch.2,III,2 et 5) sont équivalentes aux conjectures analogues sur la correspondance de Howe modifiée.

Remarque : l'application $B : S\times S\to\mathbb{C}$ bilinéaire non dégénérée

$$B(f,f') = \int_{M(m,m'; D)} f(x)\, f'(x)\, dx ,$$

est invariante par M(HH').

2. Filtration.

On filtre M(m,m'; D) par le rang i , $0 \le i \le k = \inf(m,m')$. Le rang classe les orbites de HH' , pour l'action $((g,g'),x) \to {}^t g x g'$. On obtient une filtration décroissante HH'-équivariante de σ :

$$0 \subset S_k \subset \ldots\ldots \subset S_1 \subset S$$

de quotients isomorphes aux représentations induites ind(HH', T_i , 1) , où T_i est le stabilisateur dans HH' d'un élement x_i de rang i .

On choisit x_i , et l'on calcule le T_i correspondant

$$g = \begin{pmatrix} a & b \\ c & d \end{pmatrix}, \quad g' = \begin{pmatrix} a' & b' \\ c' & d' \end{pmatrix}, \quad x_i = \begin{pmatrix} 0 & 0 \\ 0 & 1_i \end{pmatrix}, \qquad a \in H_{m-i},\ d, d' \in H_i,\ a' \in H_{m'-i},\ 1_i \in H_i, \text{ etc...}$$

On note P_r le stabilisateur dans H de $D^r \times \{0\}_{m-r}$, de même P'_r pour H' .

Pour que ${}^t g\, x_i\, g' = x_i$, i.e. $gg' \in T_i$, il faut et il suffit que

- $c = c' = 0$, i.e. $T_i \subset P_{m-i} P'_{m'-i}$
- ${}^t dd' = id$.

Pour i = 0 , T_i = HH'. On a $P_m = P_o = H$, de même pour P' .

On induit la représentation triviale de T_i au parabolique $P_{m-i} P'_{m'-i}$. Par (II,3), on obtient la représentation μ_i de $P_{m-i} P'_{m'-i}$ d'espace $S(H_i, \mathbb{C})$

$$\mu_i (pp')f(h) = f({}^t dhd') , \quad p = \begin{pmatrix} a & b \\ 0 & d \end{pmatrix} \quad p' = \begin{pmatrix} a' & b' \\ 0 & d' \end{pmatrix}, \qquad f \in S(H_i, \mathbb{C}) ,\ d,h,d' \in H_i$$

Lemme. La représentation σ admet une filtration décroissante de quotients, pour i = 0 , ... k

$$\sigma_i = \mathrm{ind}(HH' , P_{m-i} P'_{m'-i} , \mu_i) .$$

3.Corollaires. a) σ_o est la représentation triviale de HH' et quotient de σ, σ_k est un sous-module de σ.

b) Si $\pi \in$ IrrH, alors le plus grand quotient π-isotypique de S , noté S_π est de longueur finie; s'il n'est pas nul, il admet un quotient H'-irréductible.

Preuve. a) est trivial

b) Soit σ_π le plus grand quotient π-isotypique de $\sigma|_{G\times 1}$. On a (iii)$\Rightarrow$(ii)$\Rightarrow$(i) , où

(i) σ_π est une H×H'-représentation de longueur finie

(ii) $(\sigma_i)_\pi$ est une H×H'-représentation de longueur finie, pour tout i

(iii) $(\rho_i)_\mu$ est une $H_i \times H_i$-représentation de longueur finie pour tout i (ind envoie représentations de longueur finie sur représentations de longueur finie), pour tout $\mu \in \mathrm{Irr}H_i$ tel que π soit quotient de

$\mathrm{ind}(H,P_{m-i},1\otimes\mu)$ (le nombre de μ possibles est fini, à équivalence près par [BZ]).

Or par (I,3), $(\rho_i)_\mu \approx \mu\otimes\mu^*$ est une représentation irréductible de $H_i\times H_i$

Remarque. Si F est un corps fini, les représentations considérées étant complexes sont semi-simples, et les quotients irréductibles de σ sont les quotients irréductibles de

$$\mathrm{ind}(HH', P_{m-i}P'_{m'-i}, (1\otimes\pi)\otimes(1\otimes\pi)) \text{ , pour tout } i = 0, ..., k \text{ , tout } \pi\in \mathrm{Irr}H_i .$$

Sur un corps fini, la "correspondance de Howe" n'est pas bijective, et il n'y a pas de "conjecture de Howe".

4. Quelles sont les représentations $\pi\in \mathrm{Irr}H_m$ qui sont effectivement quotients de S ? Laissons varier m' , notons alors $\sigma = \sigma_{m,m'}$, $m=m(\pi)$.

Définition. posons $m'(1_m) = 0$,

$$m'(\pi) = \inf\{m' \geq 1, \pi \text{ quotient de } \sigma_{m,m'}\} \text{ , si } \pi\neq 1_m.$$

Lemme. Pour tout $\pi\in \mathrm{Irr}H_m$, on a $m'(\pi) \leq m(\pi)$.

Nous démontrons ce lemme plus loin (§7).

Corollaire. Chaque représentation irréductible de H apparait dans la correspondance de Howe.

5. Lemme. Si $m' \geq m'(\pi)$, alors π est quotient de $\sigma_{m,m'}$.

Preuve. On plonge trivialement H'_i dans $H'_{m'}$ par $g \to \mathrm{diag}(1_{m'-i}, g))$, $M(m,i;\mathbb{C})$ dans $M(m,m';\mathbb{C})$ par $x \to (0_{m,m'-i}, x)$, si $i \leq m'$. La restriction de $M(m,m';\mathbb{C})$ à $M(m,m'(\pi);\mathbb{C})$ induit un $H\times H'_{m'(\pi)}$-homomorphisme surjectif de $\sigma_{m,m'}$ sur $\sigma_{m,m'(\pi)}$.

6. Il est naturel d'introduire un autre entier $\mu'(\pi) \leq m'(\pi)$,

$\mu'(1_m) = 0$,

$\mu'(\pi) = \inf\{i\geq 1$, tel qu'il existe $\rho\in \mathrm{Irr}H_i$, $\mathrm{Hom}(\mathrm{ind}(H,P_{m-i},1_{m-i}\otimes\rho,\pi)\neq 0\}$, si $\pi\neq 1_m$

Sur un corps fini on a l'égalité $\mu'(\pi) = m'(\pi)$. On suppose dans la fin de III que F est un corps local non-archimédien. Liée à la conjecture de Howe, nous formulons la

Conjecture. 1) Pour tout $\rho \in \mathrm{Irr}H_i$, $\mathrm{ind}(H, P_{m-i} ,1_{m-i}\otimes\rho)$ admet un unique quotient irréductible. On le note par $\pi_m(\rho)$.

2) Pour tout $\pi \in \mathrm{Irr}H_m$, il existe à équivalence près un unique $\rho \in \mathrm{Irr}H_{\mu'(\pi)}$ tel que $\pi = \pi_m(\rho)$. On note $\rho = \vartheta(\pi)$.

3) Si $\pi = \pi_m(\rho)$, alors $\{\rho = \vartheta(\pi)\} \Leftrightarrow \{\mu'(\rho) = m(\rho) = \mu'(\pi)\}$.

Notons $\mathrm{Irr} = \cup_{m\geq 1} \mathrm{Irr}H_m$, et $\mathrm{Irr}^* = \{ \rho \in \mathrm{Irr}, m(\rho) = \mu'(\rho) \}$. On associe à $\rho \in \mathrm{Irr}^*$ une série de représentations irréductibles $\pi_m(\rho)$, $m \geq m(\rho)$. Si cette conjecture ainsi de la conjecture de Howe sont vraies, la correspondance de Howe modifiée (associée à σ) est la bijection

$\pi_m(\rho) \to \pi_{m'}(\rho)$, pour tous m, m' entiers ≥ 1 , $\rho \in \mathrm{Irr}^*$, $m(\rho) \leq \inf(m,m')\}$

7. Démonstration du lemme 4 . Commençons par le cas le plus simple $m = 1$, $D = F$.
Quels sont les quotients irréductibles π' de $S = \mathbf{S}$ $(F^{m'}, \mathbb{C})$ pour l'action de H' par σ ? La filtration est fournie par la suite exacte déduite de l'application $f \to f(0)$

$$\{0\} \to \mathbf{S}\ (F^{m'}\text{-}\{0\}, \mathbb{C}) \to \mathbf{S}\ (F^{m'}, \mathbb{C}) \to \mathbb{C} \to \{0\}$$

On fixe le caractère central de π' : c'est un caractère χ du centre $F^\times$ identifié à H .

a) si $\chi \neq$ id., montrons que $m'(\chi) = 1$. Ceci se voit sur la fonction

$$\int_{F^\times} f(gx)\, \chi(g)\, dg \ , \ x \in F^{m''}$$

convergente pour $\mathrm{Re}\, s >> 0$, où $s \in \mathbb{C}$ est défini par $|\chi(x)| = |x|^s$. On la note par $L(f(x),\chi)$. On a $L(f(x),\chi) = L(f(ax)\chi(a),\chi)$ pour tout $a \in F^\times$ si $\mathrm{Re}\, s >>0$. Pour tout $\chi \neq$ id. $L(f(x),\chi)$ est défini , quoique l'intégrale ne converge plus, et l'égalité précédente reste vraie. On en déduit que $m'(\chi) = 1$, et le plus grand quotient χ-isotypique est l'unique quotient irréductible de $\mathrm{ind}(H', P_{m'-1}, 1_{m'-1} \otimes \chi)$.

b) si $\chi =$ id. évidemment $S_{id} \neq \{0\}$.

Noter que l'on ne peut pas décider avec les méthodes données si la conjecture de Howe est vraie car $1_{m'}$ est sous-module et non quotient de $\mathrm{ind}(H', P_{m'-1}, 1_{m'-1} \otimes 1_1)$.

La méthode pour $m=1$ se généralise. Supposons $m'=m$, les fonctions L de Tate ont été généralisées par Godement et Jacquet [GJ,th.3.3(2)]. Soit $f \in S$, et $\pi \in \mathrm{Irr}H$. Considérons un coefficient de π (qui joue le rôle de χ) , c'est une fonction sur H de la forme $\Phi(g) = \langle v^*,\pi(g)v\rangle$, $v^* \in \pi^*$, $v \in \pi$. L'intégrale $L(s,\pi)^{-1} \int_H \langle v^*,\pi(x)v\rangle f(x) v^s(x) d_H x$ est définie pour $\mathrm{Re} s >> 0$, c'est un polynôme en q^{-s}, et q^s, si l'on note par d^2 le degré de D sur F, par q le nombre d'éléments du corps résiduel de F , par $L(s,\pi)$ la fonction L de π et par $d_H x = v^{-m}(x)dx$ une mesure de Haar sur H , par dx est une mesure de Haar sur $M(m,m;D)$. On le note par $P(v^*,v,f, \pi_s)$, où $\pi_s = \pi \otimes v^s$. L'application $(v^*,v,f) \to P(v^*,v,f, \pi_s) \in \mathbb{C}$ n'est pas identiquement nulle, et vérifie

$$P(v^*,v,f, \pi_s) = P(\pi_s{}^*({}^t g^{-1})v^*,\pi_s(g')v,\sigma(gg')f, \pi_s)$$

Elle entrelace $\pi_s \otimes \pi_s$ et $\sigma_{m,m}$. Cette égalité reste vraie pour tout s qui n'est pas pôle de $L(s,\pi)$. Si q^a est un pôle de $L(s,\pi)$ d'ordre r , ce pôle est isolé et $\lim_{s\to a}(q^s-q^a)^r P(v^*,v,f, \pi_s) = Q((v^*,v,f, \pi_s)$ est non identiquement nul, et vérifie la même égalité. Le lemme est montré.

IV. Paires duales de type 1.

Soit F un corps fini ou local non archimédien de caractéristique $\neq 2$.

1. Soit (H,H') une paire duale (irréductible, réductive) de type 1 . La représentation métaplectique de HH' est plus compliquée et intéressante que pour les paires de type GL(n). Cependant, on démontre (th.4) essentiellement les mêmes choses, c'est-à-dire la conjecture de Howe pour les cuspidales ainsi que la compatibilité de la correspondance de Howe avec l'induction de Bernstein-Zelevinski [Ku] . On considère ici toutes les paires de type 1 ([Ku] ne concerne que les paires orthogonales -symplectiques). C'est Waldspurger qui a remarqué que les méthodes de [Ku] fournissent :

- la conjecture de Howe pour les cuspidales
- la propriété que S_π est de longueur finie (ch.2,III,5).

L'article très clair de [Ku] s'appuie beaucoup sur des idées dues à Howe [H] et à Rallis [R].

Notations. On fixe les parties anisotropes W_o, W'_o de W et W' , et l'on considére les indices de Witt m, m' comme variables. On fixe un caractère non trivial ψ de F . On note

$W = W_m$, $W' = W'_{m'}$, $U(W) = H = H_m$, $U(W') = H' = H'_{m'}$ $n = \dim_D W$, $n' = \dim_D W'$,

$G_i = GL(i,D)$, ω_ψ la représentation métaplectique de $Mp(W_m \otimes_D W'_{m'})$.

Toutes les représentations π de $H^\sim$ ont la propriété que $\pi(zh) = z\pi(h)$, $z \in \mathbb{C}^\times$, $h \in H^\sim$

Les images inverses $H^\sim{}_{W'}$ de U(W) dans les différents $Mp(W \otimes W')$ sont toutes isomorphes commes extensions centrales de U(W) au groupe

$$H^\sim = U(W) \times \mathbb{C}^\times \quad , \text{si } W'_o = \{0\}$$

l'image inverse de U(W) dans $Mp(W \otimes W'_o)$ sinon

Les isomorphismes (d'extensions centrales sur U(W), induisant l'identité sur U(W)) ne sont pas uniques si H possède des caractères non triviaux. On fixe des isomorphismes (voir plus loin)

$$j_{m'} : H^\sim \to H^\sim{}_{W'} \quad , j'_m : H'^\sim \to H'^\sim{}_W$$

et l'on considère les représentations $\omega_{m,m'}$ de $H^\sim H'^\sim$:

$$\omega_{m,m'}(hh') = \omega_\psi(j_{m'}(h^\sim)j'_m(h'^\sim)) , h \in H^\sim , h' \in H'^\sim$$

Si W est hyperbolique, on convient que $\omega_{o,m'}$ est la représentation triviale sur $H' \times \{1\}$.

Elles définissent des correspondances entre $E(H^\sim)$ et $E(H'^\sim)$ comme en (III,1) , que nous appellerons parfois "correspondances de Howe modifiées" .

Si $H^\sim = H \times \mathbb{C}^\times$, par restriction à $H \times \{1\} \approx H$, on obtient des correspondances entre E(H) et $E(H'^\sim)$, appelées encore "correspondances de Howe modifiées".

Les conjectures de Howe (ch.2,III,2 ou 5) sont équivalentes aux conjectures analogues pour les correspondances de Howe modifiées.

Remarque. Les correspondances de Howe modifiées qui dépendent du choix de $j_{m'}$, j_m sont paramétrées par les caractères de H, H'. Les caractères de H opère par produit tensoriel sur $\mathrm{Irr}H$ et sur $E(H)$. Soit $\pi \in \mathrm{Irr}H$, et posons

$\theta(\pi) = \{$classes des $\pi' \in \mathrm{Irr}H'$ tel que $(\pi\otimes\xi)\otimes(\pi'\otimes\xi')$ soit quotient de $\omega_{m,m'}$ pour des ξ, ξ' caractères de H, H' $\}$

$\theta(\pi)$ est l'ensemble des images de la classe de π par toutes les correspondances de Howe modifiées.

Construction de $j_{m'}$: on procède comme pour le type 2 (III) ; soit S_o un modèle de la représentation métaplectique de $Mp(W_m\otimes_D W'_o)$ ($S_o = \mathbb{C}$ si $W'_o = \{0\}$) et $S = \mathbf{S}(W^{m'}, \mathbb{C})$ un modèle de Schrödinger de celle de $Mp(W_m\otimes_D m'\mathbf{H}')$, l'action naturelle de $U(W)$ sur S est notée σ. Alors $S\otimes S_o$ est un modèle de celle de $Mp(W_m\otimes_D W')$. On note par

$$i : Mp(W_m\otimes_D W') \to Sp(W_m\otimes_D W')^{\sim}\ ,\ i_o : Mp(W_m\otimes_D W'_o) \to Sp(W_m\otimes_D W'_o)^{\sim}$$

les isomorphismes correspondants. On a

$$j_{m'}\, i_o^{-1}(g,A) = i^{-1}(g, \sigma(g)\otimes A)\ ,\ (g,A) \in H^{\sim}$$

2 . Lemme. Tout $\pi \in \mathrm{Irr}(H_m)^{\sim}$ est quotient de $\omega_{m,n}$.

Ceci permet d'introduire un entier $m'(\pi) \le n$

$$m'(\pi) = \inf\{\ m' \ge 0\ ,\ \text{tel que } \pi \text{ soit quotient de } \omega_{m,m'}\ \}\ .$$

Preuve. L'idée de la démonstration est tirée de [R. appendice] . On prend le modèle de Schrödinger mixte $S = \mathbf{S}(\mathrm{Hom}_D(X',W), \mathbb{C})\otimes S°$, où $X' \subset W'$ est un un sous-espace totalement isotrope maximal (de dimension m'). Soit $\alpha \in \mathrm{Hom}_D(X',W)$ d'image non dégénérée de dimension $\inf(n,m')$ et V l'orthogonal dans W de son image. Le stabilisateur de α dans $U(W)$ est l'ensemble des éléments induisant l'identité sur l'image $V^{\perp}$ de α. Il s'identifie canoniquement à $U(V)$. L'orbite A de α est fermée. La restriction à A induit une $U(W)$-surjection de $\mathbf{S}(\mathrm{Hom}_D(X',W), \mathbb{C})$ sur $\mathbf{S}(A, \mathbb{C})$, et donc une $(H_m)^{\sim}$-surjection de $\omega_{m,m'}$ sur

$$\tau = \mathrm{ind}(U(W),U(V),1)\otimes\omega_{m,o} = \mathrm{ind}(U(W)^{\sim}, U(V)^{\sim}, \omega_{m,o}|_{U(V)})$$

Prenons $m' = n$. Alors $U(V)$ est trivial, et tout π est de quotient de τ.

Remarque. Le même argument implique aussi les propriétés suivantes

a) Si W' est hyperbolique, et si π possède un vecteur invariant par $U(V)^{\sim}$, V non dégénéré, alors

$$m'(\pi) \le n - \dim V.$$

b) Si $m' \ge m'(\pi)$, π est quotient de $\omega_{m,m'}$

c) Si π est contenu dans $\omega_{m,m'}$, alors il existe τ comme dans la démonstration tel que π soit contenu dans τ.

d) Si π est cuspidale, π quotient de $\omega_{m,m'}$ est équivalent à π quotient d'un τ.

a) Il suffit d'appliquer Frobenius et la dualité : $\mathrm{Hom}_{U(V)}(\omega_{m,o}, \pi|_{U(V)}) \subset \mathrm{Hom}(\tau, \pi)$.

Si W' est hyperbolique, $\omega_{m,o}$ est la représentation triviale.

b) Prenons un modèle mixte associé à un sous-espace totalement isotrope X' de dimension $m'-m'(\pi)$. La restriction en 0 réalise une surjection de $\omega_{m,m'}|_{H_m H'_{m'(\pi)}}$ sur $\omega_{m,m'(\pi)}$.

c) résulte de ce que les α comme dans la démonstration du lemme, d'image non dégénérée de dimension maximum forment un oouvert dense de $\mathrm{Hom}_D(X',W)$

d) π cuspidale signifie que ses coefficients sont à support compact modulo le centre, et π sous-module est équivalent à π quotient.

3.Exemple : Les représentations analogues de θ_{10}.

La représentation θ_{10} est une certaine représentation irréductible cuspidale de Sp(4,F) trouvée par Srinivasan, lorsque F est un corps fini. Cette représentation a joué un certain rôle, et il peut être intéressant de rappeler que la représentation métaplectique permet de la construire, ainsi qu'une série de représentations analogues. L'analogue de θ_{10} est une représentation irréductible d'un groupe symplectique d'indice de Witt n provenant par la correspondance de Howe d'une représentation cuspidale irréductible π d'un groupe orthogonal sur un espace de dimension n , telle que $m'(\pi) = n$. Une telle représentation est toujours cuspidale (voir le théorème principal).

Le raisonnement fait dans le paragraphe ci-dessus peut être fait en remplaçant O(W) par SO(W). Mais alors, pour $m' = n-1$, $SO(V) = \{1\}$, $O(V) = \{1,\varepsilon\}$, tout $\rho \in \mathrm{Irr}SO(W)$ est quotient de $\omega_{m,n-1}$ Soit $\pi \in \mathrm{Irr}O(W)$, si $\pi \approx \pi \otimes \mathrm{sign}$, alors π est quotient de $\omega_{m,n-1}$, sinon l'une au moins de π ou $\pi \otimes \mathrm{sign}$ est quotient de $\omega_{m,n-1}$ (II,§4).

4. Notations. Soit $\pi \in \mathrm{Irr}(H_m)^{\sim}$.

On note si $m' \geq m'(\pi)$ par $\vartheta_{m'}(\pi)$ la représentation lisse de $(H'_{m'})^{\sim}$ définie à équivalence près, telle que la partie π-isotypique de $\omega_{m,m'}$ soit isomorphe à $\pi \otimes \vartheta_{m'}(\pi)$. Si $m'=m'(\pi)$, on la note simplement $\theta(\pi)$. Si W' est hyperbolique, $\{m'(\pi) = 0\} \Leftrightarrow \{\pi = \mathrm{id.}\}$.

On fixe des drapeaux complets totalement isotropes dans W_m, $W'_{m'}$, et l'on note par P_t, P'_t les paraboliques de H_m, $H'_{m'}$ fixant l'espace de dimension $t \geq 1$ de ces drapeaux. On pose $P_o = H_m$. Soit Q_{t-i} l e parabolique standard de G_t stabilisant un espace de dimension t-i , de Levi isomorphe à $G_{t-i}\times G_i$. Le Levi "standard" de P_t est $M_t \approx G_t\times H_{m-t}$.

On étend les notations de Zelevinski [Z] à H_m , on note par r_t la restriction r_{M_t,H_m} et $t = t(\pi)$ tel que

$$E_t = \{q_t = \sigma_t\otimes\pi_{m-t} \in \mathrm{Irr}G_t\times(H_{m-t})^{\sim} \text{ quotient de } r_t(\pi) \text{ , avec } \sigma_t \in \mathrm{Irr}^o G_t\} \neq \emptyset,$$

Pour $\sigma_t\otimes \pi_{m-t}\in \mathrm{Irr}M_t$ relevée à P_t par la surjection canonique, on note par $\sigma_t\times \pi_{m-t}$ l'induite unitaire $i_{H_m,M_t}(\sigma_t\otimes \pi_{m-t})$.

Le module de Q_{t-i} est égal à $\nu_{t-i}{}^{i}\otimes\nu_i{}^{-(t-i)}$. Celui de P_t est égal à $\nu_t{}^{n-t-\eta}$, où $\eta = \varepsilon , 0 , -\varepsilon/2$ selon que $[D:F] = 1 , 2 , 4$.

On adopte les mêmes notations pour $(H_m)^{\sim}$, $(P_t)^{\sim}$, $(M_t)^{\sim} \approx G_t\times(H_{m-t})^{\sim}$.

On démontrera au §10, le théorème suivant.

Théorème principal. Soit $\pi \in \mathrm{Irr}(H_m)^{\sim}$,

1) Si π est cuspidale,

a) $\vartheta_{m'}(\pi) \in \mathrm{Irr}(H'_{m'})^{\sim}$, pour tout $m' \geq m'(\pi)$

b) $\vartheta(\pi)$ est cuspidale

c) $r_t(\vartheta_{m'}(\pi)) = \nu_t{}^{(n-n'+t+\eta')/2} \otimes \vartheta(\pi)$ si $m'-m'(\pi) = t$

2) En général,

a) $\vartheta_{m'}(\pi)$ est de longueur finie.

b) si $m' \geq m'(\pi)$ et $\pi\otimes\pi' \in \mathrm{Irr}(H_m)^{\sim}\times(H'_{m'})^{\sim}$ quotient de $\omega_{m,m'}$, et $t = t(\pi)$

(i) si $t=1$ et pour tout q_1 on a $\sigma_1 = \nu_1{}^{(n-n'+1+\eta')/2}$, alors $\pi_{m-1}\otimes\pi'$ est quotient de $\omega_{m-1,m'}$

(ii) sinon , π' est quotient de $\sigma_t{}^* \times \pi'_{m'-t}$, avec $\pi'_{m'-t}\in (\mathrm{Irr}H'_{m'-t})^{\sim}$, $\pi_{m-t}\otimes\pi'_{m'-t}$ quotient de $\omega_{m-t,m'-t}$.

Le résultat pour les représentations non cuspidales n'est pas très satisfaisant; il exprime tout de même la compatibilité entre la correspondance de Howe et l'induction de Bernstein-Zelevinski.

5 . $r_t(\omega_{m,m'})$

Le théorème 4 se déduit de calculs d'espaces de coinvariants de la représentation métaplectique. Soit $1 \leq t \leq m$, N_t le radical unipotent de P_t , relevé comme en chapitre 2 en un sous-groupe de $(H_m)^{\sim}$. La représentation $\tau = (\omega_{m,m'})_{N_t}$ de $(M_tH'_{m'})^{\sim}$ est à un caractère près la représentation

$$r_t(\omega_{m,m'}) = \tau\otimes\nu_t{}^{(-n+t+\eta)/2} .$$

On montrera en V le résultat suivant.

Théorème. La représentation τ admet une filtration décroissante

$$0 \subset F_k(\tau) = \tau_k \subset \ldots\ldots \subset F_o(\tau) = \tau \ ,$$

de quotients $\tau_i = F_{i+1}(\tau)\backslash F_i(\tau)$, $0 \le i \le k$, où $k = \inf(t,m')$,

$$\tau_i = \mathrm{ind}((G_t\, H_{m-t}\, H'_{m'})^{\sim}, (Q_{t-i}\, H_{m-t}\, P'_i)^{\sim}, \xi_{t,i} \otimes \rho_i \otimes \omega_{m-t,\, m'-i}),$$

où ρ_i défini en (II,3) est la représentation naturelle de $G_i \times G_i$ dans $\mathbf{S}(G_i, \mathbb{C})$, et

$\xi_{t,i}$ est le caractère de $G_{t-i} \times G_i \times G_i$ $\xi_{t,i} = \nu_{t-i}{}^{n'/2} \otimes \nu_i{}^{(n+n'-2t)/2} \otimes \mathrm{id}$.

6 . Corollaire. a) La représentation $\tau_o \otimes \nu_t{}^{(-n+t+\eta)/2} = \nu_t{}^{(n'-n+t+\eta)/2} \otimes \omega_{m-t,\, m'}$ est quotient de $r_t(\omega_{m,m'})$. La représentation $\tau_k \otimes \nu_t{}^{(-n+t+\eta)/2}$ est contenue dans $r_t(\omega_{m,m'})$.

b) Si π est cuspidale, $\vartheta(\pi)$ est cuspidal.

Preuve. a) est immédiat par le théorème 5;

b) Soit $\pi \otimes \pi'$ quotient de $\omega_{m,m'}$, où π est lisse, non cuspidale, π' est irréductible; il existe $t \ge 1$ tel que π' soit quotient de $r_t(\omega_{m,m'})$. Si π' est cuspidale, il est clair que π' est quotient de τ_o, mais alors π' est quotient de $\omega_{m-t,m'}$, si m est minimal, t=0 , contradiction. Les rôles de H , H' sont symétriques.

Remarque. Si F est un corps fini, les représentations étant complexes, donc semi-simples, si $\pi_m \otimes \pi'_{m'} \in \mathrm{Irr} H_m \otimes H_{m'}$ est quotient de $\omega_{m,m'}$, alors pour tout $\sigma_t \in \mathrm{Irr} G_t$, tout quotient irréductible de $(\sigma_t \times \pi_m) \otimes (\sigma_t{}^* \times \pi'_{m'})$ est quotient de $\omega_{m+t,m'+t}$. Si σ_t est le caractère trivial noté par 1_t, alors $(1_t \times \pi_m) \otimes \pi'_{m'}$ est quotient de $\omega_{m+t,m'}$. La "conjecture de Howe" n'est pas vérifiée.

7 . $(\omega_{m,m'})_{H_m}$

L'espace des coinvariants de $\omega_{m,m'}$ par H est muni d'une action naturelle de H', dont les quotients irréductibles forment l'image par la correspondance de Howe de la représentation triviale de H. Nous supposons dans ce paragraphe que W' est **hyperbolique.**

Sur un modèle de Schrödinger S formé des fonctions localement constantes à support compact sur $\mathrm{Hom}_D(X'_{m'}, W)$, l'action de H est l'action naturelle

$$gf(x) = f(g^*x)\ , \qquad g \in H\ ,\ f \in S\ ,\ x \in \mathrm{Hom}_D(X'_{m'}, W)\ .$$

Soit M la représentation métaplectique de $H'^{\sim}$ sur S (ch.2)

Théorème. $(\omega_{m,m'})_H$ est isomorphe à l'espace des fonctions sur $H'^{\sim}$: $h' \to M(h')f(0)$, $f \in S$, muni de l'action naturelle de $H'^{\sim}$ par translation à droite.

Les fonctions $\varphi(h') = M(h')f(0)$ vérifient l'équation :

$$\varphi(p'h') = \nu_{m'}(d')^{n/2}\,\varphi(h') \ , \ p' \in P'_{m'} .$$

On en déduit :

Corollaire. $(\omega_{m,m'})_H$ est isomorphe à un sous-module de l'induite à $H'^{\sim}$ du caractère $\nu_{m'}^{n/2}$ du parabolique $P'_{m'}$.

Si m est grand, on sait démontrer que $(\omega_{m,m'})_H$ est toute l'induite.

8. Si deux espaces hermitiens W_2, W_2' sont dans la même série de Witt, alors $W' = W_2 \oplus (-W_2')$ est hyperbolique, le groupe unitaire de $-W_2'$ est égal à celui de W_2', et $U(W_2)\,U(W_2')$ est plongé diagonalement dans $U(W')$. Soit ρ la restriction à $U(W_2)^{\sim}\,U(W_2')^{\sim}$ de $(\omega_{m,m'})_H$. La partie cuspidale ρ_c de ρ est assez simple.

Proposition. Si $W_2 \approx W'_2$, $\rho_c \subset \mathrm{ind}(\,U(W_2)^{\sim}U(W_2)^{\sim}, U(W_2)^{\sim}, 1)$, sinon $\rho_c = 0$.

Preuve. On a vu que le nombre d'orbites de $U(W_2)U(W'_2)$ dans l'ensemble $\Omega' \approx H'/P'(X')$ des Lagrangiens de W' est fini (ch.1,II,2) . Le théorème 7 implique par [BZ1] que ρ admet une filtration paramétrée par ces orbites. Le stabilisateur d'un Lagrangien X' dans $U(W_2)U(W'_2)$ contient le radical unipotent d'un sous-groupe parabolique propre (donc $\rho_c = 0$) sauf si W_2 et W'_2 sont isométriques. Si $W_2 \approx W'_2$, on peut supposer que

$$\{0\} = W_2 \cap X' = W'_2 \cap X' \quad , \qquad X' = \{z+z',\ z \in W_2\}$$

où $z \to z'$ est une isométrie de W_2 sur W'_2 induisant un isomorphisme $U(W_2) \approx U(W'_2)$. Le stabilisateur de X' est isomorphe à $U(W_2)$ plongé "diagonalement" dans $U(W_2)U(W'_2)$. Pour les autres orbites, le stabilisateur d'un élément contient le radical unipotent d'un sous-groupe parabolique propre.

9 . Corollaire. Si π_m est cuspidale, il existe au plus un entier m' et une représentation $\pi'_{m'}$ cuspidale , tels que $\pi_m \otimes \pi'_{m'}$ soit quotient de $\omega_{m,m'}$.

Preuve. Par l'absurde, supposons qu'il existe deux représentations

$$\pi' \in \mathrm{Irr}^{\circ}(H'_{m'})^{\sim} \ , \ \pi'' \in \mathrm{Irr}^{\circ}(H'_{m''})^{\sim}$$

telles que $\pi_m \otimes \pi'$ soit quotient de $\omega_{m,m'}$, $\pi_m \otimes \pi''$ soit quotient de $\omega_{m,m''}$. La représentation irréductible cuspidale $(\pi_m \otimes \pi'')^*$ étant sous-module de $\omega_{m,m''}{}^*$ est aussi quotient de $\omega_{m,m''}{}^*$.

Donc $\omega_{m,m'} \otimes \omega_{m,m''}{}^*$ admet comme quotient irréductible $(\pi_m \otimes \pi')(\pi_m \otimes \pi'')^*$. L'espace

$$W' = W'_{m'} \oplus (-W'_{m''})$$

est hyperbolique, on applique (8) à la représentation ρ correspondante. Par le chapitre 2, la restriction à $(H_m)^{\sim}(H'_{m'})^{\sim} \times (H_m)^{\sim}(H'_{m''})^{\sim}$ de la représentation métaplectique de $Sp(W_m \otimes (W'_{m'} \oplus (-W'_{m''}))$ est $\omega_{m,m'} \otimes \omega_{m,m''}{}^*$. On restreint à $(H_m)^{\sim}$ plongé diagonalement, et l'on prend les coinvariants.

La représentation triviale est quotient de $\pi_m \otimes \pi_m{}^*|_{(H_m)^{\sim}}$ (noter que $(H_m)^{\sim}/H_m$ est scindée) et donc $\pi' \otimes \pi''^*$ est quotient de ρ_c ...., donc $m'=m''$, et enfin $\pi' \approx \pi''$ par (II,3). Noter que π' est unique, non seulement à équivalence près.

10. Démonstration du théorème 4 .

1) b) : Si π est cuspidale, $\vartheta(\pi)$ est cuspidale (6,b) et irréductible (9).

1) a), c) : pour $m' = m'(\pi)+t$, $t > 1$, $\vartheta_{m'}(\pi) \neq 0$ (par 2) n'est pas cuspidale. Pour $1 \leq j \leq t$, $\pi \otimes (\nu_j^{(n-n'+j+\varepsilon')/2} \otimes \vartheta_{m'-j}(\pi)$ est la partie π-isotypique de $r'_j(\omega_{m,m'})$, pour $j \geq t$, π n'est pas quotient de $r'_j(\omega_{m,m'})$ (par (6)). Par induction sur t croissant, on en déduit a),c).

2) a) : si π n'est pas cuspidale, il existe $t > 1$, $r_t(\pi) \neq 0$; on choisit t aussi grand que possible ($t \leq m$). Le foncteur r_t est exact, envoie une représentation de longueur finie sur une représentation de longueur finie. On a

$$\{ \pi \otimes \vartheta_{m'}(\pi) \text{ est quotient de } \omega_{m,m'} \} \Rightarrow \{ r_t(\pi) \otimes \vartheta_{m'}(\pi) \text{ quotient de } r_t(\omega_{m,m'}) \}.$$

Or $r_t(\pi)$ a une suite de Jordan-Hölder finie de quotients $\sigma_t \otimes \rho$, où $\rho \in Irr^\circ(H_{m-t})^{\sim}$ et par 1), $\vartheta_{m'}(\rho)$ est irréductible pour tout m' . On déduit de (6) que $\vartheta_{m'}(\pi)$ est finie pour tout m'.

2)b) se déduit facilement de (5), (II,3).

V. Démonstrations : calculs de coinvariants de $\omega_{m,m'}$

1. Soient Ω un espace localement compact totalement discontinu, V un espace vectoriel sur $\mathbb{C}$, et F le faisceau constant sur Ω d'espace V. Soit N un groupe localement compact, totalement discontinu, tel que toute partie compacte de N est contenue dans un sous-groupe compact de N. On suppose que N opère sur F , et que

- l'action de N sur Ω est triviale
- l'action de N sur la fibre en $A \in \Omega$ est une homothéthie $\xi_A \in Hom(N, \mathbb{C}^{\times})$

Soit F' le faisceau sur $Hom(N, \mathbb{C}^{\times})$ associé à cette action. Sa fibre en $\xi \in Hom(N, \mathbb{C}^{\times})$ est le quotient $S_{N,\xi} = S/S(N,\xi)$, où $S(N,\xi)$ est l'espace engendré par les $nf - \xi(n)f$, $f \in S$, $n \in N$.

On note $\Omega(\xi) = \{A \in \Omega,\ \xi_A = \xi\}$. Il est fermé dans Ω. La restriction res_ξ à $\Omega(\xi)$ induit une surjection de $S = \mathbf{S}(\Omega,V)$ sur $\mathbf{S}(\Omega(\xi),V)$. Nous allons montrer que $S(N,\xi)$ est égal à l'ensemble des $f\in S$ nuls sur $\Omega(\xi)$.

Lemme. Si $\Omega(\xi) = \emptyset$, alors $S_{N,\xi} = \{0\}$.
Sinon, la restriction à $\Omega(\xi)$ induit un isomorphisme $S_{N,\xi} \approx res_\xi(S)$.

Preuve. Sur $\Omega(\xi)$, $nf-\xi(n)f$ est nul. Soit $f\neq 0$ nul sur $\Omega(\xi)$, montrons que $f\in S(N,\xi)$. Le lemme sera démontré. Posons $\zeta_A=\xi_A\xi^{-1}$. Il existe $A\in\Omega$, $f(A)\neq 0$ et $\zeta_A \neq id.$, soit $n_A\in N$ tel que $\zeta_A(n_A)\neq 1$. Pour $B\in\Omega$ dans un voisinage de A, on a par continuité $\zeta_B(n_A)\neq 1$. Le support de f étant compact, on trouve un ensemble fini $E\subset N$ tel que $\zeta_A|_E \neq id.$ pour tout A tel que $f(A)\neq 0$. Il existe un sous-groupe compact $K\subset N$ contenant E. L'intégrale sur K des fonctions $k\to \xi^{-1}(k)\, kf(A) = \zeta_A(k)f(A)$ pour une mesure de Haar sur K est nulle pour tout $A\in\Omega$.
Or $\xi^{-1}(k)\, kf - f \in S(N,\xi)$, donc $f\in S(N,\xi)$.

2. Supposons qu'un groupe G, localement compact totalement discontinu opère sur F, et que G contienne un sous-groupe distingué N, tel que la restriction de l'action de G à N soit comme en 1 ,et que G normalise l'action de N. Plus précisément, on s'est donné
- $(g,A) \to Ag$ une action à droite continue lisse de G sur Ω, triviale sur N
- pour tout $A\in\Omega$, ω_A une représentation lisse de G d'espace V, égale à l'homothétie ξ_A sur N
- pour tout $\xi\in Hom(N,\mathbb{C}^\times)$ tel que $\Omega(\xi)\neq\emptyset$, G normalise ξ,

$$\text{pour tout } g\in G,\ n\in N, \qquad \xi(gng^{-1}) = \xi(n)$$

Automatiquement, G stabilise $\Omega(\xi)$.
L' action de G sur F définit une représentation de ω de G sur S

$$(g,f) \to gf, \quad \omega(g)f(A) = \omega_A(g)(f(Ag)), \quad g\in G,\ f\in S,\ A\in\Omega$$

Supposons de plus que
- $\Omega(\xi)$ soit réunion finie d'orbites, que l'on peut ranger

$$\Omega(\xi) = U\vartheta_i, \qquad k\geq i\geq 0,$$

de sorte que $U_{i\geq j}\vartheta_i$ soit ouvert dans $\Omega(\xi)$.

On choisit un élément dans chaque orbite $A_i\in\vartheta_i$, dont on note par G_i le stabilisateur dans G.
L'espace $S_{N,\xi}{}^i = S(\vartheta_i,V)$ muni de l'action naturelle de G est G- isomorphe à

$$S_{N,\xi}{}^i \approx ind(G, G_i, \omega_{A_i}).$$

L'espace $S_{N,\xi}$ est muni canoniquement d'une action de G, et d'une filtration décroissante G-invariante :

$$\{0\} \subset S_{N,\xi}{}^{\geq k} \subset \ldots\ldots \subset S_{N,\xi}{}^{\geq 1} \subset S_{N,\xi}, \qquad S_{N,\xi}{}^{\geq i} = S(U_{j\geq i}\vartheta_j,V)$$

dont les quotients sont les $S_{N,\xi}{}^i$.

3. Démonstration du théorème 5.

Le théorème 5 est une application des faits ci-dessus. On identifie $W \otimes W'$ à $\mathrm{Hom}(W,W')$. Un modèle de la représentation métaplectique est l'espace S des fonctions localement constantes, à support compact

$$f : \mathrm{Hom}(X_t,W') \to S_o$$

S_o étant un modèle de la représentation métaplectique de $H(W_{m-t} \otimes_D W'_{m'})$, (si W hyperbolique, $t=m$, $S^\circ = \mathbb{C}$).

Le groupe abélien $(N_t)_1$ isomorphe à $S^2(X_t,\varepsilon_2)$ opère sur S par

$$(sf)(x) = \xi_x(s)\, f(x)$$

$f \in S$, $s \in S^2(X_t,\varepsilon_2)$, $\xi_x(s) = \psi(t_x(s)/2)$, où $t_x \in S^2(X_t,\varepsilon_2)^*$ est l'image inverse par $x \in \mathrm{Hom}(X_t,W')$ du produit hermitien sur W'.

Toute partie compacte de $S^2(X_t,\varepsilon_2)$ est contenue dans un sous-groupe compact.

Soit $Z = \{x \in \mathrm{Hom}(X_t,W')\, ,\ \xi_x$ est trivial $\}$; notons que Z est fermé dans $\mathrm{Hom}(X_t,W')$,

$$\{\xi_x \text{ trivial}\} \Leftrightarrow \{x(X_t) \text{ est totalement isotrope}\}.$$

Par le lemme 1, on a

Lemme. La restriction à Z définit un isomorphisme entre l'espace des coinvariants de S pour $S^2(X_t,\varepsilon_2)$ et l'espace $S(Z,S_o)$.

La graduation par le rang :

$$Z = \cup_{0 \le i \le k} Z_i \qquad\qquad Z_i = \{ x \in Z\, ,\dim_D x(X_t) = i \} .$$

induit une filtration décroissante

$$\{0\} \subset S_k \subset \ldots\ldots \subset S_1 \subset S(Z,S_o) \quad , \quad S_i = \{ f \in S(Z,S_o) \text{ nulles sur les } x \text{ de rang} < i \}$$

de quotients $S(Z_i,S_o) \approx S_i / S_{i+1}$.

La représentation métaplectique induit sur $S(Z,S_o)$ une action de $G = \mathrm{Hom}(W_{m-t},X_t)(M_tH')^{\sim}$ du type précédent. L'action de G sur Z se factorise par le quotient $GL_D(X_t)H'$ qui opère par

$$(gg', x) \to g'^*xg\ , g \in GL_D(X_t)\ , g' \in H'\ , x \in Z_i$$

Les espaces Z_i sont des orbites pour cette action. On fixe $x_i \in Z_i$, de noyau X_{t-i} , d'image X'_i ; le stabilisateur T_i de x_i dans $GL_D(X_t)\, H'$ est naturellement contenu dans le sous-groupe parabolique $Q(X_{t-i})P'(X'_i)$ de $GL_D(X_t)\, H'$. A l'aide des formules (ch.2,II,7) on voit que

$$S(Z_i,S_o) \approx \mathrm{ind}((M_tH')^{\sim}, H_{m-t}{}^{\sim} T_i{}^{\sim}, \xi \otimes S_o) ,$$

où $\xi \in \mathrm{Hom}(GL_D(X_t))$, $\xi(g) = |\mathrm{dét}\, g|^{n'/2}$, S_o est par la représentation métaplectique un $(H_{m-t}H')^{\sim}$-module, $h \in \mathrm{Hom}(W_{m-t}, X_t)$ opère sur S_o par $\rho_\psi{}^\circ(\delta(x_i h))$, $x_i h \in \mathrm{Hom}(W_{m-t}, X'_i)$

Dans le cas où $(N_t)_1 = N_t$, le calcul est terminé. Sinon, on continue.

Le sous-espace $Y = \mathrm{Hom}(W_{m-t}, X'_i) \subset \mathrm{Hom}(W_{m-t}, W')$ est totalement isotrope, et S_o peut être choisi comme l'espace des fonctions localement constantes à support compact

$$f : Y^* \to S_{oo}$$

où S_{oo} est un modèle de la représentation métaplectique de $H(W_{m-t} \otimes W'_i)$, $Y^* \subset \mathrm{Hom}(W_{m-t}, W')$ en dualité avec Y. Pour $y \in Y$, $f \in S_o$, $y^* \in Y^*$, on a

$$\rho_\psi{}^\circ\, (\delta(y))\, f(y^*) = \psi(<y^*,y>)\, f(y^*).$$

Le calcul des coinvariants de S_o pour Y se déduit du lemme 1.

La restriction en 0 induit un isomorphisme $(S_o)_Y \approx S_{oo}$ et $(\omega_{m,m'})_{N_t}$ admet une filtration décroissante de quotients $\mathrm{ind}((M_t H')^{\sim}, H_{m-t}{}^{\sim}\, T_i{}^{\sim}, \xi \otimes S_{oo})$.

Sur les bases données,

$$x_i = \begin{pmatrix} 0_{n'-i,t-i} & 1_{i,i} \\ 0 & 0 \end{pmatrix} \qquad g' = \begin{pmatrix} a' & b' \\ c' & d' \end{pmatrix} \quad g = \begin{pmatrix} a & b \\ c & d \end{pmatrix}$$

On écrit $g'^*\, x_i^*\, g = x_i^*$, utilisant que $g'^* g' = 1$,pour que $gg' \in T_i$, il faut et il suffit que $a' = d$, et $c' = c = 0$, i.e. $gg' \in Q_{t-i}P'_i$.

Donc T_i est l'ensemble des $gg' \in Q_{t-i}P'_i$ de la forme

$$g = \begin{pmatrix} a_{t-i} & \times \\ 0 & d_i \end{pmatrix} \qquad g' = \begin{pmatrix} d_i & \times & \times \\ 0 & g'_{m'-i} & \times \\ 0 & 0 & d_i^{*-1} \end{pmatrix}$$

L'action de $(T_i H_{m-t})^{\sim} \approx G_{t-i} G_i\, (H_{m-t} H'_i)^{\sim}$ sur S_{oo} est

$$\nu_{t-i}{}^{n'/2} \otimes \nu_i{}^{(-2t+n+n')/2} \otimes \omega_{m-t,i}$$

Induire cette action au parabolique $Q_{t-i}(H_{m-t}P'_i)^{\sim}$ revient à induire de G_i à $G_i \times G_i$, contenant G_i diagonalement, le caractère $\nu_i{}^{(n+n'-2t)/2}$. Par (I,1) c'est la représentation naturelle ρ_i de $G_i \times G_i$ mutipliée par un caractère quelconque de $G_i \times G_i$ prolongeant $\nu_i{}^{(n+n'-2t)/2}$.

4. Démonstration du théorème 7 .

Posons $E = \{\, f \in S$, tel que $M(h')f\,(0) = 0$, pour tout $h' \in U(W')\}$. Il est clair que $S(H)$ est contenu dans E . Nous allons montrer l'implication inverse. Nous appliquons le théorème de

Gelfand-Kazhdan [GK] affirmant que si un groupe H opère sur un espace localement compact totalement discontinu Z, sous certaines conditions de régularité, une fonction $f \in \mathbf{S}(Z, \mathbb{C})$, dont les intégrales sur les orbites de H dans Y sont toutes nulles (les conditions impliquent que ces intégrales convergent), appartient à l'espace engendré par les fonctions

$$F(z) = f(hz) - f(z), \qquad f \in \mathbf{S}(Z, \mathbb{C}), \quad h \in H.$$

Lemme. S(H) = E

Preuve. L'espace $Z = \mathrm{Hom}_D(X'_{m'}, W)$ est filtré par le rang. Pour $r \leq s = \inf(m', n)$, l'ensemble Z_r des $z \in \mathrm{Hom}_D(X'_{m'}, W)$ de rang r est fermé dans $\cup_{r \geq i} Z_r$ et vérifie les conditions de [GK]. Si $f \in E$, $f(0)=0$, les intégrales de f sur les H - orbites de rang 1 convergent; admettons un moment que ces intégrales sont nulles, on déduit de [GK] qu'il existe des $h \in H$, $\varphi \in S_{Z_1}$ en nombre fini, tels que pour tout $z \in Z_1$, on ait $f(z) = \Sigma\, \varphi(hz) - \varphi(z)$. On prolonge de façon quelconque les φ en des fonctions appartenant à S nulles en 0. Donc f est nulle sur $\cup_{r \leq 1} Z_r$, modulo l'addition d'un élément de S(H). On continue de la même façon jusqu'à s.
Nous nous sommes donc ramenés à vérifier que pour une fonction $f \in E$, nulle sur les z de rang $r \leq i-1$, toutes les intégrales de f sur les H - orbites de rang i (convergentes) sont nulles. Pour cela, nous utilisons que $M(h') f(0) = 0$, pour certains éléments bien choisis h'.
Pour tout $g = \begin{bmatrix} a & b \\ c & d \end{bmatrix} \in Sp(Z^*+Z)$, $f \in S$, on a (ch.2,II,6) :

$$M(g)f(0) = \int_{Z^*/\mathrm{Ker}\,c} \psi(\langle c^*x, d^*x\rangle/2)\, f(c^*x)\, dx.$$

On note par abus par le même < , > le produit hermitien sur W, W' ou $\mathrm{Hom}_D(W', W)$. On fixe une base $\{e'_r\}$ de $X'_{m'}$ et une base hyperbolique $\{e'_r, e'_r{}^*\}$ de W'. Dans la décomposition $W'_{m'} = X'_i + W'_{m'-i} + X'_i{}^*$, $X'_i = \Sigma_{1 \leq r \leq i} e'_r D$, on prend $h' \in U(W')$ s'identifiant à une matrice

$$h' = \begin{bmatrix} 0 & 0 & \varepsilon' 1_{i,i} \\ 0 & 1 & 0_{m'-2i,i} \\ 1_{i,i} & 0 & d \end{bmatrix}$$

où $d \in \mathrm{End}\, X'_i{}^*$ est ε-hermitienne. On a si $f \in E$, pour tout $d \in \mathrm{End}_D X'_i$, ε-hermitienne

$$(6,1) \qquad 0 = \int_{\mathrm{Hom}_D(X'_i, W)} \psi(\langle z, zd\rangle)\, f(z)\, dz$$

On décompose $\mathrm{Hom}_D(X'_i, W)$ en H-orbites. Si z est de rang i, il existe une base $\{w_s\}$ de W avec

$$z(e'_r) = 0, \text{ si } i < r \leq m'$$
$$w_r, \text{ si } 1 \leq r \leq i.$$

On appelle matrice de Gram de $\{w_r\}$ la matrice ε-hermitienne

$$Gr(\{w_r\}) = (\langle w_r, w_{r'}\rangle) \in M^{\varepsilon}(i,i;\, D)$$

Pour que $y \in Z$ soit dans la H-orbite de z, il faut et il suffit par le théorème de Witt (ch.1,I,9) qu'il existe i vecteurs $\{v_r\}$ linéairement indépendants de W, tels que $Gr(\{v_r\}) = Gr(\{w_r\})$, et

$$y(e'_r) = 0 \quad , \text{si } i < r \leq m'$$
$$v_r \quad , \text{si } 1 \leq r \leq i .$$

On a $\langle z,zd\rangle = tr\,(Gr(\{w_r\})d)$. Soit $t \in M(i,i;D)$ et $I(t,f)$ l'intégrale de f sur les éléments $z \in Hom_D(X'_i, W)$, tel que $Gr(\{z(e_r)\} = t$. Par hypothèse, les intégrales de f sont nulles sur les z de rang < i, donc $I(t,f)$ est l'intégrale de f sur l'unique H-orbite de rang i, de matrice de Gram t. On choisit des mesures de Haar compatibles de sorte que (6,1) s'écrive

$$0 = \int_{M^{\varepsilon}(i,i;\, D)} \psi(tr(dt))\, I(t,f)\, dt ,$$

pour tout $d \in M^{\varepsilon}(i,i;\, D)$.

On en déduit que toutes les intégrales $I(t,f)$ sont nulles.

Bibliographie du chapitre 3.

[BZ1] Bernstein I.N., Zelevinski A.V. Representations of the group GL(n,F) where F is a non archimedean local field, Russian Math. Surveys 31 (3) 1-68

[BZ2] Bernstein I.N., Zelevinski A.V. Induced representations of reductive p-adic groups I, Ann. sci. E.N.S. 10 (1977) 441-472.

[GK] Gelfand I.M.,Kazhdan D.A. Representations of the group GL(n,K) where K is a local field, in Lie Groups and their representations, Adams Hilger Ltd 1971, 95-118.

[H] Howe R. Invariant theory and duality for classical groups over finite fields with applications to their singular representation theory, preprint.

[K] Kazhdan D. Some applications of the Weil representation, Journal d'analyse mathématique, vol. 32 (1977) 235-248.

[Kub] Kubota T. Topological covering of SL(2) over a local field,J. Mat. Soc. Japan 19 (1967), 114-121.

[Ku] Kudla S. On the local theta correspondence, Invent. math. 83 (1986) 229-255.

[P] Perrin D. Représentations de Schrödinger, indice de Maslov et groupe métaplectique, in Non commutative Harmonic Analysis and Lie Groups, Proceedings Marseille-Luminy 1980, Springer LN 880, Berlin-Heidelberg.

[PR] Prasad G., Ragunathan Central extensions of rational points of groups over local fields, Ann. of Math. 119 (1984) 143-201

[R] Rallis S. On the Howe duality conjecture , Compositio Math. 51 (1984) 333-399

[Rao] Rao R. On some explicit formulas in the theory of Weil representations, preprint.

[T] Tanaka S. On irreducible unitary representations of some special linear groups of the second order I, Osaka J. Math. 3 (1966),217-227.

[Z] Zelevinski A.V. Induced representations of reductive p-adic groups II, Ann. Sci. E.N.S. 13 (1980) 165-210

Chapitre 4. Sur les classes de conjugaison dans certains groupes unitaires

I.1. Soient F, F' deux corps de caractéristique différente de 2. On suppose F'=F ou F' est une extension quadratique de F. Dans le premier cas on note τ l'identité de F', dans le second on note τ l'automorphisme non trivial de F' de corps des points fixes F. Soient $\varepsilon \in \{\pm 1\}$, W un espace vectoriel sur F' de dimension finie, muni d'un produit $\langle\ ,\ \rangle$ ε-hermitien non dégénéré. Soient U(W) le groupe unitaire de W, $\mathfrak{U}(W)$ son algèbre de Lie.

I.2. Proposition. Soient $x\in U(W)$, resp. $X\in\mathfrak{U}(W)$, et V un sous-F'-espace de W. On suppose $V\subset \mathrm{Ker}(1-x)$, resp. $V\subset \mathrm{Ker}(X)$. Alors il existe $g\in GL_F(W)$ tel que:

(i) $gV=V$;

(ii) $gxg^{-1}=x^{-1}$, resp. $gXg^{-1}=-X$;

(iii) $\langle gw,gw'\rangle=\langle w',w\rangle$ pour tous $w,w'\in W$.

Remarquons que cette dernière condition implique que g est τ-linéaire. La démonstration est similaire dans le cas du groupe et celui de l'algèbre de Lie. On la présente dans le cas du groupe, en suivant étroitement [SS] IV.2.

I.3. Soit donc $x\in U(W)$. L'algèbre de polynômes F'[Z] agit dans W via $Z\mapsto x$. Soient P le polynôme minimal de x et $P=\prod_{i\in I} P_i^{d_i}$ une décomposition en facteurs irréductibles ($d_i>0$ pour tout $i\in I$). Soit A=F'[Z]/P. Alors l'algèbre A agit dans W. Posons $A_i=F'[Z]/P_i^{d_i}$ pour tout $i\in I$. Grâce au théorème de Bézout, il existe des polynômes Q_i tels que

$$\sum_{i\in I} Q_i \prod_{\substack{j\in I\\ j\neq i}} P_j^{d_j} = 1.$$

Posons $W_i=Q_i\prod_{j\neq i} P_j^{d_j}(W)$. L'algèbre A_i agit sur W_i et on a les décompositions

$$A=\bigoplus_{i\in I} A_i,\quad W=\bigoplus_{i\in I} W_i,$$

telles que l'action de A sur W soit obtenue en "recollant" les actions des A_i sur W_i. Remarquons que d'après l'hypothèse sur V, ou bien $V=\{0\}$, ou bien il existe $i_0\in I$ tel que P_{i_0} soit proportionnel à Z-1 et $V\subset W_{i_0}$.

L'algèbre $F'[Z,Z^{-1}]$ agit dans W via $Z\mapsto x$, et $A\simeq F'[Z,Z^{-1}]/PF'[Z,Z^{-1}]$. Munissons $F'[Z,Z^{-1}]$ de l'involution τ définie par:

(1) $\tau(\sum \lambda_n Z^n)=\sum \tau(\lambda_n)Z^{-n}$.

Pour $w,w'\in W$ et $Q\in F'[Z,Z^{-1}]$, on a la formule:

(2) $\langle w,Qw'\rangle=\langle\tau(Q)w,w'\rangle$.

On en déduit que $\tau(PF'[Z,Z^{-1}])=PF'[Z,Z^{-1}]$, et τ définit une involution de A. Plus précisément il existe $R\in F'[Z,Z^{-1}]$, inversible (donc de la forme $R=\lambda Z^n$), tel que $\tau(P)=PR$. Si $i\in I$, ou bien il existe R_i comme ci-dessus tel que $\tau(P_i)=P_iR_i$, ou bien il existe $j\in I$, $j\neq i$, et R_i comme ci-dessus tels que $\tau(P_i)=P_jR_i$ et $d_i=d_j$. Dans le premier cas, la formule (1) définit une involution de A_i. Dans le second elle définit un isomorphisme de A_i sur A_j. L'involution τ de A est obtenue en "recollant" ces isomorphismes. Il résulte de la formule (2) que pour $i,j\in I$, W_i est orthogonal à W_j sauf si $\tau(P_i)\in P_jF'[Z,Z^{-1}]$. Remarquons que $\tau(Z-1)\in(Z-1)F'[Z,Z^{-1}]$. On est alors ramené aux deux cas élémentaires suivants:

(I) $A=F'[Z]/P^d$, où P est irréductible et $\tau(P)\in PF'[Z,Z^{-1}]$, W est un espace ε-hermitien muni d'une action fidèle de A vérifiant (2), $V\subset\mathrm{Ker}(Z-1)$ ($V=\{0\}$ si P n'est pas proportionnel à Z-1);

(II) $A=A'+A''$, avec $A'=F'[Z]/P'^d$, $A''=F'[Z]/P''^d$, où P', P" sont irréductibles, $\tau(P')\in P''F'[Z,Z^{-1}]$, W est un espace ε-hermitien décomposé en sous-espaces lagrangiens $W=W'\oplus W''$, W', resp. W" est muni d'une action fidèle de A', resp. A", ces actions vérifiant (2), et $V=\{0\}$.

L'élément g cherché doit préserver chacun des morceaux élémentaires. Les conditions (ii) et (iii) de l'énoncé sont équivalentes à (iii) et

(iv) $gaw=\tau(a)gw$, pour tous $w\in W$, $a\in A$.

I.4. Traitons le cas (II) qui est le plus élémentaire. Grâce à la théorie des diviseurs élémentaires, on peut décomposer W' en sous-espaces stables par A': $W'=\bigoplus_{j\in J}W'_j$ tels que pour tout j, W'_j soit isomorphe à $A'/P'^{d_j}A'$ $(1\leq d_j\leq d)$ muni de l'action naturelle de A'. Notons W''_j l'annulateur de

$\underset{k\neq j}{\oplus} W'_k$. Alors W''_j est stable par A" et $W''=\underset{j\in J}{\oplus} W''_j$. Soit w''_j un élément de W''_j n'annulant pas le sous-espace $P'^{d_j-1}W'_j$. Il est facile de voir que $a''\longmapsto a''w''_j$ est un isomorphisme de $A''/P''^{d_j}A''$ sur W''_j. Autrement dit, on est ramené au cas (encore plus élémentaire) où W'=A', W"=A", munis des actions naturelles de A' et A". Mais alors l'application g définie par $g(a'\oplus a'')=\tau(a'')+\tau(a')$ (pour $a'\in A'=W'$, $a''\in A''=W''$) répond à la question.

I.5 Traitons maintenant le cas (I). Fixons une forme linéaire $\ell:A\longrightarrow F'$ telle que ℓ soit non nulle sur $P^{d-1}A$. Alors l'application

$$A\times A \longrightarrow F'$$
$$(a,a')\longmapsto \ell(aa')$$

est non dégénérée. En particulier, considérons la forme linéaire $a\longmapsto\tau\circ\ell\circ\tau(a)$. Il existe $\alpha\in A$ tel que $\tau\circ\ell\circ\tau(a)=\ell(\alpha a)$ pour tout $a\in A$. Nécessairement $\alpha\,\tau(\alpha)=1$ et α est inversible. Pour $w,w'\in W$, considérons la forme linéaire $a\longmapsto\langle w,aw'\rangle$. Il existe un élément de A, noté $\langle\langle w,w'\rangle\rangle$, tel que $\langle w,aw'\rangle=\ell(\langle\langle w,w'\rangle\rangle a)$ pour tout $a\in A$. On voit que l'application $\langle\langle\ ,\ \rangle\rangle$: $W\times W\longrightarrow A$ vérifie:

$$(3)\quad \begin{aligned} &\langle\langle aw,a'w'\rangle\rangle=\tau(a)\langle\langle w,w'\rangle\rangle a',\\ &\langle\langle w',w\rangle\rangle=\varepsilon\alpha\tau(\langle\langle w,w'\rangle\rangle),\end{aligned}$$

pour tous $w,w'\in W$, $a,a'\in A$, et est non dégénérée (si $\langle\langle w,w'\rangle\rangle=0$ pour tout w', alors w=0). Il nous est utile de remarquer que si W' est un sous-F'-espace de W stable par A, son orthogonal pour la forme $\langle\langle\ ,\ \rangle\rangle$ coïncide avec celui relatif à la forme $\langle\ ,\ \rangle$.

Les conditions (i), (ii), (iii) imposées à l'élément g cherché sont équivalentes à (i), (iv) et

(v) $\langle\langle gw,gw'\rangle\rangle=\langle\langle w',w\rangle\rangle$ pour tous $w,w'\in W$.

I.6. Signalons à titre d'exemple le cas d=1, i.e. A est un corps, i.e. x est semi-simple. Le corps A est muni de l'involution τ. Notons E le sous-corps des points fixes de τ. Si $V\neq\{0\}$, P est proportionnel à Z-1 et $A\simeq F'$. Donc V est un sous-A-espace vectoriel de W. On est ramené à montrer que si

W est un espace vectoriel sur A muni d'une forme ε'-hermitienne << , >> non dégénérée ($\varepsilon' \in \{\pm 1\}$), si V est un sous-A-espace vectoriel de W, il existe $g \in GL_E(W)$ préservant V et vérifiant (v). C'est un exercice élémentaire qu'on résout en choisissant une base convenable (comprenant des morceaux orthogonaux et des morceaux hyperboliques) de W.

I.7. Revenons à la situation de I.5. Posons $K=F'[Z]/P$. C'est un corps et τ définit une involution de ce corps. Soit $R \in F'[Z,Z^{-1}]$ tel que $\tau(P)=PR$, et r l'image de R dans K par l'application $F'[Z,Z^{-1}] \longrightarrow F'[Z,Z^{-1}]/PF'[Z,Z^{-1}] \simeq K$. On a $r\tau(r)=1$. Soit $W_0=\{w \in W;\ Pw=0\}$. L'action de A sur W_0 se factorise et définit sur W_0 une structure de K-espace vectoriel. Soit n le plus grand entier tel que $W_0 \subset P^n W$. On définit une application

$$B: W_0 \times W_0 \longrightarrow K$$

de la façon suivante: soient $w_0, w_0' \in W_0$, choisissons $w \in W$ tel que $P^n w = w_0$. Comme $Pw_0'=0$, on a $\langle\langle w,w_0'\rangle\rangle P=0$, donc il existe $a \in A$ tel que $\langle\langle w,w_0'\rangle\rangle = P^{d-1}a$. On note $B(w_0,w_0')$ la réduction de a dans K, qui est bien déterminée. Cet élément ne dépend pas du choix de w. En effet soit $w' \in W$ tel que $P^n w' = w_0'$. On a

$$P^{d-1}a=\langle\langle w,w_0'\rangle\rangle=\langle\langle w,P^n w'\rangle\rangle=\langle\langle \tau(P^n)w,w'\rangle\rangle=\langle\langle P^nR^n w,w'\rangle\rangle=\tau(R^n)\langle\langle w_0,w'\rangle\rangle,$$

qui est indépendant de w. Utilisant (3) on voit aussi que

$$\langle\langle w',w_0\rangle\rangle=\varepsilon\alpha\tau(\langle\langle w_0,w'\rangle\rangle)=\varepsilon\alpha\tau(R^n)\tau(P^{d-1})\tau(a)=\varepsilon\alpha R^{d-1-n}P^{d-1}\tau(a),$$

d'où

$$B(w_0',w_0)=\beta\tau(B(w_0,w_0')),$$

où $\beta=\varepsilon\alpha r^{d-1-n}$. De plus B est clairement K-sesquilinéaire. Montrons que l'annulateur de B est l'espace $W_0''=P^{n+1}W \cap W_0$. Tout d'abord l'orthogonal $W_0^{\perp}$ de W_0 pour la forme << , >> est PW. En effet on voit facilement que $PW \subset W_0^{\perp}$. Ensuite comme W_0 est stable par A, $W_0^{\perp}$ est l'orthogonal de W_0 pour < , >, donc $\dim_{F'} W_0^{\perp} + \dim_{F'} W_0 = \dim_{F'} W$. Or $PW=\mathrm{Im}(P)$, $W_0=\mathrm{Ker}(P)$, d'où $\dim_{F'} PW + \dim_{F'} W_0 = \dim_{F'} W$, puis $\dim_{F'} PW = \dim_{F'} W_0^{\perp}$, et finalement $PW=W_0^{\perp}$. Soit alors $w_0 \in W_0$ et w tel que $P^n w = w_0$. Par construction w_0 est dans l'annulateur de B si et seulement si $w \in W_0^{\perp}$ donc si et seulement si $w \in PW$. Si c'est le cas on a $w_0 \in P^{n+1}W$. Réciproquement si $w_0 \in P^{n+1}W$, on peut choisir w tel que $w \in PW$ et donc w_0 est dans l'annulateur de B.

Remarquons que $V \subset W_0$ et que V est un sous-K-espace de W_0. Choisissons un supplémentaire W_0' de W_0'' dans W_0 tel que $V=V' \oplus V''$, où $V'=V \cap W_0'$, $V''=V \cap W_0''$. La forme B restreinte à W_0' est non dégénérée. On peut choisir une base de W_0' sur K:

$f_0[i,j]$, $i=-1,1$, $j=1,\ldots,s_i$,

$e_0[i,j]$, $i=-1,0,1$, $j=\pm 1,\ldots,\pm t_i$,

et des éléments non nuls de K:

$\gamma[i,j]$, $i=-1,1$, $j=1,\ldots,s_i$,

$\delta[i,j]$, $i=-1,0,1$, $j=\pm 1,\ldots,\pm t_i$,

tels que

(4) les éléments $f_0[-1,j]$, $j=1,\ldots,s_{-1}$, $e_0[-1,j]$, $j=\pm 1,\ldots,\pm t_{-1}$, $e_0[0,j]$, $j=-1,\ldots,-t_0$, forment une base de V';

(5) si w_0, $w_0' \in W_0'$, posons

$w_0=\sum_{i,j} x_{i,j} f_0[i,j] + \sum_{i,j} y_{i,j} e_0[i,j]$,

$w_0'=\sum_{i,j} x_{i,j}' f_0[i,j] + \sum_{i,j} y_{i,j}' e_0[i,j]$,

alors

$B(w_0,w_0')= \sum_{i,j} \gamma[i,j]\tau(x_{i,j})x_{i,j}' + \sum_{i,j} \delta[i,j]\tau(y_{i,j})y_{i,-j}'$.

(6) $\beta\tau\gamma[i,j]=\gamma[i,j]$, pour $i=-1,1$, $j=1,\ldots,s_i$,

$\beta\tau\delta[i,j]=\delta[i,-j]$, pour $i=-1,0,1$, $j=\pm 1,\ldots,\pm t_i$.

Choisissons des éléments $f[i,j]$, $e[i,j]$ de W tels que $P^n f[i,j]=f_0[i,j]$, $P^n e[i,j]=e_0[i,j]$. Notons pour simplifier $\mathcal{B}$ l'ensemble de ces éléments. Soit W' le sous-A-module de W engendré par $\mathcal{B}$. Il est annulé par P^{n+1}. Je dis que W' est un $A/P^{n+1}A$-module libre de base $\mathcal{B}$, et que la restriction de $\langle\langle\ ,\ \rangle\rangle$ à W' est non dégénérée. Il suffit de montrer que si $w=\sum_{b\in\mathcal{B}} a_b b$, avec des coefficients $a_b \in A$ tels que l'un d'entre eux n'appartienne pas à $P^{n+1}A$, il existe $w' \in W$ tel que $\langle\langle w,w'\rangle\rangle \neq 0$. Soit m le plus grand entier tel que

$a_b \in P^m A$ pour tout $b \in \mathcal{B}$. On a $m \leq n$. Alors $P^{n-m}w$ est de la forme $P^{n-m}w = \sum_{b\in\mathcal{B}} a'_b P^n b$, avec des $a'_b \in A$ dont au moins un n'appartient pas à PA. Comme $\{P^n b;\ b\in\mathcal{B}\}$ est une base de W'_0 sur K, on a $P^{n-m}w \in W'_0$, $P^{n-m}w \neq 0$. Donc il existe $w'_0 \in W'_0$ tel que $B(P^{n-m}w, w'_0) \neq 0$. On peut trouver $w' \in W'$ tel que $P^n w' = w'_0$. Par construction de B, on a alors $\langle\langle P^{n-m}w, w'\rangle\rangle \neq 0$, d'où $\langle\langle w, \tau(P^{n-m})w'\rangle\rangle \neq 0$.

Soit W" l'annulateur de W' pour la forme $\langle\langle\ ,\ \rangle\rangle$. On a $W'' \cap W' = \{0\}$ et en comparant les dimensions comme on l'a fait précédemment, $W = W'' \oplus W'$. On a $W''_0 \subset W''$ car si $w \in W''_0$ et $w' \in W'$, on a $\langle\langle w, w'\rangle\rangle = P^{d-1}a$, où la réduction de a vaut $B(w, P^n w')$, qui est nulle car W''_0 est l'annulateur de B. En particulier $V'' \subset W''$. En raisonnement par récurrence sur la dimension de W, on peut supposer qu'il existe $g'' \in GL_F(W'')$ vérifiant les conditions requises relatives aux espaces W" et V" et on est ramené à chercher $g' \in GL_F(W')$ vérifiant ces conditions relativement à W' et V'. On eput donc désormais supposer $W' = W$ et $d = n+1$.

Définissons $g_1 \in GL_F(W)$ par:

$g_1 f[i,j] = f[i,j]$, pour $i=-1,1$, $j=1,\dots,s_i$,

$g_1 e[i,j] = e[i,j]$, pour $i=-1,0,1$, $j=1,\dots,t_i$,

$g_1 e[i,-j] = \delta[i,-j]\delta[i,j]^{-1}e[i,-j]$, pour $i=-1,0,1$, $j=1,\dots,t_i$,

et si $w = \sum_{b\in\mathcal{B}} a_b b$, $g_1 w = \sum_{b\in\mathcal{B}} \tau(a_b) g_1(b)$.

Cette définition est loisible puisque W est libre sur A, de base $\mathcal{B}$. La relation (iv) est satisfaite et (i) l'est grâce à (4). On calcule:

$g_1 f_0[i,j] = r^{d-1} f_0[i,j]$, pour $i=-1,1$, $j=1,\dots,s_i$,

$$\left.\begin{array}{l} g_1 e_0[i,j] = r^{d-1} e_0[i,j] \\ g_1 e_0[i,-j] = r^{d-1}\delta[i,-j]\delta[i,j]^{-1} e_0[i,-j] \end{array}\right\} \text{pour } i=-1,0,1,\ j=1,\dots,t_i.$$

Grâce à la relation (5), on voit que

$$B(g_1 w_0, g_1 w'_0) = B(w'_0, w_0)$$

pour tous w_0, $w'_0 \in W_0$. Si maintenant $w \in W$ et $w_0 \in W_0$, on a (avec un abus de notation: si $\lambda \in K$ on note $P^{d-1}\lambda$ l'élément $P^{d-1}a$ où $a \in A$ se projette sur λ):

$\langle\langle g_1 w, g_1 w_0\rangle\rangle = P^{d-1}B(P^{d-1}g_1 w, g_1 w_0) = P^{d-1}B(g_1\tau(P^{d-1})w, g_1 w_0) = P^{d-1}B(w_0, \tau(P^{d-1})w)$

$$=P^{d-1}\beta\tau[B(\tau(P^{d-1})w,w_0)]=\beta\tau[P^{d-1}R^{d-1}B(\tau(P^{d-1})w,w_0)]=$$

$$=\beta\tau[P^{d-1}B(P^{d-1}w,w_0)]=\beta\tau(\langle\langle w,w_0\rangle\rangle)=\varepsilon\alpha\tau(\langle\langle w,w_0\rangle\rangle)=\langle\langle w_0,w\rangle\rangle$$

(on a utilisé: $\beta=\varepsilon\alpha$ puisque $n=d-1$). On a donc la relation $\langle\langle g_1w,g_1w'\rangle\rangle=\langle\langle w',w\rangle\rangle$ pourvu que $w'\in P^{d-1}W$. Cela équivaut à la congruence

$$\langle\langle g_1w,g_1w'\rangle\rangle\equiv\langle\langle w',w\rangle\rangle \bmod PA,$$

pour tous $w,w'\in W$. On va construire par récurrence des applications g_ℓ, $\ell=1,\ldots,d$, vérifiant (i) et (iv) et telles que

(7) $\langle\langle g_\ell w,g_\ell w'\rangle\rangle\equiv\langle\langle w',w\rangle\rangle \bmod P^\ell A.$

Supposons défini g_ℓ. On cherche $g_{\ell+1}$ de la forme suivante:

$$g_{\ell+1}(b)=g_\ell(b)+P^\ell w_b,\ \text{pour } b\in\mathcal{B},$$

avec des w_b à déterminer, et pour $w=\sum_{b\in\mathcal{B}}a_b b\in W$,

$$g_{\ell+1}(w)=\sum_{b\in\mathcal{B}}\tau(a_b)g_{\ell+1}(b).$$

Il est clair que $g_{\ell+1}$ vérifie (i) et (iv). Pour satisfaire à la relation (7) (relative à $\ell+1$), il faut et il suffit que pour tous $b,b'\in\mathcal{B}$, on ait

(8) $\langle\langle P^\ell w_b,b'\rangle\rangle+\langle\langle b,P^\ell w_{b'}\rangle\rangle\equiv\langle\langle b',b\rangle\rangle-\langle\langle g_\ell b,g_\ell b'\rangle\rangle \bmod P^{\ell+1}A.$

Par hypothèse il existe $c_{b,b'}\in A$ tel que

$$\langle\langle b',b\rangle\rangle-\langle\langle g_\ell b,g_\ell b'\rangle\rangle=P^\ell c_{b,b'}.$$

En la multipliant par $P^{d-1-\ell}$ l'équation (8) devient

$$\langle\langle P^\ell w_b,P^{d-1-\ell}b'\rangle\rangle+\langle\langle b,P^{d-1}w_{b'}\rangle\rangle=P^{d-1}c_{b,b'}.$$

Posons pour tout $b''\in\mathcal{B}$, $b''_0=P^{d-1}b$, $w_{b'',0}=P^{d-1}w_{b''}$. Alors

$$\langle\langle b,P^{d-1}w_{b'}\rangle\rangle=P^{d-1}B(b_0,w_{b',0}),$$

$$\begin{aligned}\langle\langle P^\ell w_b,P^{d-1-\ell}b'\rangle\rangle&=\langle\langle R^{d-1-\ell}w_{b,0},b'\rangle\rangle=\beta\tau(\langle\langle b',R^{d-1-\ell}w_{b,0}\rangle\rangle)\\&=\beta\tau(P^{d-1}r^{d-1-\ell}B(b'_0,w_{b,0}))=\beta r^\ell P^{d-1}\tau(B(b'_0,w_{b,0}))\\&=r^\ell P^{d-1}B(w_{b,0},b'_0).\end{aligned}$$

L'équation (8) équivaut à l'équation suivante entre éléments de K:

(9) $r^\ell B(w_{b,0},b'_0)+B(b_0,w_{b',0})=c_{b,b'}.$

Introduisons une base $\{d_b;\ b\in\mathcal{B}\}$ de W_0 sur K telle que

$$B(b^1_0,d_{b^2})=\begin{cases}1, & \text{si } b^1=b^2,\\ 0, & \text{sinon.}\end{cases}$$

Cherchons $w_{b,0}$ sous la forme $w_{b,0}=\sum_{b''\in\mathcal{B}}a_{b'',b}d_{b''}$, avec des coefficients

$a_{b'',b}\in K$. L'équation (9) équivaut à

(10) $\beta r^{\ell}\tau(a_{b',b})+a_{b,b'}=c_{b,b'}$.

Remarquons que d'après la définition de $c_{b,b'}$ et (3), on a

$$c_{b',b}=\beta r^{\ell}\tau(c_{b,b'}).$$

Il suffit alors de poser $a_{b,b'}=c_{b,b'}/2$ pour satisfaire à (10).

Donc on peut construire l'application $g_{\ell+1}$. Pour $\ell=d$, la relation (7) n'est autre que (v), et $g=g_d$ vérifie les conditions requises. Cela achève la démonstration.

I.8. Supposons que F est local non archimédien, et que W est symplectique ($F'=F$, $\varepsilon=1$). Considérons le groupe symplectique Sp(W), son revêtement à deux feuillets $\widehat{Sp}(W)$ (cf. chapitre 2, II,1), et le groupe GSp(W) des similitudes symplectiques. Le groupe GSp(W) agit sur Sp(W) par conjugaison. Pour $g\in GSp(W)$, l'action de g sur Sp(W) se relève de façon unique en une action sur $\widehat{Sp}(W)$ (cf. chapitre 2, II.1.(3)) qu'on note abusivement $\hat{x}\mapsto g\hat{x}g^{-}$ (pour $\hat{x}\in\widehat{Sp}(W)$). On note $p:\widehat{Sp}(W)\longrightarrow Sp(W)$ la projection naturelle et, pour $g\in GSp(W)$, $N(g)\in F^{\times}$ l'élément tel que

$$\langle gw,gw'\rangle=N(g)\langle w,w'\rangle$$

pour tous $w,w'\in W$.

<u>Proposition</u>. <u>Soit</u> $\hat{x}\in\widehat{Sp}(W)$. <u>Supposons</u> $p(\hat{x})$ <u>semi-simple. Alors il existe</u> $g\in GSp(W)$ <u>tel que</u>:

(i) $g\hat{x}g^{-1}=\hat{x}^{-1}$;

(ii) $N(g)=-1$.

<u>Remarque</u>: le résultat est probablement vrai pour x quelconque mais cette généralisation ne nous aiderait pas pour la suite.

La démonstration occupe les paragraphes 9 à 12. On a besoin de deux remarques préliminaires.

I.9. Supposons que W est somme orthogonale d'espaces symplectiques W_i, $i=1,\ldots,n$. On sait que le plongement

$$\prod_{i=1}^{n} Sp(W_i)\longrightarrow Sp(W)$$

se relève de façon unique en un homomorphisme

$$j:\ \prod_{i=1}^{n} \widehat{Sp}(W_i) \longrightarrow \widehat{Sp}(W)$$

(ch.2,II.1.(6)). Soit $N\in F^{\times}$ et pour $i=1,\dots,n$, soit $g_i\in GSp(W_i)$ tel que $N(g_i)=N$. Alors $g=\prod g_i$ est un élément de $GSp(W_i)$. Soient, pour $i=1,\dots,n$, $\hat{x}_i\in\widehat{Sp}(W_i)$. On a alors la formule:

$$gj(\prod_{i=1}^{n} \hat{x}_i)g^{-1}= j(\prod_{i=1}^{n} g_i\hat{x}_i g_i^{-1}).$$

En effet la conjugaison par g stabilise chacun des $\widehat{Sp}(W_i)$ et induit dans $\widehat{Sp}(W_i)$ un automorphisme qui relève la conjugaison par g_i dans $Sp(W_i)$. D'où le résultat d'après l'unicité du relèvement.

I.10. Soient E une extension finie de F, $\ell:E \longrightarrow F$ une application F-linéaire non nulle, $(W_E,<\ ,\ >_E)$ un espace symplectique sur E et supposons que $(W,<\ ,\ >)$ soit égal à l'espace associé sur F: $(\mathrm{Res}_{E/F}W_E, \ell\circ<\ ,\ >_E)$ (cf. ch.1, I.16). On sait que le plongement

$$Sp(W_E) \longrightarrow Sp(W)$$

se relève (de façon forcément unique) en un homomorphisme

$$r:\ \widehat{Sp}(W_E) \longrightarrow \widehat{Sp}(W)$$

(cf. ch.3, I.). Soit $g\in GSp(W_E)$ tel que $N(g)\in F^{\times}$. Alors $g\in GSp(W)$. Si $\hat{x}\in\widehat{Sp}(W_E)$, on a alors:

$$gr(\hat{x})g^{-1}=r(g\hat{x}g^{-1}).$$

L'argument est le même qu'au paragraphe précédent.

I.11. Démontrons la proposition dans le cas où dim W =2. Alors $Sp(W)= SL(2,F)$, $GSp(W)=GL(2,F)$, $\widehat{Sp}(W)$ s'identifie à l'ensemble $SL(2,F)\times\{\pm 1\}$ muni du produit

$$(x,\mu)(x',\mu')=(xx',\mu\mu'\alpha(x,x')),$$

où α est un cocycle défini de la façon suivante: pour $x=\begin{pmatrix} a & b\\ c & d\end{pmatrix}\in SL(2,F)$, posons

$$\underline{c}(x)=\begin{cases} c, & \text{si } c\neq 0,\\ d, & \text{si } c=0;\end{cases}$$

alors

$$\alpha(x,x')=(\underline{c}(x),\underline{c}(x'))(-\underline{c}(x)\underline{c}(x'),\underline{c}(xx'))$$

(il s'agit des symboles de Hilbert). Pour $N\in F^{\times}$, l'élément $g=\begin{pmatrix}1&0\\0&N\end{pmatrix}\in$ $GL(2,F)$ agit par:

$$g(x,\mu)g^{-1}=(gxg^{-1},\mu\beta(x,g)),$$

où pour $x=\begin{pmatrix}a&b\\c&d\end{pmatrix}$,

$$\beta(x,g)=\begin{cases}1, \text{ si } c\neq 0,\\ (N,d), \text{ si } c=0\end{cases}$$

(cf. [G] prop.2.6). Soit $\hat{x}=(x,\mu)\in\widehat{Sp}(W)$. Supposons x semi-simple. Quitte à conjuguer x, ce qui est loisible, on peut supposer

$$x=\begin{pmatrix}a&b\\bu&a\end{pmatrix}$$

avec $u\in F^{\times}$. Alors

$$x^{-1}=\begin{pmatrix}a&-b\\-bu&a\end{pmatrix},$$
$$\hat{x}^{-1}=(x^{-1},\mu\nu)$$

où

$$\nu=\begin{cases}1, \text{ si } b\neq 0,\\ (a,-1), \text{ si } b=0.\end{cases}$$

Pour $g=\begin{pmatrix}1&0\\0&-1\end{pmatrix}$, on vérifie grâce aux formules ci-dessus que

$$g\hat{x}g^{-1}=\hat{x}^{-1}.$$

I.12. Passons au cas général. Soient $\hat{x}\in\widehat{Sp}(W)$, $x=p(\hat{x})$, supposons x semi-simple. On reprend la démonstration de la proposition I.2: on introduit l'algèbre A, le polynôme P. L'hypothèse que x est semi-simple signifie que $d_i=1$ pour tout $i\in I$. Grâce à I.9, on se ramène comme en I.3 à l'un des cas I ou II.

Dans le cas II, comme d=1, A' est un corps, extension finie de F. Identifions A" à A' par l'application τ. Comme au I.4, on se ramène au cas où W' et W" sont de dimension 1 sur A'. Fixons une forme linéaire non nulle $\ell:A'\longrightarrow F$. Comme au I.5, l'application

$$A'\times A'\longrightarrow F$$
$$(a,a')\longmapsto \ell(aa')$$

est non dégénérée. Pour $w'\in W'$, $w''\in W''$, on définit $\langle\langle w'',w'\rangle\rangle\in A'$ par

$$\ell(\langle\langle w'',w'\rangle\rangle a)=\langle w'',aw'\rangle$$

pour tout $a \in A'$. Pour $w_1', w_2' \in W'$, $w_1'', w_2'' \in W''$, on définit

$$\langle\langle w_1'+w_1'', w_2'+w_2''\rangle\rangle = \langle\langle w_1'', w_2'\rangle\rangle - \langle\langle w_2'', w_1'\rangle\rangle.$$

Il est clair que W muni de $\langle\langle\ ,\ \rangle\rangle$ est un espace symplectique de dimension 2 sur A', et que W muni de $\langle\ ,\ \rangle$ en est la restriction sur F.

Soit λ l'image de Z dans A'. Alors x agit par λ sur W' et par λ^{-1} sur W'', donc x appartient à $Sp(W, \langle\langle\ ,\ \rangle\rangle)$. Grâce à I.10, on est ramené à ce groupe, isomorphe à $SL(2,A')$. Le résultat découle alors de I.11.

Dans le cas I, A est un corps. Deux cas se présentent: ou bien τ est l'identité de A, ou bien τ est non trivial. Dans le premier cas comme $\tau(Z)=Z^{-1}$, P doit diviser $Z-Z^{-1}$, i.e. P est proportionnel à $Z\pm 1$. Donc x agit par ± 1 dans W. Grâce à I.9, on se ramène au cas où W est de dimension 2 sur F, cas traité en I.11. Supposons maintenant τ non trivial, soit E le corps des points fixes de τ. A est une extension quadratique de E. Effectuons la construction de I.5 en prenant pour ℓ une forme $\ell = \ell_E \circ tr_{A/E}$, où $\ell_E : E \longrightarrow F$ est une forme linéaire non nulle. Alors $\alpha = 1$. La forme $\langle\langle\ ,\ \rangle\rangle$ est anti-hermitienne. On peut la diagonaliser et se ramener au cas où W est de dimension 1 sur A. Alors W est de dimension 2 sur E et on peut définir une forme symplectique $\langle\ ,\ \rangle_E$ sur W, à valeurs dans E, par:

$$\langle w, w'\rangle_E = tr_{A/E} \langle\langle w, w'\rangle\rangle.$$

Il est immédiat que $(W, \langle\ ,\ \rangle)$ est la restriction sur F de $(W, \langle\ ,\ \rangle_E)$ et que x appartient à $Sp(W, \langle\ ,\ \rangle_E)$. On est donc ramené au cas de $SL(2,E)$, cas traité en I.11.

I.13. Supposons F local non archimédien de caractéristique résiduelle différente de 2 et W symplectique. Fixons une base symplectique $\{e_{\pm i};\ i=1,\ldots,n\}$ de W ($\langle e_{-i}, e_i\rangle = 1$, $\langle e_j, e_i\rangle = 0$ si $j \neq -i$). Soit L le réseau de base $\{e_{\pm i}\}$. Il est autodual. Soit K le stabilisateur de L dans $Sp(W)$. On a défini (ch.2, II.8,10) un scindage $\sigma : K \longrightarrow \widehat{Sp}(W)$. Notons $K^{\#}$ son image. Soit T le sous-groupe des éléments diagonaux de $Sp(W)$ (pour la base choisie) et $\hat{T}$ son image réciproque dans $\widehat{Sp}(W)$. Soit enfin δ la similitude définie par

$$\left.\begin{array}{l}\delta(e_{-i})=e_{-i}\\ \delta(e_i)=-e_i\end{array}\right\}\text{ pour } i=1,\dots,n.$$

<u>Proposition</u>. (1) <u>La conjugaison par</u> δ <u>dans</u> $\widehat{Sp}(W)$ <u>préserve</u> $K^{\#}$.

(2) <u>Soit</u> $\hat{t}\in\hat{T}$. <u>Il existe</u> $k\in K^{\#}$ <u>tel que</u>

$$\delta\,\hat{t}^{-1}\delta^{-1}=k\hat{t}k^{-1}.$$

Démonstration. (1) La conjugaison par δ dans $Sp(W)$ préserve K. Si le corps résiduel de F est différent de $\mathbb{F}_3$, le scindage de K est unique (cf. ch.2, II.10), d'où (1). Sinon, soient X, resp. X^*, l'espace engendré par $\{e_{-i};\ i=1,\dots,n\}$, resp. $\{e_i;\ i=1,\dots,n\}$. Introduisons les groupes unipotents $N(X)$ et $N(X^*)$ (ch.2, II.9). Ils admettent des scindages uniques dans $\widehat{Sp}(W)$, donc stabilisés par δ. Or ces scindages coïncident avec σ sur $K\cap N(X)$, resp. $K\cap N(X^*)$ (cf. ch.2, II.10). Donc δ préserve $\sigma(K\cap N(X))$ et $\sigma(K\cap N(X^*))$. Or ces groupes engendrent $K^{\#}$.

(2) Pour $i=1,\dots,n$, soient W_i l'espace engendré par e_{-i} et e_i, δ_i et K_i les analogues de δ et K pour W_i. Avec les notations de I.9, on a

$$\delta=\prod_{i=1}^{n}\delta_i,\quad j\Big(\prod_{i=1}^{n}K_i^{\#}\Big)\subset K^{\#}.$$

On est ramené au cas de $SL(2,F)$. En utilisant les formules de I.11, on voit que pour $\hat{t}=\left(\begin{pmatrix}a & 0\\ 0 & a^{-1}\end{pmatrix},\mu\right)$, on a

$$\delta\,\hat{t}^{-1}\delta^{-1}=\left(\begin{pmatrix}a^{-1} & 0\\ 0 & a\end{pmatrix},\mu\right)=\sigma\Big[\begin{pmatrix}0 & 1\\ -1 & 0\end{pmatrix}\Big]\,\hat{t}\,\sigma\Big[\begin{pmatrix}0 & 1\\ -1 & 0\end{pmatrix}\Big]^{-1}.\ \square$$

II. <u>Contragrédientes des représentations des groupes unitaires.</u>

II.1. Revenons à la situation de I.1, en supposant de plus F local non archimédien ou F fini. Fixons un élément δ de $GL_F(W)$, τ-linéaire, tel que

$$\langle\delta w,\delta w'\rangle=\langle w',w\rangle$$

pour tous $w,w'\in W$. L'existence d'un tel élément δ est immédiate. Elle résulte d'ailleurs de la proposition I.2. La conjugaison par δ est un automorphisme de $U(W)$. Soit $(\pi,\mathcal{V})$ une représentation lisse de $U(W)$. On peut définir une représentation π^{δ} de $U(W)$ dans $\mathcal{V}$ par $\pi^{\delta}(x)=\pi(\delta x\delta^{-1})$. On définit aussi la représentation contragrédiente $\check{\pi}$ de π.

Théorème. Si π *est une représentation admissible irréductible de* U(W), *les représentations* π^{δ} *et* $\check{\pi}$ *sont isomorphes.*

Démonstration. On utilise le

Théorème. Soient G *un groupe algébrique linéaire défini sur* F, X *une variété algébrique définie sur* F, $\alpha: G\times X \longrightarrow X$ *une action rationnelle sur* F, γ *l'application qui s'en déduit de* G(F) *dans le groupe des automorphismes de* X(F). *Soit enfin* $\sigma: X(F) \longrightarrow X(F)$ *un homéomorphisme de* X(F). *Supposons:*

(1) *pour tout* $g\in G(F)$, *il existe* $g^{\sigma}\in G(F)$ *tel que* $\gamma(g)\circ\sigma = \sigma\circ\gamma(g^{\sigma})$;

(2) *il existe un entier* n *et* $g_0\in G(F)$, *tels que* $\sigma^n = \gamma(g_0)$;

(3) σ *conserve chaque* G(F)-*orbite de* X(F).

Alors toute distribution G(F)-*invariante sur* X(F) *est invariante par* σ.

(cf. [BZ] th.6.13 et 6.15 quand F est local. Si F est fini, ce théorème est trivial). □

Soient Θ_{π}, $\Theta_{\pi^{\delta}}$, $\Theta_{\check{\pi}}$ les caractères de π, π^{δ}, $\check{\pi}$. Ce sont des distributions. Il suffit de prouver que $\Theta_{\pi^{\delta}} = \Theta_{\check{\pi}}$ (cf. [BZ] I.2.20). En adoptant pour les distributions une notation fonctionnelle, on a, pour $x\in U(W)$:

$$\Theta_{\pi^{\delta}}(x) = \Theta_{\pi}(\delta x \delta^{-1}),$$
$$\Theta_{\check{\pi}}(x) = \Theta_{\pi}(x^{-1}).$$

On doit donc montrer que

$$(1) \qquad \Theta_{\pi}(x) = \Theta_{\pi}(\delta x^{-1}\delta^{-1}).$$

Soient G=X le groupe algébrique U(W), $\alpha: G\times X \longrightarrow X$ l'action $\alpha(g,x)=gxg^{-1}$, $\sigma: X(F) \longrightarrow X(F)$ définie par $\sigma(x)=\delta x^{-1}\delta^{-1}$. Les hypothèses du théorème sont satisfaites: (1) en posant $g^{\sigma}=\delta^{-1}g\delta$, (2) pour n=2 et $g_0=\delta^2$, (3) d'après la proposition I.2 (V n'intervient pas ici). En effet pour $x\in U(W)$, l'élément g de cette proposition est nécessairement de la forme $g=\delta g'$, avec $g'\in U(W)$. Appliquons le théorème: comme Θ_{π} est invariante par G(F), elle est invariante par σ, ce qu'on voulait démontrer. □

II.2. Revenons maintenant à la situation de I.8. On fixe encore une similitude symplectique δ telle que $N(\delta)=-1$.

Théorème. Soit π une représentation admissible irréductible de $\widehat{Sp}(W)$. Supposons que le caractère Θ_π est une fonction localement intégrable. Alors les représentations π^δ et $\check{\pi}$ sont isomorphes.

Démonstration. On doit encore démontrer l'égalité (1) du paragraphe précédent. D'après l'hypothèse sur Θ_π, on peut ne la démontrer que pour x dans un ouvert dense de $\widehat{Sp}(W)$, par exemple l'ouvert des éléments de projection dans Sp(W) semi-simple régulière. L'égalité résulte alors de la proposition I.8 et de l'invariance de Θ_π par conjugaison. □

III. Commutativité de l'algèbre de Hecke de $\widehat{Sp}(W)$.

Plaçons-nous dans la situation de I.13. Soit $i:\{\pm 1\} \longrightarrow \widehat{Sp}(W)$ l'injection d'image le noyau de la projection de $\widehat{Sp}(W)$ sur Sp(W). Soit $\mathcal{H}$ l'espace des fonctions $f:\widehat{Sp}(W) \longrightarrow \mathbb{C}$, à support compact, telles que

$$f(i(z)x)=zf(x),$$

$$f(k_1xk_2)=f(x),$$

pour tous $x\in\widehat{Sp}(W)$, $z\in\{\pm 1\}$, $k_1,k_2\in K^{\#}$. Le produit de convolution définit sur $\mathcal{H}$ une structure d'algèbre.

Proposition. L'algèbre $\mathcal{H}$ est commutative.

Démonstration. Soit δ la similitude introduite au I.13. L'application

$$x \longmapsto \delta x^{-1}\delta^{-1}$$

est un antiautomorphisme de $\widehat{Sp}(W)$, qui conserve globalement $K^{\#}$ (prop. I.13,1) et fixe i(-1). Elle induit un antiautomorphisme de $\mathcal{H}$: $f \longmapsto f'$, où

$$f'(x)=f(\delta x^{-1}\delta^{-1}).$$

Il suffit de montrer que cet antiautomorphisme est l'identité. D'après la décomposition de Cartan, $\mathcal{H}$ est engendrée par les fonctions caractéristiques des doubles classes $K^{\#}\hat{t}K^{\#}$, pour $\hat{t}\in\hat{T}$. Or pour une telle fonction f, il résulte de la proposition I.13.2, que f'=f. Cela achève la démonstration. □

IV. A propos d'un commutant.

IV.1. Soient F un corps local non archimédien, ou fini, de caractéristique différente de 2, F' comme en I.1, W_1, resp. W_2, un espace muni d'un produit $\langle\ ,\ \rangle_1$, resp. $\langle\ ,\ \rangle_2$, hermitien, resp. antihermitien. Soient W l'espace $W_1 \otimes_{F'} W_2$ muni de sa forme symplectique $\langle\ ,\ \rangle$, H le groupe d'Heisenberg associé. Fixons un caractère continu non trivial ψ de F. Soient (ρ_ψ, S) un modèle de la représentation métaplectique de H relative à ψ, ω_ψ la représentation métaplectique de $\widetilde{Sp}(W)$ dans S. Soient $\widetilde{U}(W_1)$, $\widetilde{U}(W_2)$ les images réciproques dans $\widetilde{Sp}(W)$ de $U(W_1)$ et $U(W_2)$. On s'intéresse ici au commutant de $\widetilde{U}(W_1)\times\widetilde{U}(W_2)$ dans S, i.e. à l'espace C des $T \in End_{\mathbb{C}}(S)$ tels que

$$T \circ \omega_\psi(x) = \omega_\psi(x) \circ T$$

pour tout $x \in \widetilde{U}(W_1) \cup \widetilde{U}(W_2)$. Evidemment c'est une algèbre.

<u>Proposition</u>. <u>L'algèbre</u> C <u>est commutative</u>.

La démonstration occupe les paragraphes 2 à 4.

IV.2. Fixons, pour i=1,2, un élément δ_i de $GL_F(W_i)$ tel que

$$\langle \delta_i w, \delta_i w' \rangle_i = \langle w', w \rangle_i .$$

On note δ l'élément $\delta_1 \otimes \delta_2$ de $GL_F(W)$. C'est une similitude de rapport -1.

<u>Lemme</u>. <u>Soit</u> $w \in W$. <u>Il existe</u> $u_1 \in U(W_1)$, $u_2 \in U(W_2)$ <u>tels que</u>

$$\delta w = u_1 u_2 w.$$

Démonstration. Identifions W à $Hom_{F'}(W_1, W_2)$ par l'isomorphisme λ défini plus loin au chapitre 5, I.1. On vérifie que $\lambda(\delta w) = \delta_2 \circ \lambda(w) \circ \delta_1^{-1}$. On est ramené à montrer que si $f \in Hom_{F'}(W_1, W_2)$, il existe $u_1 \in U(W_1)$, $u_2 \in U(W_2)$ tels que

$$\delta_2 f \delta_1^{-1} = u_2 f u_1^{-1}.$$

Soit $f^* \in Hom_{F'}(W_2, W_1)$ l'application adjointe de f (cf. ch.1, III.5). Posons $X = f^* f$. On vérifie que pour tous $w, w' \in W_1$, on a

$$\langle Xw, w' \rangle_1 + \langle w, Xw' \rangle_1 = 0;$$

i.e. $X \in \mathcal{U}(W_1)$. Posons V=Ker(f). On peut appliquer la proposition I.2 et choisir $g \in GL_F(W)$, tel que

(i) $\langle gw, gw' \rangle_1 = \langle w', w \rangle_1$

pour tous $w, w' \in W_1$;

(ii) $gV=V$;

(iii) $gXg^{-1}=-X$.

Posons $f'=\delta_2\circ f\circ g^{-1}$. Comme δ_2 et g sont τ-linéaires, f' est linéaire. D'après (ii), f et f' ont même noyau. On peut définir $\varphi:\mathrm{Im}(f)\longrightarrow\mathrm{Im}(f')$ par l'égalité $\varphi\circ f=f'$. Je dis que φ est une isométrie de Im(f) sur Im(f'). En effet pour $w,w'\in W_1$, on a

$$<\varphi\circ f(w),\varphi\circ f(w')>_2=<f'(w),f'(w')>_2=<f\circ g^{-1}(w'),f\circ g^{-1}(w)>_2=<g^{-1}(w'),f^*\circ f\circ g^{-1}(w)>$$

$$=<g\circ f^*\circ f\circ g^{-1}(w),w'>_1=-<f^*\circ f(w),w'>_1,$$

d'après (iii),

$$=-\tau[<w',f^*\circ f(w)>_1]=-\tau[<f(w'),f(w)>_2]=<f(w),f(w')>_2,$$

ce qui démontre l'assertion. D'après le théorème de Witt, on peut prolonger φ en un élément u_2 de $U(W_2)$. On a alors

$$u_2\circ f=\delta_2\circ f\circ g^{-1}=\delta_2\circ f\circ\delta_1^{-1}\circ\delta_1\circ g^{-1}.$$

Posons $u_1=\delta_1\circ g^{-1}$. On a $u_1\in U(W_1)$, et

$$u_2\circ f\circ u_1^{-1}=\delta_2\circ f\circ\delta_1^{-1},$$

ce qui achève la démonstration. □

IV.3. Pour $h=(w,t)\in H$, posons $h^\delta=(\delta w,t)$, $h^{-\delta}=(h^\delta)^{-1}$. L'application $h\longmapsto h^\delta$ est un antiautomorphisme de H. Donc $h\longmapsto h^{-\delta}$ est un automorphisme de H. La représentation ρ' de H dans S définie par $\rho'(h)=\rho_\psi(h^{-\delta})$ est lisse, irréductible et vérifie $\rho'\circ\zeta(t)=\overline{\psi}(t)\mathrm{id}_S$ pour tout $t\in F$. Donc $\rho'\sim\rho_{\overline{\psi}}$, et d'après le chapitre 2, I.6.4, il existe un isomorphisme $A:S\longrightarrow S^\vee$, tel que $A\circ\rho'(h)=\check{\rho}_\psi(h)\circ A$, i.e.

$$A\circ\rho_\psi(h^{-\delta})=\check{\rho}_\psi(h)\circ A$$

pour tout $h\in H$.

Soit $\mathcal{S}(H)$ l'espace des fonctions sur H à valeurs complexes, localement constantes à support compact. L'application $h\longmapsto h^\delta$ induit un antiautomorphisme $f\longmapsto f^\delta$ de $\mathcal{S}(H)$, défini par $f^\delta(h)=f(h^{\delta^{-1}})$. D'autre part, toute représentation lisse σ de H définit une représentation encore notée σ de $\mathcal{S}(H)$.

Soit L un sous-groupe ouvert compact de H. Comme ρ_ψ est admissible, on peut décomposer S en somme directe de sous-espaces de dimension finie invariants par L. Fixons une base $(e_i)_{i\in I}$ de S qui soit réunion de bases de ces sous-espaces. Les éléments "duaux" e_i^*, $i\in I$, du dual de S forment une base de $\check{S}$. Pour $i,j\in I$, notons E_{ij}, resp. E_{ij}^*, l'élément de $\mathrm{End}_{\mathbb{C}}(S)$, resp. $\mathrm{End}_{\mathbb{C}}(\check{S})$, défini par:

$$E_{ij}(e_k)=\begin{cases} e_i, \text{ si } k=j, \\ 0, \text{ si } k\neq j, \end{cases}$$

resp.

$$E_{ij}^*(e_k)=\begin{cases} e_i^*, \text{ si } k=j, \\ 0, \text{ si } k\neq j. \end{cases}$$

<u>Lemme</u>. <u>Soient</u> $i,j\in I$.

(1) <u>Il existe</u> $f\in\mathcal{S}(H)$ <u>telle que</u> $\rho_\psi(f)=E_{ij}$.

(2) <u>Si</u> $f\in\mathcal{S}(H)$ <u>est telle que</u> $\rho_\psi(f)=E_{ij}$, <u>on a</u> $A\circ\rho_\psi(f^\delta)\circ A^{-1}=E_{ji}^*$.

Démonstration. Le (1) résulte de l'admissibilité de ρ_ψ. Soit $f\in\mathcal{S}(H)$ telle que $\rho_\psi(f)=E_{ij}$ et soit $k\in I$. On a:

$$\begin{aligned} A\circ\rho_\psi(f^\delta)\circ A^{-1}(e_k^*) &= \int_H f^\delta(h)\, A\circ\rho_\psi(h)\circ A^{-1}(e_k^*)\, dh \\ &= \int_H f(h^{\delta-1})\, A\circ\rho_\psi(h)\circ A^{-1}(e_k^*)\, dh \\ &= \int_H f(h)\, A\circ\rho_\psi(h\ )\circ A^{-1}(e_k^*)\, dh \\ &= \int_H f(h)\, \check{\rho}_\psi(h^{-1})(e_k^*)\, dh. \end{aligned}$$

C'est un élément de $\check{S}$. Evaluons-le sur un élément e_ℓ. On a:

$$\begin{aligned} \langle e_\ell, A\circ\rho_\psi(f^\delta)\circ A^{-1}(e_k^*)\rangle &= \langle e_\ell, \int_H f(h)\, \check{\rho}_\psi(h^{-1})(e_k^*)\, dh\rangle \\ &= \langle \int_H f(h)\, \rho_\psi(h)(e_\ell)\, dh, e_k^*\rangle \\ &= \langle \rho_\psi(f)(e_\ell), e_k^*\rangle \\ &= \langle E_{ij}(e_\ell), e_k^*\rangle \\ &= \delta_{j\ell}\ {}_{ik} \\ &= \langle e_\ell, E_{ji}^*(e_k^*)\rangle, \end{aligned}$$

d'où l'égalité cherchée. □

IV.4. Soit $T\in C$. Pour $f\in\mathcal{S}(H)$, $T\circ\rho_\psi(f)$ est de rang fini. On peut poser $\langle T,f\rangle=\mathrm{Trace}(T\circ\rho_\psi(f))$. Cela définit une distribution sur H. Notons G l'image de $U(W_1)\times U(W_2)\longrightarrow Sp(W)$, et $\tilde{G}$ son image réciproque dans $\widetilde{Sp}(W)$. Le groupe G agit sur H, donc sur $\mathcal{S}(H)$. Je dis que T est invariante par G. En effet soit $g \in G$, $\tilde{g}$ un élément de $\widetilde{Sp}(W)$ au-dessus de g et $f \in \mathcal{S}(H)$. Par hypothèse

$$\omega_\psi(\tilde{g})^{-1} \circ T \circ \omega_\psi(\tilde{g}) = T,$$

d'où

$$\begin{aligned}\langle T,f\rangle &= \mathrm{Trace}(\omega_\psi(\tilde{g})^{-1} \circ T \circ \omega_\psi(\tilde{g}) \circ \rho_\psi(f)) \\ &= \mathrm{Trace}(T \circ \omega_\psi(\tilde{g}) \circ \rho_\psi(f) \circ \omega_\psi(\tilde{g})^{-1}).\end{aligned}$$

Mais

$$\begin{aligned}\omega_\psi(\tilde{g}) \circ \rho_\psi(f) \circ \omega_\psi(\tilde{g})^{-1} &= \int_H f(h)\, \omega_\psi(\tilde{g}) \circ \rho_\psi(h) \circ \omega_\psi(\tilde{g})^{-1}\, dh \\ &= \int_H f(h)\, \rho_\psi(gh)\, dh \\ &= \rho_\psi(f^g),\end{aligned}$$

d'où $\langle T,f\rangle = \langle T,f^g\rangle$. On peut appliquer le théorème cité en II.1, pour G, X=H, σ l'application $h \longmapsto h^\delta$. Les hypothèses (1) et (2) sont facilement vérifiées. L'hypothèse (3) est vérifiée d'après le lemme IV.2. Alors la distribution définie par T est invariante par $f \longmapsto f^\delta$.

Pour tout $X \in \mathrm{End}_{\mathbb{C}}(S)$, resp. $\mathrm{End}_{\mathbb{C}}(\check{S})$, notons X_{ij} ses coefficients dans la base $(e_i)_{i\in I}$, resp. $(e_i^*)_{i\in I}$. Soient $i,j \in I$. Soit $f \in \mathcal{S}(H)$ telle que $\rho_\psi(f) = E_{ij}$ (lemme IV.3.1). On a

$$\langle T,f\rangle = \mathrm{Trace}(T \circ E_{ij}) = T_{ji},$$

$$\begin{aligned}\langle T,f\rangle = \langle T,f^\delta\rangle &= \mathrm{Trace}(T \circ \rho_\psi(f^\delta)) = \mathrm{Trace}(A \circ T \circ A^{-1} \circ A \circ \rho_\psi(f^\delta) \circ A^{-1}) \\ &= \mathrm{Trace}(ATA^{-1}E^*_{ji}) = (ATA^{-1})_{ij},\end{aligned}$$

d'où

$$T_{ji} = (ATA^{-1})_{ij}.$$

Maintenant si $T^1, T^2 \in C$, on a

$$(T^1 \circ T^2)_{ji} = \sum_{k\in I} T^1_{jk} T^2_{ki} = \sum_{k\in I} (AT^1A^{-1})_{kj} (AT^2A^{-1})_{ik} = (AT^2T^1A^{-1})_{ij},$$

mais aussi

$$(T^2 \circ T^1)_{ji} = (AT^2T^1A^{-1})_{ij},$$

d'où $(T^1 \circ T^2)_{ji} = (T^2 \circ T^1)_{ji}$, et $T^1T^2 = T^2T^1$. Cela achève la démonstration. □

IV.5. Supposons F fini. Alors ω_ψ définit une représentation de Sp(W) et par restriction une représentation de $U(W_1) \times U(W_2)$. Les groupes en question étant finis, cette représentation est semi-simple. La proposition implique le

<u>Corollaire. Toute représentation irréductible de</u> $U(W_1) \times U(W_2)$ <u>qui intervient dans</u> ω_ψ <u>intervient avec multiplicité</u> 1.

BIBLIOGRAPHIE.

[BZ] J. BERNSTEIN, A. ZELEVINSKI, Representations of the group GL(n,F), where F is a non-archimedean local field, Russian Math. Surveys 31 (1976), 1-68.

[G] S. GELBART, Weil's representation and the spectrum of the metaplectic group, Springer LN 530, Berlin, Heidelberg, New-York.

[SS] T. SPRINGER, R. STEINBERG, Conjugacy classes, in Seminar on algebraic groups and related finite groups, Springer LN 131, Berlin, Heidelberg, New-York, 1970, 167-266.

Chapitre 5. Paires réductives duales non ramifiées

On expose ici une démonstration de la conjecture de Howe pour les paires réductives duales de type I, non ramifiées, sur un corps local non archimédien. Cette démonstration est entièrement due à Howe lui-même, qui l'a exposée à l'ENSJF en 1984.

I. Sous-groupes compacts des groupes de Howe, et représentation métaplectique.

I.1. Soient F un corps local non archimédien de caractéristique résiduelle $\neq 2$, F' égal soit à F, soit à l'extension quadratique non ramifiée de F, $\mathcal{O}$, resp. $\mathcal{O}'$, l'anneau des entiers de F, resp. F', ϖ une uniformisante de F (et de F'), ψ un caractère continu de F de conducteur $\mathcal{O}$. Si F=F', on pose $\tau = id_F$. Si $F' \neq F$, soit τ l'élément non trivial du groupe de Galois de F'/F. Soient ε_1, $\varepsilon_2 \in \{\pm 1\}$, tels que $\varepsilon_1\varepsilon_2 = -1$, et pour i=1,2, W_i un espace vectoriel (à droite) de dimension finie sur F', muni d'une forme sesquilinéaire ε_i-hermitienne non dégénérée $\langle\ ,\ \rangle_i$ (cf. chap.1,I.1). Soit $W = W_1 \otimes_{F'} W_2$, qui est un espace sur F, muni de la forme symplectique

$$\langle w_1 \otimes w_2, w_1' \otimes w_2' \rangle = tr_{F'/F}(\langle w_1, w_1' \rangle \langle w_2', w_2 \rangle)$$

(cf. chap.1,I.16).

Remarque: notre définition du produit tensoriel est telle que $w_1 d \otimes w_2 = w_1 \otimes w_2 \tau(d)$, pour tous $d \in F'$, $w_1 \in W_1$, $w_2 \in W_2$.

Soit L un réseau de W_i (pour i=1 ou 2), i.e. un $\mathcal{O}'$-sous-module libre de rang maximal. On pose

$L^{\perp} = \{w \in W_i;$ pour tout $\ell \in L$, $\langle w, \ell \rangle_i \in \mathcal{O}'\}$.

On suppose qu'il existe des réseaux $L_i \subset W_i$ autoduaux, i.e. tels que $L_i = L_i^{\perp}$. Fixons deux tels réseaux. Posons

$$A = L_1 \otimes_{\mathcal{O}'} L_2 \subset W.$$

C'est un réseau autodual de W.

Remarques. (1) On renvoie au II pour les propriétés des réseaux autoduaux.

(2) On peut décrire, en termes de la classification du chap.1,I.11, quels sont les espaces ε-hermitiens admettant des réseaux autoduaux. Ce sont les espaces des cas suivants:

(a) symplectique: $F'=F$, $\varepsilon=-1$;

(b) quadratique ($F'=F$, $\varepsilon=1$) dont le noyau anisotrope est du type suivant:

- réduit à 0;
- $F(a)$ pour $a\in\mathcal{O}^*$ (groupe des unités de $\mathcal{O}$);
- l'extension quadratique non ramifiée de F, munie de la norme;

(c) hermitien (F' de dimension 2 sur F, $\varepsilon=\pm1$) dont le noyau anisotrope est du type suivant:

- réduit à 0;
- F' muni de la norme si $\varepsilon=1$, de η fois la norme si $\varepsilon=-1$, où η est un élément de $\mathcal{O}'^*$ tel que $\tau(\eta)=-\eta$.

On utilisera la réalisation de la représentation métaplectique $\omega=\omega_\psi$ de $\widetilde{Sp}(W)$ dans l'espace $S=S_A$ décrite au chap.2,II.8. Cette réalisation définit un scindage du stabilisateur K de A dans Sp(W). On identifie K à l'image dans $\widetilde{Sp}(W)$ de cette section. Pour tout $w\in W$, on note s_w l'unique fonction appartenant à S, à support dans A+w, telle que $s_w(w)=1$.

Pour i=1,2, on note $U_i=U(W_i)$ le groupe d'isométries de $(W_i,\langle\ ,\ \rangle_i)$, et K_i le stabilisateur de L_i dans U_i. Le groupe K_i est un sous-groupe compact maximal de U_i. Le couple (U_1,U_2) forme une paire réductive duale irréductible dans Sp(W) (cf. chap.1,I.17). On a $K_1\times K_2\subset K$, et on peut identifier K_i à un sous-groupe de $\widetilde{U}_i$, grâce à la section de K (rappelons que pour tout sous-groupe fermé $G\subset Sp(W)$, on note $\widetilde{G}$ son image réciproque dans $\widetilde{Sp}(W)$). Fixons une mesure de Haar sur U_i telle que la mesure de K_i soit égale à 1. Soit $\mathcal{H}_i$ l'espace des fonctions $\varphi:\widetilde{U}_i\longrightarrow\mathbb{C}$ telles que

(a) $\varphi(i(z)\tilde{u})=z^{-1}\varphi(\tilde{u})$, pour tous $\tilde{u}\in\widetilde{U}_i$, $z\in\mathbb{C}^\times$,

où $i:\mathbb{C}^\times\longrightarrow\widetilde{U}_i$ est le plongement évident;

(b) la restriction de φ à $\widetilde{U}_i\cap\widehat{Sp}(W)$ est localement constante à support compact.

Munie du produit de convolution, $\mathcal{H}_i$ est une algèbre. Il y a une équivalence de catégories entre:

- les représentations (π,V) de $\widetilde{U}_i$ telles que $\pi\circ i(z)=z\ \mathrm{id}_V$ pour tout $z\in\mathbb{C}^\times$, et que la restriction de π à $\widetilde{U}_i\cap\widehat{Sp}(W)$ soit lisse;

- les représentations (π,V) de l'algèbre $\mathcal{H}_i$ telles que V soit réunion des images des $\pi(\varphi)$, quand φ décrit $\mathcal{H}_i$.

On passe de l'une à l'autre par la formule:

$$\pi(\varphi)=\int_{U_i}\varphi(\tilde{u})\pi(\tilde{u})\ du,$$

où $\tilde{u}$ est un relèvement quelconque dans $\widetilde{U}_i$ de l'élément u de U_i.

Définissons $\lambda:W\longrightarrow \mathrm{Hom}_{F'}(W_1,W_2)$ par

$$\lambda(w_1\otimes w_2)(w_1')=w_2\langle w_1,w_1'\rangle_1.$$

On vérifie que λ est un isomorphisme. On a les égalités:

$$\langle w,w'\rangle=\varepsilon_2\ \mathrm{tr}_{F'/F}\circ\mathrm{tr}_{W_1/F'}(\lambda(w)^*\lambda(w')),$$

pour tous $w,w'\in W$ (cf. chap.1, III.5 pour la définition de $\lambda(w)^*$),

$$\lambda(u_1w_1\otimes u_2\ w_2)=u_2\circ\lambda(w_1\otimes w_2)\circ u_1^{-1},$$

pour tous $w_1\in W_1$, $w_2\in W_2$, $u_1\in U_1$, $u_2\in U_2$. On pourra si besoin est identifier W à $\mathrm{Hom}_{F'}(W_1,W_2)$ par λ. Par exemple pour $w\in W$, on pourra considérer $w(L_1)\subset W_2$, l'image de L_1 par w. Le réseau A s'identifie à $\mathrm{Hom}_{\mathfrak{o}'}(L_1,L_2)$ plongé naturellement dans $\mathrm{Hom}_{F'}(W_1,W_2)$. En échangeant les indices 1 et 2, on peut aussi identifier W à $\mathrm{Hom}_{F'}(W_2,W_1)$.

I.2. Soit L un réseau de W_1 tel que $L\subset L_1$. Définissons

$$J_1(L)=\{u\in U_1;\ (u-1)L^\perp\subset L\},$$

$$H_1(L)=\{u\in U_1;\ (u-1)L^\perp\subset L_1\}.$$

Les propriétés suivantes sont immédiates:

(1) $J_1(L)\subset H_1(L)\subset K_1\cap K_1(L)$,

où $K_1(L)$ est le stabilisateur de L dans U_1;

(2) $H_1(L)=\{u\in U_1;\ (u-1)L_1\subset L\}$;

(3) $J_1(L)$ et $H_1(L)$ sont des sous-groupes de U_1;

si L' est un autre réseau de W_1 tel que $L'\subset L_1$, alors:

(4) si $L \subset L'$, on a $J_1(L) \subset J_1(L')$, $H_1(L) \subset H_1(L')$.

Lemme. Le groupe $J_1(L)$ est un sous-groupe distingué de $H_1(L)$. Le quotient $H_1(L)/J_1(L)$ est abélien.

Démonstration. Il suffit de prouver que si h_1, $h_2 \in H_1(L)$, alors $h_1 h_2 h_1^{-1} h_2^{-1} \in J_1(L)$. Posons $\mathfrak{h} = \mathrm{Hom}_{\mathcal{O}'}(L^{\perp}, L_1) \cap \mathrm{Hom}_{\mathcal{O}'}(L_1, L)$, et pour $i=1,2$, écrivons $h_i = 1 + a_i$, avec $a_i \in \mathfrak{h}$. On a

$$h_i^{-1} = 1 - a_i + a_i a_i h_i^{-1},$$

avec $a_i h_i^{-1} \in \mathfrak{h}$. Alors $h_1 h_2 h_1^{-1} h_2^{-1} - 1$ est combimaison linéaire de termes de la forme $b_1 \ldots b_t$, avec $b_1, \ldots, b_t \in \mathfrak{h}$, et $t \geq 2$. Mais un tel terme appartient à $\mathrm{Hom}_{\mathcal{O}'}(L^{\perp}, L)$, donc $h_1 h_2 h_1^{-1} h_2^{-1} \in J_1(L)$. □

I.3. Soit L comme ci-dessus. Posons

$$B(L) = L^{\perp} \otimes_{\mathcal{O}'} L_2 \subset W.$$

En identifiant W à $\mathrm{Hom}_{F'}(W_1, W_2)$, resp. $\mathrm{Hom}_{F'}(W_2, W_1)$, on a

$$B(L) = \{w \in W;\ w(L) \subset L_2\},$$

resp.

$$B(L) = \{w \in W;\ w(L_2) \subset L^{\perp}\}$$
$$= \{w \in W;\ L_1 + w(L_2) \subset L^{\perp}\}.$$

Soient S_L le sous-espace des fonctions de S à support dans B(L), et $S^{J_1(L)}$ le sous-espace des éléments de S invariants par $J_1(L)$.

Lemme. (1) On a l'inclusion $S_L \subset S^{J_1(L)}$.

(2) Soient $w \in B(L)$, $h \in H_1(L)$. On a l'égalité

$$\omega(h) s_w = \psi(\langle hw, w\rangle/2) s_w.$$

En particulier, l'application

$$\psi_1^w : h \longmapsto \psi(\langle hw, w\rangle/2)$$

est un caractère de $H_1(L)$, égal à 1 sur $J_1(L)$. On pourrait d'ailleurs le déduire du lemme I.2.

Démonstration. Soient $w \in B(L)$, $h \in H_1(L)$. Pour $w' \in W$, on a $\omega(h) s_w(w') = s_w(h^{-1} w')$, qui est nul sauf si $h^{-1} w' \in A + w$, i.e. $w' \in A + hw$. D'après les hypothèses, on a $hw \in A + w$. Donc le support de $\omega(h) s_w$ est inclus dans celui de s_w, et $\omega(h) s_w$ est proportionnel à s_w. Pour $w' = w$, on a

$$\omega(h) s_w(w) = s_w(h^{-1} w) = s_w(h^{-1} w - w + w) = \psi(\langle w, h^{-1} w - w\rangle/2) s_w(w) = \psi(\langle hw, w\rangle/2)$$

puisque $h^{-1}w-w\in A$. D'où la formule (2). Si de plus $w\in J_1(L)$, on a $hw\in L\otimes_{\mathcal{O}} L_2 + w$. Or $L\otimes_{\mathcal{O}} L_2=B(L)^{\perp}$, d'où $\langle hw,w\rangle\in\mathcal{O}_F$, et l'égalité $\omega(h)s_w=s_w$. Cela démontre (1).

I.4. Notons $\omega(\mathcal{H}_2)S_L$ l'espace engendré par les $\omega(\varphi)s$, pour $\varphi\in\mathcal{H}_2$, $s\in S_L$.

Théorème. On a l'égalité $\omega(\mathcal{H}_2)S_L=S^{J_1(L)}$.

Comme les actions de $\widetilde{U}_1$ et $\widetilde{U}_2$ commutent, le lemme I.3.(1) démontre l'inclusion $\omega(\mathcal{H}_2)S_L\subset S^{J_1(L)}$. La partie difficile est l'inclusion opposée qui sera démontrée aux paragraphes III.4 à 7.

I.5. Dans l'énoncé suivant, on identifie W à $\mathrm{Hom}_{F'}(W_2,W_1)$.

Proposition. Soient $w,w'\in B(L)$, supposons:

(1) $w(L_2)+L_1=w'(L_2)+L_1=L^{\perp}$;

(2) les caractères ψ_1^w et $\psi_1^{w'}$ de $H_1(L)$ sont égaux.

Alors il existe $k\in K_2$ tel que $A+w=(A+w')k$.

Cela sera démontré au III.8.

Remarque. D'après les définitions, l'hypothèse $w(L_2)+L_1=L^{\perp}$ équivaut à ce qu'il n'existe pas de réseau L' tel que $L\subset L'\subset L_1$, $L\neq L'$, et $w\in B(L')$.

I.6. Soit (π_1,V_1) une représentation admissible irréductible de $\widetilde{U}_1$, supposons $\pi_1\in\mathcal{R}_\psi(\widetilde{U}_1)$ (cf. chap.2, III.2). Soient $S[\pi_1]$ le quotient de S associé à π_1 (cf. chap.2, III.5), et (π_2',V_2') la représentation lisse de $\widetilde{U}_2$ telle que $S[\pi_1]\simeq V_1\otimes V_2'$.

Théorème. Il existe un unique sous-espace V_2'' de V_2', invariant par $\widetilde{U}_2$, tel que V_2'/V_2'' soit irréductible.

C'est la conjecture de Howe. Sa démonstration occupe les paragraphes 7 à 9. Ultérieurement, on notera $V_2=V_2'/V_2''$ et π_2 la représentation de $\widetilde{U}_2$ dans V_2.

I.7. Considérons les réseaux $L\subset L_1$ tels que $V_1^{J_1(L)}\neq\{0\}$. De tels réseaux existent car les groupes $J_1(L)$ forment un système fondamental de voisinages de 1. Parmi ces réseaux, on en choisit un, L, tel que $[L_1:L]$ soit minimal. Si ψ_1 est un caractère de $H_1(L)$, notons $V_1[H_1(L),\psi_1]$ le sous-espace des $v\in V_1$

tels que $\pi_1(h)v=\psi_1(h)v$ pour tout $h\in H_1(L)$. Posons

$\Psi=\{\psi_1^w;\ w\in B(L)$ et $w(L_2)+L_1=L^\perp\}$.

<u>Lemme. Il existe un sous-ensemble non vide $\Psi'\subset\Psi$ tel que</u>

$$V_1^{J_1(L)}=\bigoplus_{\psi_1\in\Psi'} V_1[H_1(L),\psi_1].$$

Démonstration. Notons $q:S\longrightarrow V_1\otimes V_2'$ la projection. Soit $w\in B(L)$ tel que $q(s_w)\neq 0$ Alors $q(s_w)\in V_1[H_1(L),\psi_1^w]\otimes V_2'$ d'après le lemme I.3.(2). On a $\psi_1^w\in\Psi$. En effet $w\in B(L)$; si $w(L_2)+L_1\neq L^\perp$, d'après la remarque I.5, il existe un réseau L' tel que $L\subset L'\subset L_1$, $[L_1:L']<[L_1:L]$ et $w\in B(L')$. Mais alors $s_w\in S^{J_1(L')}$, $q(s_w)\in V_1^{J_1(L')}\otimes V_2'$, et $V_1^{J_1(L')}\neq\{0\}$, contrairement à l'hypothèse de maximalité de L. Soient Ψ' l'ensemble des $\psi_1\in\Psi$ tels que $V_1[H_1(L),\psi_1]\neq\{0\}$, et

$$V_1'=\bigoplus_{\psi_1\in\Psi'} V_1[H_1(L),\psi_1].$$

On a donc $q(s_w)\in V_1'\otimes V_2'$. D'autre part $V_1^{J_1(L)}\otimes V_2'=q(S^{J_1(L)})$. D'après le théorème I.4, $V_1^{J_1(L)}\otimes V_2'$ est donc engendré sous l'action de $\mathcal{H}_2$ par les $q(s_w)$ pour $w\in B(L)$. D'où $V_1^{J_1(L)}\otimes V_2'\subset V_1'\otimes V_2'$. Comme $V_1'\subset V_1^{J_1(L)}$, on obtient $V_1^{J_1(L)}=V_1'$, et l'assertion. □

Fixons $w\in B(L)$ tel que $w(L_2)+L_1=L^\perp$ et $V_1[H_1(L),\psi_1^w]\neq\{0\}$. Posons $M=(w(L_1)+L_2)^\perp$. C'est un réseau de V_2 inclus dans L_2. On définit de façon évidente $J_2(M)$, $H_2(M)$, $B(M)$. On vérifie que $w\in B(M)$, et bien sûr $w(L_1)+L_2=M^\perp$. On définit ψ_2^w. Dans la suite, pour toute représentation lisse (σ_i,X_i) de $\tilde{U}_i$, $i=1,2$, on note $\bar{X}_i$ le sous-espace des $x\in X_i$ tels que $\sigma_i(h)x=\psi_i^w(h)x$ pour tout $h\in H_1(L)$, si $i=1$, resp. $h\in H_2(M)$ si $i=2$.

I.8. Pour $i=1,2$, soit e_i l'idempotent de $\mathcal{H}_i$ défini par

$e_i(i(z)h)=z^{-1}[K_i:H_i]\psi_i^w(h)^{-1}$, si $z\in\mathbb{C}^\times$, $h\in H_i$,

$e_i(\tilde{u})=0$, si $\tilde{u}\in\tilde{U}_i$, et $\tilde{u}\notin i(\mathbb{C}^\times)H_i$,

où $H_1=H_1(L)$, $H_2=H_2(M)$. Posons $\bar{\mathcal{H}}_i=e_i\mathcal{H}_ie_i$.

<u>Lemme. Soient (σ_2,X_2) une représentation lisse de $\tilde{U}_2$, non nulle, et $p:S\longrightarrow V_1\otimes X_2$ un homomorphisme surjectif $\tilde{U}_1\times\tilde{U}_2$-équivariant. Alors l'espace $\bar{X}_2$ est non nul et on a les égalités</u>

$$\bar{V}_1\otimes\bar{X}_2=\pi_1(\bar{\mathcal{H}}_1)p(s_w)=\sigma_2(\bar{\mathcal{H}}_2)p(s_w).$$

Démonstration. On montre comme dans la démonstration précédente que $\overline{V}_1 \otimes X_2$ est engendré sous $\mathcal{K}_2$ par les $p(s_{w'})$ pour $w' \in B(L)$, $w'(L_2)+L_1=L^{\perp}$ et $\psi_1^{w'}=\psi_1^{w}$. Pour un tel w', il existe, d'après la proposition I.5, $k \in K_2$ tel que $s_{w'}$ soit proportionnel à $\omega(k)s_w$. Donc $\overline{V}_1 \otimes X_2$ est engendré sous $\mathcal{K}_2$ par $p(s_w)$. En particulier $p(s_w) \neq 0$. Comme $s_w \in S[H_2(M), \psi_2^w]$, on en déduit que $\overline{X}_2 \neq \{0\}$. comme

$$\overline{V}_1 \otimes X_2 = \sigma_2(\mathcal{K}_2)p(s_w) = \sigma_2(\mathcal{K}_2 e_2)p(s_w),$$

on obtient:

$$\overline{V}_1 \otimes \overline{X}_2 = \sigma_2(e_2)(\overline{V}_1 \otimes X_2) = \sigma_2(\overline{\mathcal{K}}_2)p(s_w).$$

De même, l'espace (non nul) $V_1 \otimes \overline{X}_2$ est engendré sous $\mathcal{K}_1$ par les $p(s_{w'})$ où $w' \in B(M)$ et $\psi_2^{w'}=\psi_2^{w}$. Le même raisonnement s'applique pourvu qu'on ait $p(s_{w'})=0$ si $w'(L_1)+L_2 \neq M^{\perp}$. Supposons $w'(L_1)+L_2 \subsetneq M^{\perp}$. Posons $L'=(w'(L_2)+L_1)^{\perp}$. On a $w' \in B(L')$, donc $p(s_{w'}) \in V_1^{J_1(L')} \otimes X_2$. On va montrer que $[L_1:L'] < [L_1:L]$. Par maximalité de L, on a alors $V_1^{J_1(L')}=\{0\}$ et $p(s_{w'})=0$.

L'inégalité ci-dessus résulte du:

<u>Sous-lemme</u>. <u>Soit</u> $w_0 \in W \simeq \mathrm{Hom}_{F'}(W_1,W_2)$. <u>Alors</u> w_0 <u>définit une bijection de</u> $L_1/(w_0(L_2)+L_1)^{\perp}$ <u>sur</u> $(w_0(L_1)+L_2)/L_2$. □

Appliqué à w', ce sous-lemme donne

$$[L_1:L']=[w'(L_1)+L_2:L_2].$$

Appliqué à w, il donne

$$[L_1:L]=[M^{\perp}:L_2].$$

Comme $w'(L_1)+L_2 \subsetneq M^{\perp}$, on obtient $[L_1:L'] < [L_1:L]$. □

I.9. L'ensemble des sous-espaces invariants V_2'' de V_2' tels que $q(s_w) \notin V_1 \otimes V_2''$, ordonné par l'inclusion, est inductif. Fixons un tel V_2'' maximal. On a $V_2'' \neq V_2'$. Soit V_2^0 un sous-espace invariant tel que $V_2'' \subset V_2^0 \subset V_2'$ et $V_2^0 \neq V_2'$. Soit p l'application composée

$$S \xrightarrow{q} V_1 \otimes V_2' \longrightarrow V_1 \otimes (V_2'/V_2^0).$$

D'après le lemme I.8, $p(s_w) \neq 0$. Donc $q(s_w) \notin V_1 \otimes V_2^0$ et $V_2^0=V_2''$ d'après la maximalité de V_2''. Donc V_2'/V_2'' est irréductible, ce qui démontre l'existence d'un quotient irréductible. Supposons que ce quotient n'est pas unique. Alors il existe deux représentations X_2, Y_2 de $\tilde{U}_2$, non nulles, et, en posant $Z_2=X_2+Y_2$, une projection

$$p:S \longrightarrow V_1 \otimes Z_2.$$

En particulier, on a des projections

$$p_X:S \longrightarrow V_1 \otimes X_2,\ p_Y:S \longrightarrow V_1 \otimes Y_2,$$

et $\overline{X}_2$, $\overline{Y}_2$ sont non nuls d'après le lemme I.8. On a

$$\overline{V}_1 \otimes \overline{Z}_2 = \overline{V}_1 \otimes \overline{X}_2 + \overline{V}_1 \otimes \overline{Y}_2.$$

Soit P la projection sur le premier facteur. Alors P commute à l'action de $\overline{\mathcal{H}}_2$.

Lemme. Soient E un espace vectoriel complexe, $\mathcal{A}$, $\mathcal{B}$ deux sous-algèbres de End(E), et $e \in E$. Supposons que $\mathcal{A}$ et $\mathcal{B}$ commutent et que $E = \mathcal{A}e = \mathcal{B}e$. Alors $\mathcal{A}$ est le commutant de $\mathcal{B}$ dans End(E), et vice-versa. □

D'après ce lemme et le lemme I.8, il existe $\varphi \in \overline{\mathcal{H}}_1$ tel que $P=\pi_1(\varphi)$. Alors $P(\overline{V}_1 \otimes \overline{Z}_2)=\pi_1(\varphi)(\overline{V}_1)\otimes \overline{Z}_2$ ne peut pas être égal à $\overline{V}_1 \otimes \overline{X}_2$. Contradiction, qui achève la démonstration du théorème. □

I.10. Soient $(\pi_1,V_1),(\pi_2,V_2)$ comme en I.6.

Théorème ([H] th.7.1.b). Si $V_1^{K_1} \neq \{0\}$, alors $V_2^{K_2} \neq \{0\}$.

Dans le raisonnement précédent, on a $L=L_1$, $M=L_2$. L'assertion résulte du lemme I.8. □

I.11. Pour i=1,2, soit $\mathcal{H}(\tilde{U}_i//K_i)$ la sous-algèbre des fonctions de $\mathcal{H}_i$ biinvariantes par K_i. Cette algèbre est commutative. En effet, si U_i est scindé dans $\tilde{S}p(W)$, l'algèbre est isomorphe à l'algèbre correspondante $\mathcal{H}(U_i//K_i)$ pour le groupe U_i lui-même. L'assertion est alors bien connue ([C], corollaire 4.1). Si U_i n'est pas scindé, d'après le chapitre 3, I, W_i est symplectique et l'algèbre est alors isomorphe à $\mathcal{H}(\widehat{Sp}(W_i)//K_i)$, qui est commutative d'après la proposition III du chap.4.

Pour i=1,2, l'algèbre $\mathcal{H}(\tilde{U}_i//K_i)$ agit sur l'espace des invariants $S^{K_1 \times K_2}$. Notons H_i son image dans $\mathrm{End}(S^{K_1 \times K_2})$.

Proposition ([H] th.7.1.c). On a l'égalité $H_1=H_2$.

Démonstration. Soit s_0 la fonction caractéristique de A. Par le théorème I.4, on a l'égalité $S^{K_1}=\omega(\mathcal{X}_2)s_0$, d'où

$$S^{K_1 * K_2}=\omega(\mathcal{X}(\tilde{U}_2//K_2))s_0=H_2 s_0,$$

et de même $S^{K_1 * K_2}=H_1 s_0$. Grâce au lemme I.9, H_1 est le commutant de H_2. Or H_1 et H_2 sont commutatives. D'où l'assertion. □

Cette proposition recouvre des relations classiques (matrices de Eichler-Brandt) interprétant géométriquement (i.e. du côté du groupe orthogonal) les opérateurs de Hecke "modulaires".

II. Réseaux autoduaux.

II.1. Soient F, F' comme en I.1, et maintenant $\varepsilon\in\{\pm 1\}$, W un espace ε-hermitien sur F'. Si (e_i), $i=1,\ldots,n$, est une base de W sur F', on notera (e_i^*), $i=1,\ldots,n$, la base duale définie par $\langle e_i,e_j^*\rangle=\delta_{ij}$.

Notons f, f' les corps résiduels de F, resp. F'. Soit L un réseau de W. On appellera base de L une famille (e_i), $i=1,\ldots,n$, qui est une base de W sur F', et qui engendre L comme $\mathcal{O}'$-module. Si (e_i), $i=1,\ldots,n$, est une base de L, (e_i^*), $i=1,\ldots,n$, est une base de $L^\perp$. Si $e_1,\ldots,e_n\in L$, ils forment une base de L, si et seulement si leurs images dans $L/L\varpi$ forment une base de $L/L\varpi$ comme espace sur f'.

Soit L un réseau autodual de W. Le quotient $\bar{L}=L/L\varpi$, muni de la réduction de $\langle\ ,\ \rangle$, est un espace ε-hermitien (non dégénéré) sur f'. Si $w\in L$, on note $\bar{w}$ son image dans $\bar{L}$.

Proposition. Soient L un réseau autodual de W, $w_1,\ldots,w_r$ des éléments de L, $t_1,\ldots,t_r$ des entiers, et $M=(m_{ij})$ une matrice $r\times r$ à coefficients dans $\mathcal{O}'$.

Supposons:

(1) $\bar{w}_1,\ldots,\bar{w}_r$ sont linéairement indépendants sur f';

(2) $1\leq t_1\leq\ldots\leq t_r$;

(3) pour tous $i,j\in\{1,\ldots,r\}$, $m_{ij}=\varepsilon\tau(m_{ji})$;

(4) pour tous $i,j\in\{1,\ldots,r\}$, avec $i\leq j$, $m_{ij}\equiv\langle w_i,w_j\rangle$ mod $\varpi^{t_i}\mathcal{O}'$.

Alors il existe des éléments $w'_1,\dots,w'_r$ de L tels que

(5) pour tout $i\in\{1,\dots,r\}$, $w'_i-w_i\in L\mathfrak{P}^{t_i}$;

(6) pour tous $i,j\in\{1,\dots,r\}$, $m_{ij}=\langle w'_i,w'_j\rangle$.

Remarque. On peut supposer certains des t_i infinis, en remplaçant les congruences de (4) et (5) par des égalités.

Démonstration. D'après (1), on peut compléter l'ensemble $\{w_1,\dots,w_r\}$ en une base $\{w_1,\dots,w_n\}$ $(n\geqslant r)$ de L. Soit $\{w_1^*,\dots,w_n^*\}$ la base duale, qui est une base de L puisque L est autodual. Pour tout $i=1,\dots,r$, on va construire une suite $(w_i(t))$, $t\geqslant 1$, telle que

(a) $w_i(t)-w_i\in L\mathfrak{P}^{t_i}$;

(b) $w_i(t)-w_i(t-1)\in L\mathfrak{P}^{t-1}$, pour $t\geqslant 2$;

(c) $\langle w_i(t),w_j(t)\rangle\equiv m_{ij} \mod \mathfrak{P}^t\mathcal{O}'$, pour tous $i,j=1,\dots,r$.

On raisonne par récurrence. Pour $t=1$, on pose $w_i(t)=w_i$ pour tout i. Supposons construits les $w_i(t-1)$. On cherche $w_i(t)$ sous la forme

$$w_i(t)=\begin{cases} w_i(t-1)+\displaystyle\sum_{j=i+1}^{r} w_j^*\mathfrak{P}^{t-1}a_{ji}, & \text{si } t>t_i,\\ w_i(t-1), & \text{si } t\leqslant t_i,\end{cases}$$

avec des indéterminées $a_{ji}\in\mathcal{O}'$. Les conditions (a) et (b) sont vérifiées. La condition (c) résulte de (4) si $t\leqslant t_i\leqslant t_j$. Supposons $i\leqslant j$ et $t_i<t$. La condition (c) s'écrit:

$$\langle w_i(t-1),w_j(t-1)\rangle+\varepsilon\mathfrak{P}^{t-1}\tau(a_{ji})\equiv m_{ij} \mod \mathfrak{P}^t\mathcal{O}', \text{ si } i<j,$$

$$\langle w_i(t-1),w_i(t-1)\rangle+\mathfrak{P}^{t-1}(a_{ii}+\varepsilon\tau(a_{ii}))\equiv m_{ii} \mod \mathfrak{P}^t\mathcal{O}', \text{ si } i=j.$$

Posons

$$a_{ji}=\mathfrak{P}^{1-t}(m_{ji}-\langle w_j(t-1),w_i(t-1)\rangle), \text{ si } i<j,$$

$$a_{ii}=(1/2)\mathfrak{P}^{1-t}(m_{ii}-\langle w_i(t-1),w_i(t-1)\rangle).$$

Grâce à l'hypothèse de récurrence, ces éléments sont dans $\mathcal{O}'$. Grâce à (3), ils résolvent les congruences ci-dessus. Cela achève la construction des suites $(w_i(t))$, $t\geqslant 1$. Grâce à (b), la suite $(w_i(t))$ converge vers un élément w'_i de L. Grâce à (a) et (b) ces éléments vérifient (5) et (6). □

II.2. Corollaire. (1) Soient L_1, L_2 deux réseaux autoduaux de W. Alors il existe $u\in U(W)$ tel que $u(L_1)=L_2$. En particulier la classe d'isomorphie de la réduction $\bar{L}$ d'un réseau autodual de W est bien déterminée.

(2) L'application qui à la classe de W associe la classe de la réduction $\bar{L}$ d'un réseau autodual est une bijection entre les classes d'isomorphie d'espaces ε-hermitiens sur F' possédant un réseau autodual, et les classes d'isomorphie d'espaces ε-hermitiens sur f'.

Démonstration. Fixons la dimension n des espaces en question. On peut identifier une classe d'isomorphie d'espaces ε-hermitiens sur F', resp. f', de dimension n, à une matrice $n\times n$ $M=(m_{ij})$, à coefficients dans F', resp. f', telle que (entre autres) $m_{ij}=\varepsilon\tau(m_{ji})$. La classification du chap.1,I.11, met en évidence une bijection entre les classes décrites à la remarque (2) du I.1 et les classes d'isomorphie d'espaces ε-hermitiens sur f'. Plus précisément on peut trouver des matrices $M_1,\dots,M_k$ représentant les classes d'espaces décrites à la remarque (2) du I.1 (et de dimension n), à coefficients dans $\mathcal{O}'$, et telles que leurs réductions $\bar{M}_1,\dots,\bar{M}_k$ représentent les classes d'isomorphie d'espaces ε-hermitiens sur f'. Soient alors W un espace ε-hermitien sur F' et L un réseau autodual de W. Soit $i\in\{1,\dots,k\}$ tel que $\bar{M}_i$ représente $\bar{L}$. Il existe $w_1,\dots,w_n\in L$ tels que $\bar{w}_1,\dots,\bar{w}_n$ soit une base de L, et que $\bar{M}_i$ soit la matrice de la forme réduite dans cette base. Appliquons la proposition à ces éléments $w_1,\dots,w_n$, à la matrice M_i, et à $t_1=\dots=t_n=1$. Alors L possède une base telle que M_i soit la matrice de la forme ε-hermitienne dans cette base. Alors M_i représente la classe de W, et i est donc bien déterminé. Si L_1 et L_2 sont deux réseaux autoduaux, ils possèdent chacun une base dans laquelle la forme a pour matrice la même matrice M_i. L'application u envoyant une base sur l'autre est un élément de U(W). D'où (1). L'application du (2) s'identifie à $M_i\longmapsto\bar{M}_i$ qui est bijective. □

Remarque. La démonstration démontre la validité de la remarque (2) de I.1.

II.3. *Corollaire. Soient* L *un réseau autodual de* W, $w_1,\dots,w_r$ *des éléments de* L, t *un entier* $\geqslant 1$. *Supposons:*

(1) $\bar{w}_1,\dots,\bar{w}_r$ *sont linéairement indépendants sur* f';

(2) *pour tous* $i,j\in\{1,\dots,r\}$, $\langle w_i,w_j\rangle\equiv 0$ *mod* $\mathfrak{P}^t\mathfrak{O}'$.

Alors il existe des éléments $w'_1,\dots,w'_r$ *de* L, *des sous-espaces* X, Y, W^0 *de* W, *tels que:*

(3) $w'_1,\dots,w'_r$ *est une base de* X *sur* F';

(4) X, Y *sont totalement isotropes*, X+Y *est orthogonal à* W^0 *et* $W=X\oplus W^0\oplus Y$;

(5) $L=L\cap X\oplus L\cap W^0\oplus L\cap Y$;

(6) *pour tout* $i=1,\dots,r$, $w'_i-w_i\in L\mathfrak{P}^t$.

Démonstration. D'après les théorèmes de structure pour les espaces sur f', on peut trouver des éléments $w_{r+1},\dots,w_n$ de L tels que $w_1,\dots,w_n$ soit une base de L et, si on note $\bar{X}$, resp. $\bar{W}^0$, resp. $\bar{Y}$, l'espace sur f' engendré par $\bar{w}_1,\dots,\bar{w}_r$, resp. $\bar{w}_{r+1},\dots,\bar{w}_{n-r}$, resp. $\bar{w}_{n-r+1},\dots,\bar{w}_n$, on ait: $\bar{X}$ et $\bar{Y}$ sont totalement isotropes, $\bar{X}+\bar{Y}$ est orthogonal à $\bar{W}^0$, et $\bar{L}=\bar{X}+\bar{W}^0+\bar{Y}$. Définissons une matrice $n\times n$ $M=(m_{ij})$ par:

$m_{ij}=m_{ji}=0$ si $i\leqslant r$, $j\leqslant n-r$, ou si $i\geqslant n-r+1$, $j\geqslant r+1$,

$m_{ij}=\langle w_i,w_j\rangle$, si $i\leqslant r$, $j\geqslant n-r+1$, ou si $i\geqslant n-r+1$, $j\leqslant r$, ou si $r+1\leqslant i\leqslant n-r$, $r+1\leqslant j\leqslant n-r$.

On prend $t_1=\dots=t_r=t$, $t_{r+1}=\dots=t_n=1$. Il est clair que la proposition II.1 a une analogue où la condition (2) est remplacée par $t_1\geqslant\dots\geqslant t_r\geqslant 1$, et $i\geqslant j$ remplace $i\leqslant j$ dans (4). On peut appliquer cette analogue: on obtient des éléments $w'_1,\dots,w'_n$. Soient X, resp. W^0, resp. Y l'espace engendré sur F' par $w'_1,\dots,w'_r$, resp. $w'_{r+1},\dots,w'_{n-r}$, resp. $w'_{n-r+1},\dots,w'_n$. Les conditions (3) à (6) sont vérifiées. □

II.4. *Corollaire. Supposons* W *symplectique. Soit* L *un réseau de* W. *Alors* L *est autodual si et seulement si* L *possède une base hyperbolique*.

Démonstration. Si L possède une telle base, on vérifie immédiatement que L est autodual. Si L est autodual, la proposition permet de relever une base hyperbolique de $\overline{L}$. □

II.5. Corollaire. Soient L un réseau autodual de W, $w_1,\ldots,w_r$ et $w'_1,\ldots,w'_r$ des éléments de L. Supposons:

(1) $\overline{w}_1,\ldots,\overline{w}_r$ sont linéairement indépendants sur f';

(2) $\overline{w}'_1,\ldots,\overline{w}'_r$ sont linéairement indépendants sur f';

(3) pour tous $i,j\in\{1,\ldots,r\}$, $\langle w_i,w_j\rangle=\langle w'_i,w'_j\rangle$.

Alors il existe $u\in U(W)$ tel que $u(L)=L$, et $u(w_i)=w'_i$ pour tout $i\in\{1,\ldots,r\}$.

Démonstration. En appliquant le théorème de Witt dans $\overline{L}$, on peut compléter les ensembles $\{w_1,\ldots,w_r\}$ et $\{w'_1,\ldots,w'_r\}$ en des bases $\{w_1,\ldots,w_n\}$ et $\{w'_1,\ldots,w'_n\}$ de L, telles que $\langle w_i,w_j\rangle\equiv\langle w'_i,w'_j\rangle \bmod \omega\mathcal{O}'$ pour tous $i,j\in\{1,\ldots,n\}$. On pose $t_1=\ldots=t_r=\infty$, $t_{r+1}=\ldots=t_n=1$, $m_{ij}=\langle w'_i,w'_j\rangle$ pour tous $i,j\in\{1,\ldots,n\}$. Appliquons la proposition II.1, plus exactement son analogue obtenu en inversant les relations d'ordre. Alors il existe des éléments $w''_1,\ldots,w''_n$ de L tels que $w''_i=w_i$ si $i\in\{1,\ldots,r\}$, $w''_i-w_i\in L\omega$ si $i\in\{r+1,\ldots,n\}$,

$$\langle w''_i,w''_j\rangle=m_{ij}=\langle w'_i,w'_j\rangle$$

pour tous $i,j\in\{1,\ldots,n\}$. Les deux premières conditions montrent que ces éléments forment une base de L. Alors l'élément $u\in End_{F'}(W)$ défini par $u(w''_i)=w'_i$ pour tout $i\in\{1,\ldots,n\}$ vérifie $u(L)=L$. Les conditions ci-dessus impliquent $u\in U(W)$ et $u(w_i)=w'_i$ pour tout $i\in\{1,\ldots,r\}$. □

II.6. Soit L un réseau pas nécessairement autodual de W, mais tel que $\langle w_1,w_2\rangle\in\mathcal{O}'$ pour tous w_1, $w_2\in L$. Alors $\overline{L}=L/L\omega$ est muni de la réduction de la forme < , >, à valeurs dans f', qui est dégénérée si L n'est pas autodual.

Lemme. Sous ces hypothèses, soient $w_1,\ldots,w_r\in L$ des vecteurs linéairement indépendants dont les réductions engendrent un sous-espace non dégénéré de $\overline{L}$, soient W' l'espace sur F' engendré par $w_1,\ldots,w_r$, et W" son orthogonal. Les espaces W' et W" sont non dégénérés et on a l'égalité $L=L\cap W'\oplus L\cap W''$.

Démonstration. Il est clair que W' et W" sont non dégénérés et que $L\cap W'$ est un réseau de base $w_1,\ldots,w_r$. On a l'égalité $W=W'\oplus W''$, donc si $w\in L$, il existe

$w'\in W'$, $w''\in W''$ tels que $w=w'+w''$. Soit i le plus petit entier $\geqslant 0$ tel que $w'\varpi^i \in L\cap W'$. Supposons $i>0$. Alors la réduction $\overline{w'\varpi^i}$ est non nulle, appartient à l'espace engendré par $\overline{w}_1,\ldots,\overline{w}_r$. Comme cet espace est non dégénéré, il existe $j\in\{1,\ldots,r\}$ tel que $<\overline{w'\varpi^i},\overline{w}_j>\neq 0$ dans f', i.e. $<w'\varpi^i,w_j>\notin\varpi\mathcal{O}'$. Alors $<w',w_j>\notin\mathcal{O}'$. Or $<w'',w_j>=0$, d'où $<w',w_j>=<w,w_j>$, et $<w,w_j>\in\mathcal{O}'$ par hypothèse sur L. Contradiction. Donc $i=0$ et $w'\in L\ W'$. Alors $w''=w-w'\in L\cap W''$. □

II.7. Dans l'énoncé suivant, on pose $\overline{L}_1=L_1/L_1\varpi$, et pour $w\in L_1$, on note $\overline{w}$ l'image de w dans $\overline{L}_1$.

Lemme. *Soient* L_1 *un réseau autodual de* W, L *un réseau tel que* $L\subset L_1$. *Il existe une base* $e_1,\ldots,e_n$ *de* L_1, *des entiers* s,r *tels que* $0\leqslant s\leqslant r\leqslant n$, *et pour tout* $i\in\{r+1,\ldots,n\}$, *un entier* $t_i\geqslant 1$, *tels que:*

(1) $e_1,\ldots,e_r$, $e_{r+1}\varpi^{t_{r+1}},\ldots,e_n\varpi^{t_n}$, *est une base de* L;

(2) *l'espace engendré dans* $\overline{L}_1$ *par* $\overline{e}_1,\ldots,\overline{e}_s$ *est non dégénéré, orthogonal à* $\overline{e}_i$ *pour tout* $i>s$;

(3) *l'espace engendré dans* $\overline{L}_1$ *par* $\overline{e}_{s+1},\ldots,\overline{e}_r$ *est isotrope;*

(4) *l'espace engendré dans* $\overline{L}_1$ *par* $\overline{e^*_{s+1}},\ldots,\overline{e^*_r}$ *est isotrope.*

Démonstration. Soient M l'image de L dans $\overline{L}_1$, et M^0 un sous-espace non dégénéré maximal de M. Soient $e_1,\ldots,e_s\in L_1$ dont les réductions forment une base de M^0, W^0 l'espace engendré par $e_1,\ldots,e_s$. Grâce au lemme II.6, on a les égalités

$$L=L\cap W^0\oplus L\cap W^{0\perp},\quad L_1=L_1\cap W^0\oplus L_1\cap W^{0\perp}.$$

En remplaçant W par $W^{0\perp}$, L par $L\cap W^{0\perp}$, L_1 par $L_1\cap W^{0\perp}$, on est ramené au cas où M est totalement isotrope, ce qu'on suppose désormais. D'après le théorème des diviseurs élémentaires, on peut choisir une base $e'_1,\ldots,e'_n$ de L_1, un entier r et, pour tout $i\in\{r+1,\ldots,n\}$, un entier $t_i\geqslant 1$, tels que $e'_1,\ldots,e'_r$, $e'_{r+1}\varpi^{t_{r+1}},\ldots,e'_n\varpi^{t_n}$, soit une base de L. Modifions cette base de la façon suivante. Pour $j\in\{1,\ldots,n\}$, posons

$$e_j=e'_j,\ \text{si } j\leqslant r,$$
$$e_j=e'_j+\sum_{i=1}^{r} e'_i a_{ij},\ \text{si } j>r,$$

avec des $a_{ij}\in\mathcal{O}'$ pour $i\in\{1,\dots,r\}$, $j\in\{r+1,\dots,n\}$, à déterminer. Cette base vérifie encore (1). Elle vérifie (3) car l'espace engendré par $\bar{e}_1,\dots,\bar{e}_r$ est égal à M qui est isotrope par hypothèse. Reste à vérifier (4). On calcule la base duale:

$$e_j^*=e_j'^*-\sum_{k=r+1}^{n} e_k'^*\tau(a_{jk}),\ \text{si } j\leq r,$$

$$e_j^*=e_j'^*,\ \text{si } j>r.$$

Soit $i\in\{1,\dots,r\}$. Comme $<\bar{e}_i',\bar{e}_j'>=0$ pour tout $j\in\{1,\dots,r\}$, $\bar{e}_i'$ appartient à l'espace engendré par $\overline{e_{r+1}'^*},\dots,\overline{e_n'^*}$. Pour $i,j\in\{1,\dots,r\}$, soit $b_{ij}\in\mathcal{O}'$. On peut donc trouver des $a_{kj}\in\mathcal{O}'$ tels que

$$-\sum_{k=r+1}^{n} e_k'^*\tau(a_{jk}) \equiv \sum_{i=1}^{r} e_i'b_{ij} \bmod L_1\varpi,$$

pour tout $j\in\{1,\dots,r\}$. On est ramené à chercher des b_{ij} tels que le réseau engendré par les vecteurs $e_j'^*+\sum_{i=1}^{r} e_i'b_{ij}$, pour $j\in\{1,\dots,r\}$, soit de réduction isotrope. Il suffit de poser $b_{ij}=-<e_i'^*,e_j'^*>/2$ pour assurer cette condition.□

II.8. On conserve la situation du lemme précédent. On fixe une base $e_1,\dots,e_n$ vérifiant les conditions de ce lemme. Notons R, resp. R*, le $\mathcal{O}'$-module engendré par $e_1,\dots,e_r$, resp. $e_1^*,\dots,e_r^*$. Posons

$$J=\{u\in U(W);\ (u-1)L^{\perp}\subset L\}$$

(cf. I.2).

<u>Lemme</u>. <u>Soient</u> X <u>un</u> $\mathcal{O}'$-<u>module libre de rang fini</u>, $f,\ g\in \mathrm{Hom}_{\mathcal{O}'}(X,L_1)$. <u>Supposons vérifiées les hypothèses suivantes:</u>

(1) $f(X)\subset R^*+L_1\varpi$;

(2) $g(X)\subset R+L_1\varpi$;

(3) <u>pour tous</u> $x_1,x_2\in X$,

$$<(f+g)(x_1),(f+g)(x_2)>\equiv<f(x_1),f(x_2)> \ \underline{\bmod}\ \varpi\mathcal{O}';$$

(4) <u>pour tout</u> $x\in X-X\varpi$, <u>il existe</u> $i,j\in\{1,\dots,r\}$ <u>tel que</u>

$$<(f+g)(x),e_i>\in\varpi\mathcal{O}',\ <f(x),e_j>\notin\varpi\mathcal{O}'.$$

<u>Alors il existe</u> $h\in\mathrm{Hom}_{\mathcal{O}'}(X,L_1)$ <u>et</u> $u\in J$ <u>tels que</u>

$$f+g+\varpi h=u\circ f.$$

Démonstration. Dans cette démonstration, pour tout $\mathcal{O}'$-module $Y\subset L_1$, on note

$\overline{Y}$ l'image de Y dans $\overline{L}_1$. On note S, resp. T, resp. T* le $\mathfrak{o}'$-module engendré par $e_1,\ldots,e_s$, resp. $e_{s+1},\ldots,e_r$, resp. $e^*_{s+1},\ldots,e^*_r$. Remarquons que $\overline{e}_1,\ldots,\overline{e}_s$ et $\overline{e^*_1},\ldots,\overline{e^*_s}$ sont deux bases de $\overline{S}$. D'après (1), $\overline{f(X)}\subset\overline{R^*}$. On peut modifier la base $e_1,\ldots,e_n$, sans en changer les propriétés, et trouver deux entiers σ, ρ, avec $0\leqslant\sigma\leqslant s\leqslant\rho\leqslant r$, tels que $\overline{e^*_1},\ldots,\overline{e^*_\sigma}$ soit une base de $\overline{f(X)}\cap\overline{S}$, et $\overline{e^*_{s+1}},\ldots,\overline{e^*_\rho}$ soit une base de l'image de $\overline{f(X)}$ par la projection de $\overline{R^*}$ sur $\overline{T^*}$ parallèlement à $\overline{S}$. D'après (4), f est injective, on a $\sigma+\rho-s=\nu$, où ν est le rang de X, et on peut trouver une base $\chi_1,\ldots,\chi_\nu$ de X, et pour tout $i\in\{s+1,\ldots,\rho\}$, un élément $y_i\in S$, tels que

$\overline{f(\chi_i)}=\overline{e^*_i}$, pour tout $i=1,\ldots,\sigma$,

$\overline{f(\chi_i)}=\overline{e^*_{s-\sigma+i}}+\overline{y}_{s-\sigma+i}$, pour tout $i=\sigma+1,\ldots,\nu$.

(a) Montrons que pour tout $i\in\{1,\ldots,r\}$, on peut trouver $z_i\in R$ tel que l'application linéaire

$$v:\overline{R^*}\longrightarrow\overline{L}_1$$

définie par $v(\overline{e^*_i})=\overline{z}_i$ pour tout $i=1,\ldots,r$ soit telle que:

$id_{\overline{R^*}}+v$ préserve les produits scalaires,

$v(\overline{f(\chi_i)})=\overline{g(\chi_i)}$ pour tous $i=1,\ldots,\nu$.

Ces conditions sont équivalentes à:

(i) pour tout $i=1,\ldots,\sigma$, $\overline{z}_i=\overline{g(\chi_i)}$;

(ii) pour tout $i=s+1,\ldots,\rho$, $\overline{z}_i+v(\overline{y}_i)=\overline{g(\chi_{i+\sigma-s})}$;

(iii) pour tous $i,j=1,\ldots,r$,

$$\langle\overline{e^*_i},\overline{e^*_j}\rangle=\langle\overline{e^*_i}+\overline{z}_i,\overline{e^*_j}+\overline{z}_j\rangle.$$

On a $R=S\oplus T$, resp. $\overline{R}=\overline{S}\oplus\overline{T}$. Si $w\in R$, resp. $\overline{w}\in\overline{R}$, notons w', w'', resp. $\overline{w}'$, $\overline{w}''$, ses composantes sur S,T, resp. $\overline{S},\overline{T}$. Les propriétés de la base $e_1,\ldots,e_n$ rendent (iii) équivalente aux conditions suivantes:

(iv) pour tous $i,j=1,\ldots,s$,

$$\langle\overline{e^*_i},\overline{e^*_j}\rangle=\langle\overline{e^*_i}+\overline{z}'_i,\overline{e^*_j}+\overline{z}'_j\rangle;$$

(v) pour tous $i=1,\ldots,s$, $j=s+1,\ldots,r$,

$$\langle\overline{e^*_i},\overline{z}'_j\rangle+\langle\overline{z}''_i,\overline{e^*_j}\rangle+\langle\overline{z}'_i,\overline{z}'_j\rangle=0;$$

(vi) pour tous $i,j=s+1,\dots,r$,

$$<\overline{e}_i^*,\overline{z}_j''>+<\overline{z}_i'',\overline{e}_j^*>+<\overline{z}_i',\overline{z}_j'>=0.$$

Pour $i=1,\dots,\sigma$, on définit $\overline{z}_i$ par la relation (i). D'après (3), la relation (iii) est vérifiée pour $i,j\leqslant\sigma$. D'après (4), les vecteurs $\overline{e}_i^*+\overline{z}_i'$, pour $i\leqslant\sigma$, sont linéairement indépendants. L'application linéaire qui à $\overline{e}_i^*$ associe $\overline{e}_i^*+\overline{z}_i'$, pour $i\leqslant\sigma$, est une injection isométrique d'un sous-espace de $\overline{S}$ dans $\overline{S}$. Comme $\overline{S}$ est non dégénéré, le théorème de Witt nous permet de la prolonger en un automorphisme isométrique de $\overline{S}$ que nous noterons $id_{\overline{S}}+v'$. Pour $i=\sigma+1,\dots,s$, posons $\overline{z}_i'=v'(\overline{e}_i^*)$. La relation (iv) est maintenant vérifiée. Pour $i=s+1,\dots,\rho$, posons

$$\overline{z}_i'=-v'(\overline{y}_i)+\overline{g(\chi_{i+\sigma-s})}'.$$

Pour $i=\rho+1,\dots,r$, choisissons $\overline{z}_i'$ tel que

(vii) $<\overline{e}_j^*+\overline{z}_j',\overline{z}_i'>=-<\overline{g(\chi_j)}'',\overline{e}_i^*>$,

pour tout $j=1,\dots,\sigma$. C'est possible puisque les vecteurs $\overline{e}_j^*+\overline{z}_j'$ sont linéairement indépendants et que l'espace $\overline{S}$ est non dégénéré. La relation (v) est satisfaite pour $i=1,\dots,\sigma$: si $j=s+1,\dots,\rho$, elle résulte de (3), si $j=\rho+1,\dots,r$, elle résulte de (vii). Pour $i=\sigma+1,\dots,s$, on choisit $\overline{z}_i''$ tel que (v) soit vérifiée. Maintenant $\overline{z}_i$ est défini pour $i=1,\dots,s$, et v est défini sur $\overline{S}$. Pour $i=s+1,\dots,\rho$, posons

$$\overline{z}_i''=-v(\overline{y}_i)''+\overline{g(\chi_{i+\sigma-s})}''.$$

Alors (i) est satisfaite. Grâce à (3), (vi) est satisfaite pour $i,j=s+1,\dots,\rho$. Pour $i=\rho+1,\dots,r$, posons

$$\overline{z}_i''=\sum_{k=s+1}^{\rho}\overline{e}_k(-\varepsilon<\overline{z}_k',\overline{z}_i'>-\varepsilon<\overline{z}_k'',\overline{e}_i^*>)+\sum_{k=\rho+1}^{r}\overline{e}_k(-\varepsilon<\overline{z}_k',\overline{z}_i'>/2)$$

On vérifie aisément que (vi) est maintenant complètement satisfaite.

<u>Remarque</u>. Les vecteurs $\overline{e}_i^*+\overline{z}_i$, pour $i=1,\dots,r$, sont linéairement indépendants. En effet considérons une combinaison linéaire

$$\sum_{i=1}^{r}(\overline{e}_i^*+\overline{z}_i)a_i=0,$$

avec des $a_i\in f'$. Prenons le produit scalaire avec $\overline{e}_j$ pour $j\in\{s+1,\dots,r\}$. Comme $\overline{z}_i\in\overline{R}$, on a $<\overline{e}_j,\overline{z}_i>=0$ pour tout i, et on obtient $a_j=0$. Prenons le produit scalaire avec $\overline{e}_j^*+\overline{z}_j$ pour $j\in\{1,\dots,s\}$. D'après la propriété (iii), on obtient

$$\sum_{i=1}^{s} \langle \overline{e_j^*}, \overline{e_i^*} \rangle a_i = 0$$

Comme $\overline{S}$ est non dégénéré, cette relation pour tout $j \in \{1,\dots,s\}$ implique $a_i = 0$ pour tout i.

(b) Montrons que pour tout $i=1,\dots,r$ on peut trouver $e_i^0 \in R^*$, $z_i^0 \in R$, tels que

(viii) $\overline{e_i^0} = \overline{e_i^*}$, $\overline{z_i^0} = \overline{z_i}$,

(ix) l'application linéaire $u^0 : R^* \longrightarrow L_1$ définie par

$$u^0(e_i^0) = e_i^0 + z_i^0, \text{ pour tout } i,$$

préserve les produits scalaires.

<u>Remarque</u>. (viii) implique que $e_1^0,\dots,e_r^0$ est une base de R^*.

Pour $i=1,\dots,r$, on définit des suites $e_i^0(m)$, $z_i^0(m)$, $m \geq 1$, avec $e_i^0(m) \in R^*$, $z_i^0(m) \in R$, vérifiant:

$(\text{viii})_m$ $\overline{e_i^0}(m) = \overline{e_i^*}$, $\overline{z_i^0}(m) = \overline{z_i}$;

$(\text{ix})_m$ $\langle e_i^0(m) + z_i^0(m), e_j^0(m) + z_j^0(m) \rangle \equiv \langle e_i^0(m), e_j^0(m) \rangle \bmod \varpi^m \mathcal{O}'$, pour tous $i,j=1,\dots,r$;

$(\text{x})_m$ si $m \geq 2$, $e_i^0(m) \equiv e_i^0(m-1) \bmod L_1 \varpi^{m-1}$, $z_i^0(m) \equiv z_i^0(m-1) \bmod L_1 \varpi^{m-1}$.

Pour $m=1$, il suffit de poser $e_i^0(1) = e_i^*$, $z_i^0(1) = z_i$. Pour $m>1$, supposons définis $e_i^0(m-1)$ et $z_i^0(m-1)$, cherchons $e_i^0(m)$ et $z_i^0(m)$ sous la forme

$$e_i^0(m) = e_i^0(m-1) + E_i \varpi^{m-1},$$
$$z_i^0(m) = z_i^0(m-1) + Z_i \varpi^{m-1},$$

avec $E_i \in T^*$, $Z_i \in R$. La relation imposée $(\text{ix})_m$ s'écrit:

$$\langle E_i + Z_i, e_j^* + z_j \rangle + \langle e_i^* + z_i, E_j + Z_j \rangle \equiv \varpi^{1-m} [\langle e_i^0(m-1), e_j^0(m-1) \rangle -$$
$$\langle e_i^0(m-1) + z_i^0(m-1), e_j^0(m-1) + z_j^0(m-1) \rangle] \bmod \varpi \mathcal{O}'.$$

Les vecteurs $\overline{e_i^*} + \overline{z_i}$, $i=1,\dots,r$ sont linéairement indépendants et l'espace $\overline{T^*} + \overline{R}$ $(= \overline{R} + \overline{R^*})$ est non dégénéré. Il est alors facile de résoudre le système ci-dessus.

Les suites $e_i^0(m)$, $z_i^0(m)$, $m \geq 1$, convergent. On pose $e_i^0 = \lim e_i^0(m)$, $z_i^0 = \lim z_i^0(m)$.

(c) Soit $u \in \mathrm{End}_{F'}(W)$ l'élément défini par

$$u(e_i^0) = u^0(e_i^0) = e_i^0 + z_i^0, \text{ pour } i=1,\dots,r,$$
$$u(e_i^*) = e_i^*, \text{ pour } i=r+1,\dots,n.$$

C'est une isométrie: cela résulte de (ix) et du fait que $<z_i^0, e_j^*>=0$ pour $i=1,\dots,r$, $j=r+1,\dots,n$, car $z_i^0 \in R$. Donc $u \in U(W)$. Le réseau $L^\perp$ a pour base $e_1^0, \dots, e_r^0, e_{r+1}^* \varpi^{-t_{r+1}}, \dots, e_n^* \varpi^{-t_n}$. Comme $z_i^0 \in L$ pour tout $i=1,\dots,r$, on a $(u-1)(L^\perp) \subset L$, i.e. $u \in J$. D'après (viii) la réduction de la restriction de $u-1$ à R^* est égale à l'application v du (a). On a donc

$$u \circ f(\chi_i) \equiv (f+g)(\chi_i) \mod L_1 \varpi,$$

pour tout $i=1,\dots,\nu$. Alors $u \circ f-(f+g)$ est de la forme ϖh, pour un $h \in \mathrm{Hom}_{\mathfrak{o}'}(X, L_1)$. □

III. Les démonstrations.

III.1. Reprenons la situation du I.1 à 4. On identifie W à $\mathrm{Hom}_{F'}(W_1, W_2)$. Quitte à la multiplier par ε_2, on suppose la forme symplectique donnée par

$$<w,w'> = \mathrm{tr}_{F'/F} \circ \mathrm{tr}_{W_1/F'}(w^* \circ w').$$

Le réseau L étant donné, on pose pour simplifier

$$J=J_1(L),\ H=H_1(L),\ B=B(L).$$

Pour $w \in W$, posons

$$s[w] = \int_J \omega(u) s_w \, du.$$

Si $s[w] \neq 0$, c'est à une constante près l'unique fonction de S^J à support dans l'ensemble

$$C(w) = \bigcup_{u \in J} (A+w) \circ u.$$

Réciproquement si une telle fonction existe, $s[w]$ est non nulle. Les fonctions $s[w]$, pour $w \in W$, engendrent l'espace S^J. On va traduire concrètement la condition $s[w] \neq 0$. Pour cela, on a besoin d'introduire des éléments particuliers du groupe U_1.

III.2. Pour tout espace vectoriel W' sur F', tout réseau M de W', et tout $w' \in W'$, notons $\mathrm{ord}_M(w')$ le plus grand entier $m \in \mathbb{Z}$ tel que $w' \in M\varpi^m$.

Soient $x, y \in W_1$, $e_{x,y} \in \mathrm{End}_{F'}(W_1)$ l'élément défini par

$$e_{x,y}(w_1) = x<y,w_1>_1 - \varepsilon_1 y<x,w_1>_1.$$

Supposons:

(i) $\mathrm{ord}_{L_1}(x) + \mathrm{ord}_{L_1}(y) \geq 1$.

Alors $e_{x,y}(L_1)\subset L_1\mathfrak{P}$, et $1+e_{x,y}$ est inversible. Posons

$$u_{x,y}=(1-e_{x,y})(1+e_{x,y})^{-1}.$$

On vérifie que $u_{x,y}\in U_1$. Considérons les conditions supplémentaires:

(ii) $\mathrm{ord}_L(x)+\mathrm{ord}_L(y)\geqslant 0$;

(iii) $\mathrm{ord}_L(x)+\mathrm{ord}_{L_1}(y)\geqslant 0$, et $\mathrm{ord}_{L_1}(x)+\mathrm{ord}_L(y)\geqslant 0$;

et pour $w\in W$:

(iv) $\mathrm{ord}_{L_1}(x)+\mathrm{ord}_{L_2}(wy)\geqslant 0$, et $\mathrm{ord}_{L_2}(wx)+\mathrm{ord}_{L_1}(y)\geqslant 0$.

On vérifie que (ii) implique $u_{x,y}\in J$, (iii) implique $u_{x,y}\in H$, (iv) implique $w\circ u_{x,y}\in A+w$.

III.3. Soit $w\in W$. On a $s[w]\neq 0$ si et seulement si on a l'égalité $\omega(u)s_w=s_w$ pour tout $u\in J$ tel que $w\circ u^{-1}\in A+w$. Comme au lemme I.3, l'égalité $\omega(u)s_w=s_w$ équivaut à $\psi(\langle w,w\circ u\rangle/2)=1$. Supposons $s[w]\neq 0$, et soient x, $y\in W_1$ vérifiant les conditions (i), (ii) et (iv) de III.2. Alors $\psi(\langle w,w\circ u_{x,y}\rangle/2)=1$. On calcule:

$$\langle w,w\circ u_{x,y}\rangle=-4\,\mathrm{tr}_{F'/F}(\langle w'y,w'x\rangle_2),$$

où $w'=w\circ(1+e_{x,y})^{-1}$, puis

$$\langle w,w\circ u_{x,y}\rangle\equiv -4\ \mathrm{tr}_{F'/F}(\langle wy,wx\rangle_2) \bmod \mathfrak{O}.$$

Si $a\in\mathfrak{O}'$, on peut remplacer (x,y) par (xa,y). On a donc

$$\psi(-2\ \mathrm{tr}_{F'/F}(\langle wy,wx\rangle_2 a))=1$$

pour tout $a\in\mathfrak{O}'$, d'où

(A) $$\langle wx,wy\rangle_2\in\mathfrak{O}'^{\perp}.$$

III.4. On peut maintenant commencer la démonstration du théorème I.4. Pour $t\in\mathbb{N}$, soit S_t le sous-espace des $s\in S$ de support dans l'ensemble des $w\in W$ tels que $w(L_1\mathfrak{P}\cap L)\subset L_2\mathfrak{P}^{-t}$. L'espace S_t est stable par la restriction de ω à J.

<u>$1^{\text{ère}}$ étape.</u> <u>On a l'inclusion</u> $S^J\subset\omega(\mathcal{X}_2)S_0^J$.

Démonstration. Comme $S=\bigcup_{t\geqslant 0}S_t$, on a $S^J=\bigcup_{t\geqslant 0}S_t^J$ et il suffit de montrer que pour tout $t\geqslant 1$, $S_t^J\subset\omega(\mathcal{X}_2)S_{t-1}^J$. Soient $t\geqslant 1$, $w\in W$ tel que $s[w]\neq 0$, et $w(L_1\mathfrak{P}\cap L)\subset L_2\mathfrak{P}^{-t}$. On va montrer qu'il existe $u\in U_2$ tel que $\omega(u)s[w]\in S_{t-1}$. Soient $x,y\in L_1\mathfrak{P}\cap L$. Le couple $(x\mathfrak{P}^{t-1},y)$ vérifie les conditions (i), (ii), (iv) de

III.2. D'après III.3,(A), on a donc $<wx\varpi^{t-1},wy>_2\in\mathcal{O}'$, d'où

(B) $\quad <wx\varpi^t,wy\varpi^t>_2\in\varpi^{t+1}\mathcal{O}'\subset\varpi^2\mathcal{O}'.$

Notons $\bar{L}_2=L_2/L_2\varpi$, $\bar{X}$ l'image de $w(L_1\varpi\cap L)\varpi^t$ dans $\bar{L}_2$, soient $x_1,\dots,x_r$ des éléments de $L_1\varpi\cap L$ tels que les réductions de $wx_i\varpi^t$ forment une base de $\bar{X}$. Appliquons le corollaire II.3. Il existe des éléments $e_1,\dots,e_r$ de L_2, des sous-espaces X, Y, W_2^0 de W_2, tels que $e_1,\dots,e_r$ soit une base de X, X, Y soient totalement isotropes, X+Y soit orthogonal à W_2^0, $W_2=X\oplus W_2^0\oplus Y$, $L_2=L_X\oplus L_2^0\oplus L_Y$, où $L_X=L_2\cap X$, $L_Y=L_2\cap Y$, $L_2^0=L_2\cap W_2^0$, et enfin $e_i\equiv wx_i\varpi^t$ mod $L_2\varpi^2$.
Soit $x\in L_1\varpi\cap L$, posons

$$wx\varpi^t=y_X+y^0+y_Y,$$

avec $y_X\in L_X$, $y^0\in L_2^0$, $y_Y\in L_Y$. Comme la réduction de $wx\varpi^t$ appartient à $\bar{X}$, qui est la réduction de L_X, les réductions de y^0 et y_Y sont nulles, et en particulier $y^0\in L_2^0\varpi$. Pour $i\in\{1,\dots,r\}$, on a

$$\begin{aligned}<e_i,y_Y>_2&=<e_i,wx\varpi^t>_2\\&\equiv<wx_i\varpi^t,wx\varpi^t>_2 \bmod \varpi^2\\&\equiv 0 \bmod \varpi^2,\end{aligned}$$

d'après la définition des e_i et (B). Comme les e_i forment une base de L_X, et que $L_Y\simeq\mathrm{Hom}_{\mathcal{O}'}(L_X,\mathcal{O}')$, on obtient $y_Y\in L_Y\varpi^2$. D'où

(C) $\quad w(L_1\varpi\cap L)\varpi^t\subset L_X\oplus L_2^0\varpi\oplus L_Y\varpi^2.$

Cette relation reste vraie pour tout $w'\in C(w)$ (cela serait faux si on travaillait avec L au lieu de $L_1\varpi\cap L$). Posons

$$u=\varpi\,\mathrm{id}_X\oplus\mathrm{id}_{W_2^0}\oplus\varpi^{-1}\mathrm{id}_Y.$$

C'est un élément de U_2. Posons $s=\omega(u)s[w]$, et soit $w'\in W$ tel que $s(w')\neq 0$. Alors il existe $a\in A$, $w''\in C(w)$ tels que $u^{-1}\circ(a+w')=w''$. Alors

$$\begin{aligned}w'(L_1\varpi\cap L)\varpi^t&\subset u\circ w''(L_1\varpi\cap L)\varpi^t+L_2\varpi^{t+1},\\&\subset L_2\varpi,\end{aligned}$$

d'après (C). Donc $w'(L_1\varpi\cap L)\subset L_2\varpi^{1-t}$, et $s\in S_{t-1}$.

III.5. On est ramené à démontrer l'inclusion $S_0^J\subset\omega(\mathcal{K}_2)S_L$.
<u>Remarque</u>: cette inclusion est triviale si $L\subset L_1\varpi$.

Fixons une base $e_1,\dots,e_n$ de L_1 vérifiant les conditions du lemme II.7 relativement au réseau L. Soit $w\in W$ tel que $s[w]\neq 0$ et $w(L_1\mathfrak{P}\cap L)\subset L_2$. Si $x\in L$ et $y\in L_1\mathfrak{P}\cap L$, le couple (x,y) vérifie les conditions (i), (ii), (iv) de III.2, donc

(D) $\quad \langle wx,wy\rangle_2\in\mathcal{O}'$ pour tous $x\in L$, $y\in L_1\mathfrak{P}\cap L$.

En particulier si $x,y\in L$, on peut appliquer la relation (D) au couple $(x,y\mathfrak{P})$. D'où $\langle wx\mathfrak{P},wy\mathfrak{P}\rangle_2\in\mathfrak{P}\mathcal{O}'$. Comme au III.4 on peut alors trouver une décomposition $L_2=L_X\oplus L_2^0\oplus L_Y$ telle que

$w(L)\subset L_X\mathfrak{P}^{-1}\oplus L_2^0\oplus L_Y$,

$w(L)+L_2=L_X\mathfrak{P}^{-1}+L_2$.

Grâce à (D), on voit que

(E) $\quad w(L_1\mathfrak{P}\cap L)\subset L_X\oplus L_2^0\oplus L_Y\mathfrak{P}$.

Quitte à ajouter à w un élément de A, on peut ajouter à $w(e_i)$ n'importe quel élément de L_2, ceci pour $i=1,\dots,n$. On peut donc supposer:

$$w(e_i)\in L_X\mathfrak{P}^{-1},\ \text{pour tout } i=1,\dots,r$$

et alors, d'après (E):

$$w(L)\subset L_X\mathfrak{P}^{-1}\oplus L_2^0\oplus L_Y\mathfrak{P}.$$

(Mais maintenant la même relation n'est pas vraie pour tout $w'\in C(w)$).

L'idée de la démonstration est la suivante. On va introduire un certain élément $s\in S$. Par construction on aura $s\in\omega(\mathcal{H}_2)S_L$. On montrera que s s'écrit $s=\sum_{i\in I} a_i s[w_i]$ pour un certain ensemble fini I d'indices et des coefficients complexes a_i non nuls, de telle sorte que: il existe $i_0\in I$ tel que $w_{i_0}=w$; si $i\in I$, $i\neq i_0$, w_i vérifie les mêmes conditions que w, mais le sous-espace X_i qui lui correspond par la construction ci-dessus est de dimension strictement inférieure à la dimension de X. En raisonnant par récurrence sur cette dimension, on pourra supposer $s[w_i]\in\omega(\mathcal{H}_2)S_L$ pour tout $i\neq i_0$. Par différence on obtiendra $s[w]\in\omega(\mathcal{H}_2)S_L$.

III.6. Posons

$\mathrm{Hom}^a(L_X,L_Y)=\{n\in\mathrm{Hom}_{\mathcal{O}'}(L_X,L_Y);\ \text{pour tous } x,y\in L_X,\ \langle nx,y\rangle_2+\langle x,ny\rangle_2=0\}$.

On identifie $\mathrm{Hom}^a(L_X,L_Y)$ à un sous-ensemble de $\mathrm{End}_{F'}(W_2)$ formé d'éléments de restriction nulle à $W_2^0 \oplus Y$. Si $n \in \mathrm{Hom}^a(L_X, L_Y)$, $1+n \in U_2$. Soient L_1', resp. L_1'', le $\mathcal{O}'$-module engendré par les e_i, pour $i \in \{1,\dots,r\}$, resp. $i \in \{r+1,\dots,n\}$.

Posons

$$\mathcal{N} = \mathrm{Hom}^a(L_X, L_Y) \times \mathrm{Hom}_{\mathcal{O}'}(L_1'', L_Y) \subset \mathrm{End}_{F'}(W_2) \times W.$$

On munit $\mathcal{N}$ d'une mesure de Haar. Enfin si $z \in W$, on note z', resp. z'', l'élément de W défini par

$$z'|_{L_1'} = z|_{L_1'}, \quad z'|_{L_1''} = 0,$$

resp.

$$z''|_{L_1'} = 0, \quad z''|_{L_1''} = z|_{L_1''}.$$

Soit $u \in U_2$ l'élément défini au III.4, posons $z = u \circ w$. On a

$$\text{(F)} \qquad \begin{cases} z(L) \subset L_2, \\ z(L_1 \varpi \cap L) \subset L_X \varpi \oplus L_2^0 \oplus L_Y. \end{cases}$$

Pour $(n,N) \in \mathcal{N}$, posons

$$z[n,N] = (1-\varpi^{-1} n) z + \varpi^{-1} n z' + \varpi^{-1} N.$$

Grâce à (F), $z[n,N] \in B$.

Soit $f : \mathcal{N} \longrightarrow \mathbb{C}$ une fonction localement constante. Posons

$$s = \int_{\mathcal{N}} f(n,N)\, \omega((1+\varpi n) u^{-1}) s_{z[n,N]}\, dn\, dN.$$

Lemme. (1) On a $s \in \omega(\mathcal{K}_2) S_L$.

(2) On peut choisir la fonction f telle que $s(w) \neq 0$ et s soit combinaison linéaire de fonctions $s[w+v]$, où $v \in W$ vérifie:

(i) $v(e_i^*) \in L_X$, si $i \in \{r+1,\dots,n\}$,

$v(e_i^*) \in L_X \varpi^{-1}$, si $i \in \{1,\dots,r\}$;

(ii) pour tous y_1, $y_2 \in L_Y$, on a la congruence:

$$\langle (w'^* + v^*)(y_1), (w'^* + v^*)(y_2) \rangle_1 \equiv \langle w'^* y_1, w'^* y_2 \rangle_1 \ \mathrm{mod}\ \varpi^{-1} \mathcal{O}'.$$

Démonstration. Comme $z[n,N] \in B$, on a $s_{z[n,N]} \in S_L$ pour tout $(n,N) \in \mathcal{N}$, et (1). Il en résulte que $s \in S^J$, et est combinaison linéaire de fonctions $s[x]$, pour $x \in W$. On doit étudier le support de s. Pour $x \in W$, on a

$$\text{(G)} \qquad s(x) = \int_{\mathcal{N}} f(n,N) \sum_{\alpha \in \mathcal{A}} \psi(\langle \alpha, x \rangle / 2) s_{z[n,N]}(u(1-\varpi n)(\alpha + x))\, dn\, dN,$$

où $\mathcal{A} = \mathrm{Hom}(L_1, L_Y) / \varpi \mathrm{Hom}(L_1, L_Y)$. Pour que le terme sous le signe somme soit non nul, il faut et il suffit qu'il existe $a \in A$ tel que

(H) $$u(1-\varpi n)(\alpha+x)=a+z[n,N],$$

i.e.

$$x=-\alpha+(1+\varpi n)u^{-1}a+u^{-1}(1+\varpi^{-1}n)z[n,N].$$

On vérifie que

$$-\alpha+(1+\varpi n)u^{-1}a\in \mathrm{Hom}(L_1,L_X\varpi^{-1})+A,$$
$$u^{-1}(1+\varpi^{-1}n)z[n,N]\equiv w \bmod A.$$

Donc si $s(x)\neq 0$, on a $x\equiv w+v \bmod A$, où $v\in\mathrm{Hom}(L_1,L_X\varpi^{-1})$. Soit donc $v\in\mathrm{Hom}(L_1,L_X\varpi^{-1})$, et $x=w+v$. On constate que la classe de α dans $\mathcal{A}$ est bien déterminée par (H), et qu'on peut résoudre (H) par

$$\alpha=\varpi nv+N+\varpi nw',\ \ a=\varpi v.$$

La somme figurant dans l'expression (G) se réduit à

$$\psi(\langle\alpha,w+v\rangle/2+\langle z[n,N],a\rangle/2),$$

où a et α sont comme ci-dessus. C'est égal à

$$\psi(\beta(n,N)+\langle w,v\rangle/2+\langle N,v\rangle+\langle\varpi n(v+w'),v+w'\rangle/2),$$

où $\beta(n,N)$ est une certaine fonction indépendante de v. Posons

$$f(n,N)=\psi(-\beta(n,N)-\langle\varpi nw',w'\rangle/2).$$

Alors

$$s(x)=\psi(\langle w,v\rangle/2)\int_{\mathcal{N}}\psi(\langle N,v\rangle+\langle\varpi n(v+w'),v+w'\rangle/2-\langle\varpi nw',w'\rangle/2)\,dn\,dN.$$

C'est l'intégrale d'un caractère du groupe $\mathcal{N}$. Elle vaut 0 si ce caractère est non trivial, une constante non nulle si le caractère est trivial. Le caractère est trivial si et seulement si les conditions suivantes sont vérifiées:

$$\langle N,v\rangle\in\mathcal{O},\ \text{pour tout}\ N\in\mathrm{Hom}(L_1'',L_Y),$$
$$\langle n(v+w'),v+w'\rangle\equiv\langle nw',w'\rangle \bmod \varpi^{-1}\mathcal{O},\ \text{pour tout}\ n\in\mathrm{Hom}^a(L_X,L_Y).$$

On vérifie qu'elles sont équivalentes aux conditions (i) et (ii) de l'énoncé. Elles sont vérifiées pour $v=0$, donc $s(w)\neq 0$.

On suppose désormais f telle que les conclusions du lemme soient vérifiées.

III.7. D'après le lemme, on peut écrire $s=\sum_{i\in I}a_i s[w_i]$, où I est un ensemble fini d'indices, les conditions suivantes étant vérifiées:

- si $i,j\in I$, $i\neq j$, on a $C(w_i)\cap C(w_j)=\emptyset$;

- pour tout $i\in I$, $a_i\neq 0$;

- il existe $i_0\in I$ tel que $w_i=w$;

- pour tout $i\in I$, il existe $v_i\in W$, vérifiant les conditions du lemme III.6, tel que $w_i=w+v_i$.

En particulier les éléments w_i vérifient

$$w_i(L_1\varpi\cap L)\subset L_2,\ w_i(L)\subset L_X\varpi^{-1}+L_2.$$

D'après la première relation, on peut construire un sous-espace X_i de W_2 associé à w_i, de même que X avait été associé à w. La seconde relation montre que $\dim_{F'}X_i\leqslant\dim_{F'}X$.

<u>Lemme</u>. <u>Soit</u> $i\in I$. <u>Si</u> $i\neq i_0$, <u>on a</u> $\dim_{F'}X_i<\dim_{F'}X$.

Démonstration. Supposons $\dim_{F'}X_i=\dim_{F'}X$. Alors $w_i(L)=L_X\varpi^{-1}+L_2$. Considérons les hypothèses du lemme II.8, où on pose "$X=L_Y$", $f=\varpi w'^*$, $g=\varpi v_i^*$. L'hypothèse (1) est satisfaite car $w'(e_j)=0$ pour $j\in\{r+1,\dots,n\}$, (2) l'est car $\varpi w_i(e_j^*)\in L_X\varpi$ si $j\in\{r+1,\dots,n\}$, (3) l'est d'après le (ii) du lemme III.6. Enfin, comme $w(L)+L_2=L_X\varpi^{-1}+L_2$, que $w(L_1\varpi\cap L)\subset L_2$, et $L=R+L_1\varpi\cap L$, on a $w(R)+L_2=L_X\varpi^{-1}+L_2$. Si $x\in L_Y-L_Y\varpi$, il existe donc $j\in\{1,\dots,r\}$ tel que $\langle x,we_j\rangle\notin\mathcal{O}'$, i.e. $\langle x,w'e_j\rangle\notin\mathcal{O}'$, i.e. $\langle f(x),e_j\rangle\notin\varpi\mathcal{O}'$. De même pour f+g. C'est la condition (4). Appliquons le lemme: il existe $b\in\mathrm{Hom}(L_Y,L_1)$, et $u_1\in J$, tels que

$$u_1w'^*=w'^*+v_i^*+b.$$

En prolongeant b par 0 sur $L_2^0\oplus L_X$, et en transposant, on obtient

$$w'u_1^{-1}=w'+v_i+a,$$

avec $a\in A$. D'autre part $w''\in B$, d'où $w''u_1^{-1}\in w''+A$, et finalement

$$wu_1^{-1}\in w+v_i+A=w_i+A.$$

Mais alors $C(w)=C(w_i)$ contrairement à nos hypothèses. □

Grâce à ce lemme et au (1) du lemme III.6, on peut raisonner comme on l'a indiqué à la fin du paragraphe III.5. On obtient alors $s[w]\in\omega(\mathcal{K}_2)S_L$. Cela achève la démonstration de l'inclusion $S_0^J\subset\omega(\mathcal{K}_2)S_L$, et en même temps celle du théorème I.4.

III.8. Démontrons maintenant la proposition I.5. Traduisons les hypothèses de cette proposition à l'aide des notations III.1. On a $w,w'\in W$. On suppose:

(1) $w^{-1}(L_2)\cap L_1=w'^{-1}(L_2)\cap L_1=L$;

(2) $\psi(\langle w,wu\rangle/2)=\psi(\langle w',w'u\rangle/2)$, pour tout $u\in H$.

On veut en déduire qu'il existe $k\in K_2$ tel que $A+w=k(A+w')$.

Soit $e_1,\dots,e_n$ une base de L_1 vérifiant les conditions du lemme II.7. Pour $i\in\{1,\dots,r\}$, on a $e_i\in L$, donc $w(e_i)\in L_2$, $w'(e_i)\in L_2$. Quitte à ajouter à w et w' des éléments de A, on peut supposer $w(e_i)=w'(e_i)=0$. Pour $i\in\{r+1,\dots,n\}$, posons

$$z_i=we_i\varpi^{t_i},\quad z_i'=w'e_i\varpi^{t_i}.$$

On a $z_i\in L_2$ et les images de $z_{r+1},\dots,z_n$ dans $L_2/L_2\varpi$ sont linéairement indépendantes: si

$$\sum_{i=r+1}^{n} z_id_i\in L_2\varpi,$$

avec des coefficients $d_i\in\mathcal{O}'$, on a

$$\sum_{i=r+1}^{n} e_i\varpi^{t_i}d_i\in w^{-1}(L_2\varpi)\cap L_1\varpi=L\varpi,$$

donc $d_i\in\varpi\mathcal{O}'$ pour tout i d'après les propriétés de la base $\{e_1,\dots,e_n\}$.

Le même résultat vaut pour les z_i'.

Soient $i,j\in\{r+1,\dots,n\}$, supposons $t_i\leq t_j$, posons $x=e_i$, $y=e_j\varpi^{t_j}$. Le couple (x,y) vérifie les conditions (i), (iii) de III.2. Donc $u_{x,y}\in H$, et

$$\psi(\langle w,wu_{x,y}\rangle/2)=\psi(\langle w',w'u_{x,y}\rangle/2).$$

On calcule comme en III.3:

$$\langle w,wu_{x,y}\rangle\equiv -4\ \mathrm{tr}_{F'/F}(\langle wy,wx\rangle_2) \bmod \mathcal{O},$$

on obtient alors

$$\langle wy,wx\rangle_2\equiv\langle w'y,w'x\rangle_2 \bmod \mathcal{O}',$$

puis

$$\langle we_i\varpi^{t_i},we_j\varpi^{t_j}\rangle_2\equiv\langle w'e_i\varpi^{t_i},w'e_j\varpi^{t_j}\rangle_2 \bmod \varpi^{t_i}\mathcal{O}',$$

i.e.

$$\langle z_i,z_j\rangle_2\equiv\langle z_i',z_j'\rangle_2 \bmod \varpi^{t_i}\mathcal{O}'.$$

D'après la proposition II.1, on peut trouver des éléments $z''_{r+1},\dots,z''_n\in L_2$ tels que

$z''_i \equiv z'_i \bmod L_2 \mathcal{O}^{t_i}$, pour tout $i \in \{r+1,\ldots,n\}$,

$\langle z_i, z_j \rangle_2 = \langle z''_i, z''_j \rangle_2$ pour tous $i,j \in \{r+1,\ldots,n\}$.

D'après le corollaire II.5, il existe $k \in K_2$ tel que $kz_i = z''_i$ pour tout $i \in \{r+1,\ldots,n\}$. Définissons $a \in W$ par

$$a(e_i)=0, \text{ si } i \in \{1,\ldots,r\},$$

$$a(e_i)=(z''_i - z'_i)\mathcal{O}^{-t_i}, \text{ si } i \in \{r+1,\ldots,n\}.$$

On a $a \in A$, et l'égalité

$$(w'+a)(e_i)=kwe_i, \text{ pour tout } i \in \{1,\ldots,n\},$$

i.e. $w'+a=kw$.

BIBLIOGRAPHIE.

[C] P. CARTIER, Representations of p-adic groups: a survey, in Automorphic forms, representations and L-functions, Proc. Symp. in pure Math. XXXIII, AMS, Providence 1979, 111-155.

[H] R. HOWE, θ-series and invariant theory, in Automorphic forms, representations and L-functions, Proc. Symp. in pure Math. XXXIII, AMS, Providence 1979, 275-286.

Chapitre 6. Représentations de petit rang du groupe symplectique

1-Notations générales :

Le corps de base est noté F ; ce sera soit $\mathbb{Q}$ soit un corps local non archimédien de caractéristique 0. Soit X un F-espace vectoriel de dimension finie, notée n ; on note X* le dual de X et on munit $W:=X+X^*$ de la forme bilinéaire alternée usuelle. On note $G:=Sp(X+X^*)$ le groupe symplectique associé ; il contient naturellement l'ensemble des éléments $(\gamma+\gamma^{*-1})$ où $\gamma\in Gl(X)$ (et * est la transposition) et on note encore Gl(X) le sous-groupe de G formé de ces éléments. On note P(X) le sous-groupe de G normalisant X ; il admet Gl(X) comme sous-groupe de Levi et son radical unipotent, noté N(X), est abélien ; il est décrit au chap.I,III.5. On utilisera le fait que l'application $u\mapsto u-1$ est un isomorphisme de N(X) sur $S^2(X)\simeq$ Lie N(X), l'ensemble des 2-tenseurs symétriques.

On note $\mathbb{A}$ l'anneau des adèles de $\mathbb{Q}$ et pour toute place, notée v, $\mathbb{Q}_v$ le complété de $\mathbb{Q}$ à la place v. Quand $F=\mathbb{Q}$, on met en indices, pour éviter les doubles parenthèses, des notations de groupes le corps contenant $\mathbb{Q}$ dans lequel on prend les points de ces groupes, sauf pour G et O_T défini plus loin, où on garde la convention usuelle.

Les (quasi)-caractères de N(X) s'identifient, d'après ce qui précède, aux formes linéaires continues de $S^2(X)$ à valeurs dans $\mathbb{C}^*$. Quand $F=\mathbb{Q}$, on s'intéresse aux caractères de $N_{\mathbb{A}}(X)$ triviaux sur $N_{\mathbb{Q}}(X)$; après choix d'un caractère non trivial de $\mathbb{Q}\backslash\mathbb{A}$, ils s'identifient aux points rationnels de $S^2(X^*)$, i.e. $S^2(X^*)_{\mathbb{Q}}$. Quand F est local non archimédien après choix d'un caractère non trivial de F dans $\mathbb{C}^*$, noté ψ, les caractères de N(X) s'identifient à $S^2(X^*)$. Dans tous les cas $S^2(X^*)$ est l'ensemble des formes quadratiques symétriques sur X ; Gl(X) opère dans $S^2(X^*)$, avec un nombre fini d'orbites si F est local. Soit β une telle orbite et $T \in \beta$; on note ψ_T le caractère de $N_{\mathbb{Q}}(X)\backslash N_{\mathbb{A}}(X)$ (si $F = \mathbb{Q}$) ou de N(X) (si F est local) qui s'en déduit. Le stabilisateur de T dans Gl(X) est noté $O_T(X)$, c'est aussi dans le cas local le stabilisateur de ψ_T dans Gl(X). On peut le décrire de la façon suivante : on note Rad T le radical de T dans X et ${}^uO_T(X)$ le radical unipotent de $O_T(X)$. Alors ${}^uO_T(X)$ est l'ensemble des éléments de Gl(X) dont la restriction à Rad T est l'identité et qui agissent trivialement dans le quotient X/Rad T. Le quotient $O_T(X)/{}^uO_T(X)$ est isomorphe au produit de Gl(Rad T) avec le groupe orthogonal, noté $O_{\bar{T}}$, de la forme quadratique non dégénérée sur X/Rad T qui se déduit de T. Par choix d'un supplémentaire de Rad T dans X, on identifie $O_{\bar{T}}$ à un sous-groupe de Gl(X) ($\hookrightarrow G$). On pose :

$$\mathcal{J}(\mathbb{A}) = G(\mathbb{Q})\backslash G(\mathbb{A}),$$

$$\mathcal{X}_{\bar{T}}(\mathbb{A}) = O_{\bar{T}}(\mathbb{Q})\backslash O_{\bar{T}}(\mathbb{A}).$$

Pour toute orbite β de $S^2(X^*)$, si F est local on note $\bar{\beta}$ la fermeture de β dans $S^2(X^*)$ et si $F = \mathbb{Q}$ pour toute place de $\mathbb{Q}$, notée v, on note β_v la $\mathbb{Q}_v$-orbite dans $S^2(X^*)_{\mathbb{Q}_v}$ engendrée par les extensions $\mathbb{Q}_v$-linéaires des éléments de β. Par abus de langage, on parlera du rang de β au lieu du rang des éléments appartenant à .

2- Enoncé du théorème :

Ici $F = \mathbb{Q}$. Soient $\varphi \in L^2(\mathcal{J}(\mathbb{A}))$ et $T \in S^2(X^*)_{\mathbb{Q}}$. On note φ_T le coefficient de Fourier de φ relativement à ψ_T, i.e. :

$$\forall g \in G(\mathbb{A}), \quad \varphi_T(g) := \int_{N_{\mathbb{Q}}(X)\backslash N_{\mathbb{A}}(X)} \varphi(ng)\psi_T(n^{-1})\, dn.$$

On a un développement en série de Fourier :

$$\forall n \in N_{\mathbb{A}}(X),\ \forall g \in G(\mathbb{A}), \quad \varphi(ng) = \sum_{T \in S^2(X^*)} \varphi_T(g)\psi_T(n).$$

On dit que φ est singulière de rang inférieur ou égal à k (où k est un entier strictement inférieur à n) si l'on a $\varphi_T = 0$ pour tout T de rang strictement supérieur à k ; on note alors $\varphi \in L^2(\mathcal{J}(/\!A), \leq k)$. Plus précisément soit β une orbite de $S^2(X^*)$, on dit que φ est concentré sur β si les conditions suivantes sont vérifiées :

. $\varphi_T = 0$, $\forall$ T de rang $\geq$ rang β et $T \notin \beta$,

. φ est orthogonale à $\sum_{k < \text{rang}\beta} L^2(\mathcal{J}(/\!A), \leq k)$.

Clairement $L^2(\mathcal{J}(/\!A), \beta)$ est un sous-$G(/\!A)$- module de $L^2(\mathcal{J}(/\!A))$. Dans [H²], Howe démontre alors le théorème suivant :

Théorème : ([H²], 2.3 et 2.10) (i) On note $L^2(\mathcal{J}(/\!A), < n)$ l'ensemble des éléments de $L^2(\mathcal{J}(/\!A))$, notés φ, qui vérifient $\varphi_T = 0$ pour tout $T \in S^2(X^*)$ de rang $\neq$ n. Alors on a :

$$L^2(\mathcal{J}(/\!A), < n) = \bigoplus_{\beta \text{ orbite de } S^2(X^*) \text{ de rang} < n} L^2(\mathcal{J}(/\!A), \beta).$$

En outre $L^2(\mathcal{J}(/\!A), \beta) = 0$ si le rang de β est impair.

(ii) On suppose que β est une orbite de rang pair strictement inférieur à n et que β_α est formé d'éléments semi-définis positifs. Alors $L^2(\mathcal{J}(/\!A), \beta)$ est somme directe de sous-représentations irréductibles n'intervenant chacune qu'avec une multiplicité finie et la projection orthogonale sur $L^2(\mathcal{J}(/\!A), \beta)$ des séries théta formées à l'aide de la paire duale ($Sp(X \oplus X^*)$, O_T) où T est un élément quelconque de β, est dense dans $L^2(\mathcal{J}(/\!A), \beta)$. (Ces séries θ sont en fait dans $L^2(\mathcal{J}(/\!A), \leq \text{rang}\,\beta)$).

(iii) Plus précisément on a une bijection entre sous-représentation irréductibles de $L^2(\mathcal{J}(/\!A), \beta)$ comptées avec multiplicités et sous-représentations irréductibles de $L^2(\chi_T(/\!A))$ comptées avec multiplicités.

Remarque : si β est de rang impair < n, on a des résultats analogues en travaillant avec le revêtement d'ordre 2 de Sp.

3- Définition locale du petit rang et lien avec la définition globale :

Pour pouvoir utiliser des arguments locaux, Howe commence (c.f. [H¹]) par définir la notion de petit rang pour une représentation (unitaire) de G quand F est un corps local. On suppose donc ici F local. Soit k un entier (resp. β une orbite de $S^2(X^*)$) on note $\mathcal{Y}_k$ (resp. $\mathcal{Y}_\beta$) l'ensemble des fonctions lisses à support compact sur N(X) dont la transformée de Fourier s'annule sur l'ensemble des éléments de rang inférieur ou égal à k (resp. appartenant à $\bar{\beta}$). Soit (π, V) une représentation unitaire de G, on dit que (π, V) est de rang inférieur ou égal à k (resp. est concentrée sur $\bar{\beta}$) si $\pi(\mathcal{Y}_k)V = 0$ (resp. $\pi(\mathcal{Y}_\beta)V = 0$). Le lien entre les définitions globales et locales est donné dans le lemme suivant :

Lemme : ([H^2],2.4) Soit $\varphi \in L^2(\mathcal{S}(\mathbb{A}))$. On note V le sous-Sp-module engendré par φ et soit k un entier <n. Alors les conditions suivantes sont équivalentes :

(i) tout élément de V est de rang inférieur ou égal à k,

(ii) il existe v une place de $\mathbb{Q}$ telle que V vue comme représentation de $Sp(\mathbb{Q}_v)$ ($\hookrightarrow Sp(\mathbb{A})$) soit de rang inférieur ou égal à k,

(iii) pour toute place v de $\mathbb{Q}$, (ii) est vrai.

4- On se place dans le cadre lisse :

Les arguments locaux utilisés dans la démonstration du théorème se trouvant dans [H^1], ne distinguent pas le cas archimédien du cas non archimédien. Dans cet exposé, je vais traduire [H^1] dans le cadre lisse en excluant le cas archimédien. Et je donnerai l'équivalent de 2(iii) par une méthode légèrement différente de celle de [H^3], mais qui fait le lien avec la représentation métaplectique (cf.12 et 13). En outre pour ne pas exclure le cas du rang impair, on travaille avec le revêtement métaplectique d'ordre 2 de Sp, noté $\widehat{Sp}$. On note systématiquement avec des ^ les images réciproques dans $\widehat{Sp}$ des sous-groupes de Sp ; l'absence de ^ signifie un relèvement comme groupe. Donc à partir d'ici F est un corps local non archimédien de caractéristique 0. On munit $S^2(X^*)$ de sa topologie usuelle et on note avec $^-$ la fermeture d'un sous-ensemble de $S^2(X^*)$. On note Ind l'induite lisse et ind l'induite compacte.

La notion de petit rang, ou plus précisément d'être concentré sur la fermeture d'une orbite est, dans ce cadre, équivalente à une condition sur les modules de Jacquet relativement à des caractères de N(X). Soient (π, V) une représentation lisse de $\widehat{Sp}$, β une orbite de $S^2(X^*)$; on note $N_T V$ le sous-espace vectoriel de V formé des éléments $(\pi(n)-\psi_T(n))v$ où n parcourt N et v parcourt V. Remarquons que $\widehat{O_T(X)}$ laisse stable $N_T V$ et opère donc dans $V/N_T V$. Alors on a :

<u>Lemme</u> : $\{v \in V \mid \pi(\mathcal{Y}_\beta)v = 0\} = \bigcap_{T' \notin \overline{\beta}} N_{T'}V.$

<u>On notera</u> $V[\beta]$ <u>ce sous-espace vectoriel de V. En particulier V est concentré sur</u> $\overline{\beta}$ <u>si</u> $V = V[\beta]$.

Par un calcul élémentaire on obtient :

$$\forall f \in \mathcal{C}_c^\infty(N(X)),\ \forall v \in V,\ \forall T \in S^2(X^*),\ \pi(f)v - v\hat{f}(T) \in N_T V. \qquad (1)$$

Supposons que $\pi(\mathcal{Y}_\beta)v = 0$; alors pour tout $T' \notin \overline{\beta}$ il existe $f \in \mathcal{Y}_\beta$ tel que $\hat{f}(T') \neq 0$. D'où avec (1), $v\hat{f}(T') \in N_T V$ et $v \in N_T V$. Réciproquement soit $v \in \bigcap_{T' \notin \overline{\beta}} N_{T'}V$ et $f \in \mathcal{Y}_\beta$. On a donc pour tout $T \in S^2(X^*)$, $\hat{f}(T)v \in N_T V$ d'où avec (1) $\pi(f)v \in \bigcap_{T \in S^2(X^*)} N_T V$. Le lemme résulte alors de l'assertion suivante, réutilisée dans la suite :

$$\text{l'application naturelle } V \longrightarrow \prod_{T \in S^2(X^*)} V/N_T V \text{ est injective} \qquad (2)$$

Quand on a défini $L^2(\mathcal{S}(/A),\beta)$ en 2, on a évité les sous-représentations liées à des orbites différentes de β . Dans le cadre lisse, on utilisera la définition suivante du même type (cf.6(i)) :

<u>Définition : Soient</u> β <u>une orbite de</u> $S^2(X^*)$ <u>et</u> $T \in \beta$. <u>On dit que</u> (π, V) <u>est concentrée sur</u> β <u>si l'application naturelle</u> $V \to \mathrm{Ind}_{O_T(X)\ N(X)}^{Gl(X)\ N(X)} V/N_T V$, $v \mapsto (\gamma \mapsto (\pi(\gamma)v + N_T V/N_T V))$, <u>est injective.</u>

Remarque : la définition est équivalente aux conditions suivantes :

$$V = V[\beta] \text{ et } V[\beta'] = 0, \text{ pour toute orbite } \beta' \text{ telle que } \beta \not\subset \overline{\beta}'.$$

Pour toute représentation V de $\widehat{Sp}$, on note $\overline{V}$ le noyau de l'application naturelle $V \to \mathrm{Ind}_{O_T(X)\ N(X)}^{Gl(X)\ N(X)} V/N_T V$. On a : $\overline{V} = \bigcap_{T' \in \beta} N_{T'}V$. Supposons d'abord que $\bar{V}=0$. Soit $T' \in S^2(X^*)$ tel que $N_{T'}V \neq V$. Si $T' \notin \bar{\beta}$, il existe $f \in \mathcal{Y}_\beta$, tel que $\hat{f}(T') \neq 0$. En particulier avec (1), on a pour tout $v \notin N_{T'}V$, $\pi(f)v \neq 0$ et $\pi(f)v \in \bar{V}$; d'où une contradiction qui prouve que $V=V[\beta]$. Soit maintenant β' une orbite de $S^2(X^*)$ telle que $\beta \notin \bar{\beta}'$. On a par définition $V[\beta'] \subset \bigcap_{T' \in \beta} N_{T'}V = \bar{V} = 0$. D'où la nécessité des conditions. Réciproquement, supposons que $V = V[\beta]$ et $V[\beta'] = 0$ si $\bar{\beta}' \not\ni \beta$ et montrons que $\bar{V}$ est nul. S'il n'en est pas ainsi, il existe $T' \in S^2(X^*)$ et $v \in \bar{V}$ tels que $v \notin N_{T'}V$. Choisisons T' et v avec ces propriétés tels que le rang de T' soit le plus grand possible. Soit $f \in \mathcal{C}_c^\infty(N)$ tel que $\hat{f}$soit nul sur les éléments de $S^2(X^*)$ de rang inférieur ou égal à celui de T' non équivalents à T' et $\hat{f}(T') \neq 0$. Alors avec (1), on a $\pi(f)v \notin N_{T'}V$ et $\pi(f)v \in N_{T''}V$ si T'' n'est pas équivalent à T', par maximalité de T' si rang $T'' >$ rang T' et par hypothèse sur f si rang $T'' \leq$ rang T'. A fortiori $\pi(f)v \in V[\beta'] - \{0\}$ où β' est l'orbite de T'. Or puisque $\pi(f)v \in \bar{V}$ et $\pi(f)v \notin N_{T'}V$ on a sûrement $\beta' \neq \beta$ et puisque $V = V[\beta]$ on a aussi $\beta' \subset \bar{\beta}$. D'où $\beta' \in \bar{\beta} - \beta$ et la contradiction $\pi(f)v \in V[\beta'] - \{0\} = \emptyset$.

5- Enoncé du théorème local :

Théorème : Soient (π, V), (π', V') des représentations lisses de $\hat{Sp}$, β une orbite de $S^2(X^*)$ et $T \in \beta$.

(i) Si rang $\beta < n$ alors $V[\beta]$ est un sous-$\hat{Sp}$-module de V. Si $V = V[\beta]$ (rang $\beta \leq n$) alors $\bigcap_{T \in \beta} N_T V$ est un sous-$\hat{Sp}$-module et tout sous-quotient irréductible de V est concentré sur une orbite incluse dans $\bar{\beta}$.

(ii) On suppose que (π, V) est irréductible et concentrée sur β et que le rang de β est $< n$. Alors π se factorise par Sp si et seulement si le rang de β est pair.

(iii) On suppose que (π, V) et (π', V') sont concentrées sur β. Soit ρ un homomorphisme de $\mathcal{O}_T$-modules de $V/N_T V$ dans $V'/N_T V'$, alors il existe une sous-représentation, notée $\bar{V}$, de V et ρ' un $\hat{Sp}$-homorphisme de $\bar{V}$ dans V' tels que l'on ait : $\quad .\bar{V}/N_T\bar{V} \xrightarrow{\sim} V/N_T V$,

. le diagramme suivant est commutatif :

$$\begin{array}{ccc} \bar{V} & \xrightarrow{\rho'} & V' \\ \downarrow & & \downarrow \\ \bar{V}/N_T\bar{V} & \xrightarrow{\rho} & V'/N_TV'. \end{array}$$

Si V est irréductible, V/N_TV est irréductible comme $\widehat{O_T}$-module. Réciproquement, si V/N_TV est irréductible comme $\widehat{O_T}$-module, alors V contient une unique sous-représentation irréductible, notée $\bar{V}$ et l'on a : $\bar{V}/N_T\bar{V} \xrightarrow{\sim} V/N_TV$.

(iv) On note ν le caractère de $\widehat{Gl(X)}$ défini par $(\gamma, \varepsilon) \mapsto |\det\gamma|^{k/2} \varepsilon^k \omega(T; \gamma, \varepsilon)$ où k est le rang de β et $\omega(T; \gamma, \varepsilon)$ est le scalaire intervenant dans la représentation métaplectique pour la paire (Sp, O_T) (cf. [P] 2.2.1 et 1.3.4.). On suppose que rang $\beta < n$; on note Φ l'application de l'ensemble des classes de représentations irréductibles de $\widehat{Sp}$ concentrées sur β dans l'ensemble des classes de représentations irréductibles de O_T définie par $\Phi(V) = V/N_TV \otimes \nu^{-1}$ cf. (iii) et Rq. (ii) plus bas). Alors Φ est bijective. Le même résultat est vrai si rang $\beta = n$ à condition de se limiter aux représentations de $\widehat{Sp}$ qui ne se factorisent pas (resp. qui se factorisent) à Sp si n est impair (resp. pair).

Remarque : (i) Φ s'interprète à l'aide de la représentation métaplectique pour la paire (Sp, O_T) mais n'est pas en général la bijection conjecturée par Howe. La démonstration de (i)(ii)(iii) est une trancription de [H1].

(ii) On a utilisé O_T au lieu de $O_T(X)$; cela est justifié par le résultat suivant : si rang $\beta < n$, ${}^uO_T(X)$ agit trivialement sur V/N_TV et $\widehat{Gl(\mathrm{Rad}\,T)}$ y agit par le caractère ν.

Ce théorème est démontré dans les § qui suivent.

6- Quelques lemmes :

6.1 Lemme : Soient H un groupe totalement discontinu et U un sous-goupe abélien distingué de H, isomorphe à un produit de F . Soient (π, V) une représentation lisse de H et χ un caractère de U. On note :

$U_\chi V$ le sous-espace vectoriel de V engendré par $\{(\pi(u) - \chi(u))v$, où $u \in U, v \in V\}$.

(i) L'image de l'application naturelle $\mu : V \mapsto \mathrm{Ind}^H_{\mathrm{Stab}_H\chi} V/U_\chi V$ contient l'induite compacte.

(ii) Soit W une représentation lisse de $\mathrm{Stab}_H\chi$ sur laquelle U agit par le caractère χ . On pose ici $V = \mathrm{Ind}^H_{\mathrm{Stab}_H\chi} W$ et $\bar{V} = \mathrm{ind}^H_{\mathrm{Stab}_H\chi} W$. Soit χ' un autre caractère de U, alors on a :

. $V/U_{\chi'}V = 0$ si $\chi' \notin \overline{H.\chi}$.

. l'application de V dans $V/U_{\chi'}V$ est, si $\chi' \in H.\chi$, l'évaluation en un point (quelconque), noté γ, de H qui vérifie $\gamma\chi' = \chi$.

. $\bar{V}/U_{\chi'}\bar{V} = V/U_{\chi'}V$ si $\chi' \in H.\chi$ et $\bar{V}/U_{\chi'}\bar{V} = 0$ si $\chi' \notin H.\chi$.

On ne fera pas la démonstration de ce lemme ; (ii) est complétement élémentaire et (i) se démontre sous la forme plus précise suivante :

on pose $\mathcal{Y} = \{ f \in \mathcal{C}^\infty_c(U) \mid \hat{f}(\chi') = 0,\ \forall \chi' \in \overline{H.\chi} - H.\chi \}$. Alors on a:

. l'application naturelle de $\pi(\mathcal{Y})V$ dans $V/U_\chi V$ est surjective,

. $\mu(\pi(\mathcal{Y})V) = \mathrm{ind}^H_{\mathrm{Stab}_H\chi} V/U_\chi V.$ (1)

6.2. Lemme (notations de 6.1) Soient (π', W') une autre représentation lisse de $\mathrm{Stab}_H\chi$ sur laquelle U opère par χ et ρ un homomorphisme $\mathrm{Stab}_H\chi$-équivariant de W dans W'. On note $\tilde{\rho}$ et $\tilde{\tilde{\rho}}$ les homomorphismes H-équivariants entre les induites lisses et compactes de W et W'. Alors les conditions suivantes sont équivalentes :

(i) ρ est injectif,

(ii) $\tilde{\rho}$ est injectif,

(iii) $\tilde{\tilde{\rho}}$ est injectif.

On a évidemment (i) $\Rightarrow$ (ii) $\Rightarrow$ (iii). Supposons donc que $\tilde{\tilde{\rho}}$ est injectif. L'exactitude du foncteur de Jacquet et 6.1(ii) assurent que ρ est injectif d'où aussi $\tilde{\rho}$. D'où le lemme.

(En fait ce lemme a une version beaucoup plus générale, cf. [B-Z]).

6.3. Lemme : Soient β une orbite non nulle de $S^2(X^*)$ et $T \in \beta$. On choisit $x_0 \in X - \{0\}$, X' un supplémentaire de Fx_0 dans X et un système de représentants, noté $\mathcal{E}$, de l'ensemble des éléments non nuls de la forme $T'(x_o,x_o)$, $T'\in\beta$, modulo F^{*2}. Pour tout $e\in\mathcal{E}$, on pose :

$$\mathcal{F}_e=\{T'\in\beta \mid T'(x_o,X')=0 \text{ et } T'(x_o,x_o)=e\},$$

et on note R le sous-groupe de Gl(X) stabilisant Fx_o. Alors on a :

(i) $\bigcup_{e\in\mathcal{E}} R\,\mathcal{F}_e$ est dense dans β,

(ii) pour tout $e\in\mathcal{E}$, $\mathcal{F}_e$ est une orbite non vide sous Gl(X') ($\hookrightarrow$ Gl(X)). L'ensemble des restrictions des éléments de $\mathcal{F}_e$ à X' est une orbite, notée β_e de $S^2(X'^*)$. Généralisant la définition de $\mathcal{F}_e$ à F^* tout entier en posant $\mathcal{F}_e=\emptyset$ si $e\notin\mathcal{E}F^{*2}$, l'application qui à β associe β_e est une application entre ensembles ordonnés. Plus précisément soient β, β' des orbites de $S^2(X^*)$ alors on a :

$$\beta\subset\overline{\beta'} \Rightarrow \beta_e=\emptyset \text{ ou } \beta_e\subset\overline{\beta'_e},$$

$$\emptyset\neq\beta_e\subset\overline{\beta'_e} \Rightarrow \beta\subset\overline{\beta'}.$$

(iii) pour tout $e\in\mathcal{E}$, on choisit $\gamma_e\in Gl(X)$ tel que $\gamma_e^{-1}T\in\mathcal{F}_e$. Alors $\bigcup_{e\in\mathcal{E}} O_T(X)\gamma_e R$ est un ouvert dense de Gl(X).

(i) est clair.

(ii) la première partie résulte du théorème de Witt. Supposons que $\beta\subset\overline{\beta'}$ et que $\beta_e\neq\emptyset$; soit $T\in\mathcal{F}_e$; il existe une suite déléments de β' qui converge vers T, notée $T'_1,\dots,T'_p,\dots$. Pour p suffisament grand $T'_p(x_o,x_o)\in eF^{*2}$ et utilisant des éléments de R on peut donc remplacer $T'_1,\dots,T'_p,\dots$ en enlevant éventuellement un nombre fini de termes par des éléments de $\mathcal{F}'_e$ (où $\mathcal{F}'_e$ est défini de façon analogue à $\mathcal{F}_e$ à partir de β') ; et cela prouve que $\beta_e\subset\overline{\beta'_e}$. La réciproque est claire.

(iii) est une conséquence immédiate de (i).

7- Quelques notations supplémentaires et le cas de $\beta=0$:

On adopte les notations β, T, $\mathcal{E}$, x_o, X' de 6.3. Ici on choisit un système de représentants de F^* modulo F^{*2}, noté simplement F^*/F^{*2}, contenant $\mathcal{E}$. On note P_1 le sous-groupe parabolique de Sp stabilisateur du drapeau $0 \subset Fx_o \subset X$. On note H son radical unipotent ; c'est un groupe de Heisenberg dont on note Z le centre. On note T_1 le sous-tore de P_1, ensemble des éléments de Gl(X) agissant par l'identité sur X' et Sp' le sous-groupe de P_1 agissant par l'identité sur x_o et normalisant $X' \oplus X'^{*} = X' \oplus x_o^{\perp}$. On note ± 1 le sous-groupe de T_1 stabilisateur dans T_1 d'un caractère non trivial de Z. Soit $e \in F^*$; on note ψ_e le caractère de Z défini par $\psi_e(z) = \psi(e(z-1))$ et pour toute représentation lisse, notée (π, V) de Z, $Z_e V$ l'ensemble des éléments $(\pi(z) - \psi_e(z)v)$ où $z \in Z$ et $v \in V$. On note $\mathcal{S}_e$ une représentation lisse irréductible de H de caractère central ψ_e ; sur $\mathcal{S}_e$ opère $\widehat{Sp'}$ et ± 1 par la représentation métaplectique. On a alors le lemme suivant :

7.1. Lemme : *Soit* (π, V) *une représentation lisse de* $\widehat{Sp}$.

(i) *Soient* $v \in V$ *et* U *un sous-groupe unipotent de* $\widehat{Sp}$ *(du type considéré en 6.1) tel que* $\pi(U)v = v$. *Alors on a aussi* $\pi(\widehat{Sp})v = v$. *En particulier* $V[0]$ *est l'ensemble des points fixes par* $\widehat{Sp}$. *Et le théorème 5 est vrai* pour $\beta = 0$.

(ii) *L'application naturelle* : $\mu : V \longrightarrow \bigoplus_{e \in F^*/F^{*2}} \mathrm{Ind}_{\widehat{\pm 1 \times Sp'} \times H}^{P_1} V/Z_e V$ *a pour noyau* $V[0]$. *Son image contient la somme des induites compactes.*

(iii) *Pour tout* $e \in F^*/F^{*2}$, *on note* $\mathcal{V}_e := \mathrm{Hom}_H(\mathcal{S}_e, V/Z_e V)$. *Alors l'application naturelle de* $\mathcal{V}_e \otimes \mathcal{S}_e$ *dans* $V/Z_e V$ *est un isomorphisme de* $\widehat{\pm 1 \times Sp'} \times H$*-module (où ce groupe agit diagonalement sur* $\mathcal{V}_e$, *en particulier H y agit trivialement).*

(i) résulte d'une part du fait que $\widehat{Sp}$ est engendré comme groupe par K et U où K est n'importe quel sous-groupe compact ouvert de $\widehat{Sp}$ et d'autre part de ce que $V[0] \hookrightarrow V[0]/N_0 V[0]$, i.e. N(X) y agit trivialement (cf.4(2)).

(ii) Le noyau de μ coïncide avec $\bigcap_{e \neq 0} Z_e V$, ce qui entraine que Z y agit trivialement. D'après (i), il est inclus dans $V[0]$ et l'inclusion réciproque est claire (cf.(i)). La fin de (ii) résulte de 6.1(1).

(iii) est classique et résulte de ce que $\mathcal{S}_e$ en tant que représentation irréductible de H n'a pas d'extensions par elle-même non triviales (cf.

chap.II.1.8). □

Le théorème 5 se prouve par récurrence sur dim X. En particulier on va faire intervenir $\widehat{Sp}'$ et on note donc $N(X')$, $S^2(X'^*)$ les analogues de $N(X)$, $S^2(X^*)$ pour $\widehat{Sp}'$. De même soit $T' \in S^2(X'^*)$ et soit V' une représentation lisse de Sp', on utilisera les notations $N'_{T'}V'$, $O_{T'}(X')$, $O_{T'}$, $Gl(X')$,.. en analogie avec celles concernant X et Sp. On aura encore besoin du lemme suivant : (remarquons que $H \times N(X')$ contient $N(X)$)

7.2. Lemme : Soient $e \in F^*$ et V une représentation lisse de $\widehat{Sp}$. Avec les notations de 7.1, on a :

(i) V/Z_eV est comme $(\widehat{\pm 1 \times Gl(X')}) \times N(X') \times H$-module isomorphe à $\mathrm{Ind}_{\widehat{\pm 1 \times Gl(X')} \times N(X)}^{\widehat{T_1 \times Gl(X')} \times N(X') \times H} (\mathcal{V}_e \otimes \mathbb{C}_\lambda)$ où $\mathbb{C}_\lambda$ est la représentation de dimension un de $\widehat{\pm 1 \times Gl(X')} \times N(X)$ correspondant au caractère λ qui vaut ψ_e sur $Z(\hookrightarrow N(X))$, $|\det|^{1/2} \varepsilon\, \omega(e_j)$ (le caractère intervenant dans $\mathcal{S}_e$ cf. [P]) sur $\widehat{\pm 1 \times Gl(X')}$ et qui est trivial sur $(1 + (F(x_o \otimes X') + S^2(X'))\ (\hookrightarrow N(X))$.

(ii) l'application de restriction de :
$\mathrm{Ind}_{\widehat{\pm 1 \times Sp'} \times H}^{\widehat{P}_1} V/Z_eV$ dans $\mathrm{Ind}_{\widehat{\pm 1 \times Gl(X')} \times N(X') \times H}^{\widehat{T_1 \times Gl(X')} \times N(X') \times H} V/Z_eV$
est injective et bijective sur les induites compactes. On la notera B'_e et si $e \in \mathcal{E}$ on notera T_e l'élément $\gamma_e^{-1}T$ (cf.6.3) et B_e le composé de B'_e avec l'application naturelle, notée B''_e de :
$\mathrm{Ind}_{\widehat{\pm 1 \times Gl(X')} \times N(X') \times H}^{\widehat{T_1 \times Gl(X')} \times N(X') \times H} V/Z_eV \xrightarrow{\sim} \mathrm{Ind}_{\widehat{\pm 1 \times Gl(X')} \times N(X)}^{\widehat{T_1 \times Gl(X')} \times N(X') \times H} \mathcal{V}_e \otimes \mathbb{C}_\lambda$ dans
$\mathrm{Ind}_{\widehat{\pm 1 \times O_T(X')} \times N(X)}^{\widehat{T_1 \times Gl(X')} \times N(X') \times H} (\mathcal{V}_e / N'_{T_e} \mathcal{V}_e \otimes \mathbb{C}_\lambda)$.
En particulier B_e est injective si et seulement si $\mathcal{V}_e$ est concentré sur β_e.

(iii) Soit $e \in \mathcal{E}$, on a :

$$V/N_{T_e}V \simeq \mathcal{V}_e / N'_{T_e} \mathcal{V}_e \otimes \mathbb{C}_\lambda \text{ , comme } \widehat{\pm 1 \times O_{T_e}(X')} \times N(X)\text{-modules.}$$

(i) est vrai si l'on a $\mathcal{V}_e = \mathbb{C}$, c'est-à-dire $V/Z_eV = \mathcal{S}_e$. Le cas général s'en déduit immédiatement avec 7.1(iii).

(ii) Pour simplifier les notations, on pose ici $P = \widehat{P}_1$, $L = (\widehat{\pm 1 \times Sp'}) \times H$, $\overline{P} = \widehat{T_1 \times Gl(X')} \times N(X') \times H$, $\overline{L} = \widehat{\pm 1 \times Gl(X')} \times N(X') \times H$ et l'on a : $\overline{L} = L \cap \overline{P}$ et $\overline{P}$ a une unique orbite pour son action par translation à droite dans L\P ; d'où un isomorphisme topologique de $\widehat{L\backslash P}$ sur L\P dont on déduit immédiatement la partie de (ii) concernant B'_e. La fin de (ii) résulte de 6.2, où l'on fait $H=\widehat{T_1\times Gl(X')}\times N(X')\times H$, $U=(1+F(x_o\otimes X'))Z$ et $\chi = \Psi_{T_e}|_U$ et de ce qui a déjà été démontré sur B'_e.

(iii) est un calcul facile.

8. Diagramme permettant une récurrence :

On adopte toutes les notations de 6 et 7. Soit (π, V) une représentation lisse de $\widehat{Sp}$. On considère le diagramme suivant, en supposant $\beta \neq 0$:

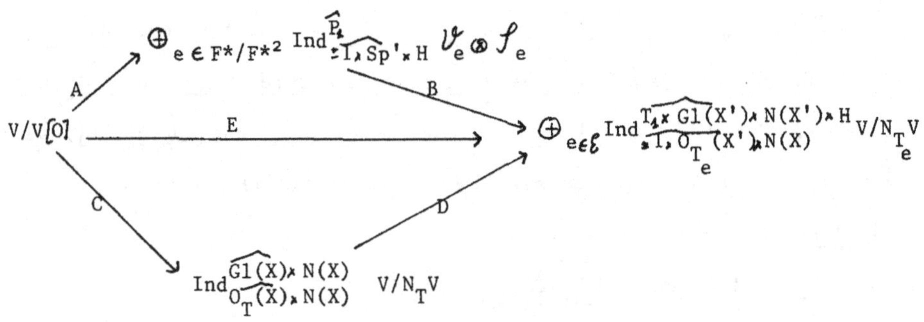

où . A et C sont les flèches naturelles (cf. 7.1(i) pour la division par V[0])

. B est la somme des B_e pour $e\in\mathcal{E}$ définis en 7.2(ii) et des flèches nulles pour $e \in F^*/F^{*2} - \mathcal{E}$.

. D est la somme des restrictions de l'induite à chacun des ouverts $\widehat{O_T(X)\,\gamma_e\,R}\,N(X)$ (cf.7.3) en remarquant que $R\,N(X) = T_1Gl(X')\,N(X')\,H$.

. E est l'application naturelle.

Il est clair que ce diagramme est commutatif et l'on a le lemme suivant:

Lemme : Les deux conditions suivantes sont équivalentes :

(a) pour tout $e\in\mathcal{E}$, ϑ_e est concentré sur β_e et pour tout $e \in F^*$ tel que T ne représente pas e, on a $\vartheta_e = 0$.

(b) V/V[0] est concentré sur β .

Montrons que (a) et (b) sont toutes deux équivalentes à ce que E soit injectif. Pour (b) c'est clair en tenant compte de l'injectivité de D qui résulte de 6.3. Il résulte de 7.2(ii) que (a) entraine l'injectivité de B et avec 7.2(i) celle de E. L'injectivité de E avec 7.2(i) entraine l'injectivité de B restreinte qux induites compactes et (a) en résulte comme dans la preuve de 7.2(ii).

9. Début de la récurrence ; le cas de Sl_2 :

En toute exactitude la récurrence débute soit à Sl_2 soit à $\beta = 0$. Mais ce dernier cas a déjà été vu.

Proposition : Soient (π, V) une représentation lisse de $\widehat{Sl}_2$ et β une orbite non nulle de $S^2(X^*) = F$, ici, i.e. une classe de carrés, notée eF^{*2} où $e \in F^*$. On suppose que (π, V) est concentrée sur β .

(i) On suppose (π,V) irréductible, alors si π ne se factorise pas en une représentation de Sl_2, (π, V) est l'une des composantes irréductibles de la représentation métaplectique associé à e (ou 2e avec les notations du chap.II), notées, avec des notations évidentes, $\mathcal{J}^{\text{pair}}$ et $\mathcal{J}^{\text{impair}}$. Si π se factorise en une représentation de Sl_2 alors la caractéristique résiduelle est différente de 2 et (π, V) est une représentation cuspidale bien déterminée, notée ici (π^{β} , V^{β}).

(ii) En toute généralité (π, V) se décompose en somme directe de représentations irréductibles isomorphes à l'une des représentations décrites en (i).

(iii) Soit W un sous-espace vectoriel de $V/N_T V$ sur lequel $\widehat{\pm 1}$ (= ici $\widehat{O_T(X)}$ et $\widehat{O}_{\bar{T}}$) agit par un caractère, alors l'image réciproque de $\mathrm{Ind}_{\widehat{\pm 1} \times N(X)}^{\hat{B}} W$ dans V par l'application naturelle $V \longrightarrow \mathrm{Ind}_{\widehat{\pm 1} \times N(X)}^{\hat{B}} V/N_T V$ (où B est le sous groupe de Borel de Sl_2 normalisant N(X), il coïncide dans les notations générales avec Gl(X) N(X)) est stable par $\widehat{Sl}_2$.

(iv) Le théorème 5 est vrai pour $\widehat{Sl}_2$.

(La démonstration qui suit m'a été communiquée par J.L.Waldspurger.)

(i) Supposons d'abord que (π, V) ne se factorise pas par Sl_2. Dans ce cas (i) résulte essentiellement de ([G-PS]), comme cela est suggéré dans ([H²]). Remarquons que $\mathcal{S}^{impair}$ est une représentation cuspidale ; il est très facile de calculer les modules de Jacquet relativement aux caractères de N(X), c'est ici le radical unipotent d'un sous-groupe de Borel de Sl_2, cf.11 plus loin ; notons ici simplement $\mathcal{S}$ la représentation métaplectique associée à e, on a par exemple que l'application naturelle de $\mathcal{S}$ sur $\mathcal{S}/N_T\mathcal{S}$ est la somme directe de l'évaluation au point 1 et au point -1 de F. Cela prouve entre autre la remarque suivante dont on aura besoin dans la suite:

soit $w \in \mathcal{S}^{pair} \oplus \mathcal{S}^{pair} =: V$, on suppose que w engendre cette représentation, notée π, alors les images des $\pi(\gamma)w$ dans $V/N_T V$, où γ appartient au normalisateur de N(X) dans $\widehat{Sl}_2$, engendrent un espace vectoriel de dimension 2. Supposons maintenant que (π, V) se factorise par Sl_2. On choisit une représentation lisse irréductible, notée $\tilde{\pi}$, de Gl_2 telle que π intervienne dans la restriction de $\tilde{\pi}$ à Sl_2. On note Ω l'ensemble des caractères, nécessairement quadratiques, χ de F* tels que $\tilde{\pi}\otimes\chi \simeq \tilde{\pi}$. D'après ([L-L], 2.7 et 2.8), le nombre d'orbites β' non nulles telles que $V/N_{T'}V \neq 0$ pour $T' \in \beta'$ est $|F^*/F^{*2}||\Omega|^{-1}$ et $|\Omega| = 1, 2$ ou 4. On veut donc π telle que $|\Omega| = |F^*/F^{*2}|$; cela nécessite que la caractéristique résiduelle soit $\neq 2$ et que Ω soit l'ensemble des caractères quadratiques. Fixons $\chi, \chi' \in \Omega - \{id\}$; on note E l'extension quadratique de F correspondant à χ. D'après ([L],7.17) et ([J-L] 4.7) dont on adopte les notations, on a $\tilde{\pi} = \pi_E(\mu)$ où μ est un caractère de E*. De $\tilde{\pi}\otimes\chi' \simeq \tilde{\pi}$ et ([L-L],p.738), on tire :

$$\forall x \in E^*,\ \mu(x^\sigma/x) = \chi' N(x),\ \text{où}\ \ \sigma \in Gal(E/F)-\{id\} \quad (*)$$

Ainsi μ est déterminé sur les éléments de norme 1 de E et vérifie :

$$\mu \neq \mu^\sigma,\ \pi_E(\mu) \simeq \pi_E(\mu)\otimes\chi \simeq \pi_E(\mu)\otimes\chi' \simeq \pi_E(\mu)\otimes\chi\chi'.$$

D'où l'existence de π avec les propriétés souhaitées et grâce à (*) l'unicité de π. En outre π est cuspidale grâce à $\mu\neq\mu^{\sigma}$ et([J-L] 4.7)

(ii) On écrit $V=V'\oplus V_{cusp.}$ où V' est la composante isotypique pour le caractère par lequel $\widehat{\pm 1}$ agit sur $\mathcal{f}^{pair}$ et $V_{cusp.}$ est la somme des espaces propres pour les autres caractères de $\widehat{\pm 1}$. Il résulte facilement de (i) que $V_{cusp.}$ est somme directe de représentations cuspidales du type décrit en (i) et que tous les sous-quotients irréductibles de V' sont isomorphes à $\mathcal{f}^{pair}$ (la représentation triviale ne peut pas intervenir). Ainsi il faut prouver (ii) uniquement pour V' ; on va d'abord le faire en supposant que V' est de longueur 2. On pose ici $E:=\mathcal{f}^{pair}$ et on note avec un indice N les modules de Jacquet usuels. On note A le sous-groupe de Sl_2 image réciproque des matrices diagonales. On a donc la suite exacte : $0\to E\to V'\to E\to 0$. Considérons le module de Jacquet E_N ; $A\ni\left(\begin{pmatrix}a & 0\\ 0 & a^{-1}\end{pmatrix},\varepsilon\right)$ y opère par $|a|^{1/2}\omega(a,\varepsilon)\,id$ où ω est à valeurs dans les racines 4-ièmes de 1. Il n'y a que deux actions possibles de A dans V'_N :

1) $V'_N = E_N\oplus E_N$ avec action semi-simple,

2) $V'_N = \mathbb{C}e_1\oplus\mathbb{C}e_2$ avec l'action suivante :

$$|a|\begin{pmatrix}\chi(a,\varepsilon) & \chi(a,\varepsilon)v(a)\\ 0 & \chi(a,\varepsilon)\end{pmatrix}\qquad \text{où } \chi(a,\varepsilon)=|a|^{-1/2}\,\omega(a,\varepsilon)$$
v(a)=valuation de a.

. cas 1) : $V'\hookrightarrow \mathrm{Ind}_{\hat{B}}^{\widehat{Sl}_2}V'_N=\mathrm{Ind}_{\hat{B}}^{\widehat{Sl}_2}E_N\oplus\mathrm{Ind}_{\hat{B}}^{\widehat{Sl}_2}E_N.$ (1)

Or on a : $0\to E\to\mathrm{Ind}_{\hat{B}}^{\widehat{Sl}_2}E_N\to E'\to 0$, avec $E'\not\simeq E$.

D'où l'image de V' par (1) est incluse dans $E\oplus E$ et on a alors l'égalité.

.cas 2) : considérons $\mathbb{C}[T,T^{-1}]$: On fait agir A par $|a|\,\omega(a,\varepsilon)T^{v(a)}$. Alors on a : $V'_N\xrightarrow{\sim}\mathbb{C}[T,T^{-1}]/(T-q^{1/2})^2\mathbb{C}[T,T^{-1}]$,

$e_2\to 1,\qquad e_1\to q^{-1/2}(T-q^{1/2})$.

D'où V' s'injecte dans $\mathrm{Ind}_{\hat{B}}^{\widehat{Sl}_2}\mathbb{C}[T,T^{-1}]/(T-q^{1/2})^2$. On note $\mathbb{C}[T,T^{-1}]'$ le même espace mais muni de l'action de A : $|a|\,\omega(a,\varepsilon)T^{-v(a)}$. On note I l'opérateur d'entrelacement entre $\mathrm{Ind}_{\hat{B}}^{\widehat{Sl}_2}\mathbb{C}[T,T^{-1}]$ et $\mathrm{Ind}_{\hat{B}}^{\widehat{Sl}_2}\mathbb{C}[T,T^{-1}]'$, donné par :

$$I\varphi(g)=(1-T^2)\int\varphi\left(\begin{pmatrix}0 & 1\\ -1 & 0\end{pmatrix}\begin{pmatrix}1 & n\\ 0 & 1\end{pmatrix}g\right)dn.$$

Et on note I' l'opérateur du même type entre Ind $\mathbb{C}[T,T^{-1}]'$ et Ind $\mathbb{C}[T,T^{-1}]$. On a : $I'oI = c\,(1-qT^2)\,(1-q^{-1}T^2)\,\mathrm{id}$ avec $c \in \mathbb{C}^*$ (cf. K-P). En spécialisant I en $T=q^{1/2}$, on a l'existence d'une représentation, notée E', de $\hat{S}l_2$ avec les propriétés suivantes :

$$0 \to E \to \mathrm{Ind}\ \mathbb{C}[T,T^{-1}]/(T-q^{1/2}) \to E' \to 0$$

$$0 \to E' \to \mathrm{Ind}\ \mathbb{C}[T,T^{-1}]'/(T-q^{1/2}) \to E \to 0$$

$$I(E)=0,\ I(E')\neq 0,\ I'(E')=0,\ I'(E)\neq 0.$$

Posons $\mathcal{A}=$ Ind $\mathbb{C}[T,T^{-1}]$, $\mathcal{A}'=$Ind $\mathbb{C}[T,T^{-1}]'$, $\tilde{V}$ l'image réciproque de V' dans $\mathcal{A}$. Par exactitude du foncteur d'induction, on a : $V' \simeq \tilde{V}/(T-q^{1/2})^2\mathcal{A}$. Regardons $I(\tilde{V})/(T-q^{1/2})\mathcal{A}' \cap I(\tilde{V})$. C'est un quotient de $\tilde{V}$ et n'a donc que E comme quotient. Or il est inclus dans $I\mathcal{A}/(T-q^{1/2})\mathcal{A}' \simeq E'$. Ainsi l'on a :

$$I(\tilde{V}) \subset (T-q^{1/2})\mathcal{A}'.$$

On en tire que $I(\tilde{V})/(T-q^{1/2})^2\mathcal{A}'$ est un sous-module de $(T-q^{1/2})\mathcal{A}'/(T-q^{1/2})^2\mathcal{A}'$ $\simeq \mathcal{A}'/(T-q^{1/2})\mathcal{A}'$; or ce dernier module a un unique sous-module irréductible, E'. D'où : $I(\tilde{V})/(T-q^{1/2})^2\mathcal{A}'=0$. On en tire que l'on a :

$$I'oI(\tilde{V}) \subset (T-q^{1/2})^2\mathcal{A}.$$

D'où avec l'expression de I'oI déjà donnée, on a :

$$c(1-qT^2)(1-q^{-1}T^2)\,\tilde{V} \subset (T-q^{1/2})^2\mathcal{A} \quad\text{et}\quad \tilde{V}\subset (T-q^{1/2})\mathcal{A}.$$

Ainsi V' est un sous-module de $(T-q^{1/2})\mathcal{A}/(T-q^{1/2})^2\mathcal{A} \simeq \mathcal{A}/(T-q^{1/2})\mathcal{A}$, qui n'a qu'un sous-quotient irréductible isomorphe à E, d'où une contradiction.

Pour terminer la preuve de (ii), on va prouver (iii), ce qui est plus fort.

(iii) Pour la "partie cuspidale" de V, (iii) est facile ; on peut supposer que $\hat{z}l$ agit par un unique caractère et on note E la représentation fournie par (i) correspondant à ce caractère. On a un isomorphisme canonique :

$$\mu : V \simeq \mathrm{Hom}_{\hat{S}l_2}(E,V)\otimes E.$$

Grâce à μ on identifie V/N_TV et $\mathrm{Hom}_{\hat{S}l_2}(E,V)$. Et on a clairement, avec la notation du lemme , $\mu^{-1}(W)$ inclus dans $\mathrm{Ind}_{\hat{z}l\,N(X)}^{\hat{B}}\, W \cap V:=V'$. De plus le quotient $V'/\mu^{-1}(W)$ n'a comme modules de Jacquet non nul que celui correspondant au caractère trivial de N(X). Grâce à 4.(2) et 7.1(i) $V'/\mu^{-1}(W)$ est une représentation nulle ou une représentation triviale de $\hat{Sl}_2$. L'action du centre de $\hat{Sl}_2$ montre la nullité, d'où le résultat cherché.

Prouvons (iii) dans le cas qui reste, c'est-à-dire quand tous les sous-quotients irréductibles de V sont isomorphes à $\mathcal{f}^{pair}$:=E. Soit W comme dans l'énoncé. On note $\mathcal{V}$ le sous-$\hat{Sl}_2$-module de V engendré par Ind W (cf.6.1). Si l'on montre que $\mathcal{V} \subset$ ind W alors comme plus haut on obtient que $V \cap$ ind W $= \mathcal{V}$, d'où (iii). Supposons que $\mathcal{V} \not\subset$ ind W et choisissons $v \in$ Ind W tel que V' le sous-$\hat{Sl}_2$-module de V engendré par v ne soit pas dans ind W ; grâce à ([B-Z],2.24) on peut supposer que W est de dimmension 1. Comme V' est de type fini on choisit une sous-représentation de V' propre et maximale, notée V". Si V"=0 on a $V' \simeq E$ et une contradiction immédiate. Supposons donc $V" \neq 0$, d'après ([B-D],3.12) V" est encore de type fini ; on choisit encore V"' une sous-représentation de V" propre et maximale. D'après ce que l'on a déjà vu V'/V"' est isomorphe à $E \oplus E$ et, par définition de V', est engendré par l'image de v. Or par choix de v, les images des $\pi(\gamma)v$, où $\gamma \in \hat{B}$, dans $(V'/V''')/N_T(V'/V''')$ engendrent un espace vectoriel de dimension un, ce qui est la contradiction cherchée grâce à la remarque faite dans la démonstration de (i).

(iv) il ne reste plus qu'à prouver la première partie d théorème 5(iii). Mais ici la démonstration est immédiate, on prend $\bar{V}$=V et 5(iii) résulte de la décomposition suivante de V :

$$V \cong (V/N_TV)_\chi \otimes \mathcal{f}^{pair} + (V/N_TV)_{\chi'} \otimes \mathcal{f}^{impair} + (V/N_TV)_{\chi''} \otimes V^\beta \quad \text{où } \chi, \chi', \chi''$$

sont les caractères pour l'action de $\pm\hat{1}$ sur V (ou V/N_TV) et $(V/N_TV)_\chi$,... sout les espaces propres relatifs.

10-Preuve du théorème 5 (sauf (iv)) :

On suppose dans tout ce qui suit $\beta \neq 0$.

Commençons par vérifier que si V est concentré sur β avec rang $\beta < n$ alors : $(\gamma,\varepsilon)\in \widehat{Gl(\mathrm{Rad}\,T)}\ {}^{u}O_T(X)$ (cf. 4 pour les notations) agit par le caractère $\varepsilon^{k}|\det\gamma|^{k/2}\,\omega(T;\gamma,\varepsilon)$ dans V/N_TV (cf.5(iii))

(C'est la remarque 5(ii)).

En conjuguant éventuellement par γ_e, on peut évidemment supposer que l'on a $T = T_e$ avec $e\in\mathcal{E}$. Grâce à 8, on sait que $\mathcal{V}_e$ est concentré sur β_e et on remarque que rad T est inclus dans X' et que c'est le radical de T'_e ($:=T_{|X'}$). Grâce à 7.2(iii) on calcule l'action de $\widehat{Gl(\mathrm{Rad}\,T)}$ par récurrence. On en déduit le fait que ${}^{u}O_T(X)$ agit trivialement par une astuce due à Howe (cf. [H²](2.44)) : plus généralement soit W une représentation de ${}^{u}O_T(X)\ \widehat{Gl(\mathrm{Rad}\,T)}$ sur la quelle $\widehat{Gl(\mathrm{Rad}\,T)}$ agit par un caractère, alors ${}^{u}O_T(X)$ agit trivialement sur W :

en effet on a, $\forall\ u\in {}^{u}O_T(X)$, $\forall\gamma\in\widehat{Gl(\mathrm{Rad}\,T)}$, $\forall\ w\in W$,

$\pi(\gamma^{-1}u\gamma)\,w = \pi(u)\,w.$

Or pour u fixé, on $\{\gamma^{-1}u\gamma \mid \gamma\in\widehat{Gl(\mathrm{Rad}\,T)}\}$ contient l'élément 1 dans sa fermeture ; d'où $\pi(u)\,w = w$.

<u>Preuve de 5(ii)</u> : On peut évidemment supposer que $V[0] = 0$. Pour tout $e\in\mathcal{E}$, on définit $\mathcal{V}_e[\beta_e]$ comme $V[\beta]$. Par hypothèse de récurrence, on sait que $\mathcal{V}_e[\beta_e]$ est un $\widehat{Sp}'$-module donc, clairement un $\widehat{\pm 1\times Sp'\times H}$-sous-module de $\mathcal{V}_e$. On pose ici : (on adopte toutes les notations de 7 et 8)

$$V' = A^{-1}\Big(\bigoplus_{e\in\mathcal{E}}\ \mathrm{Ind}_{\widehat{\pm 1\times Sp'\times H}}^{\widehat{P_1}}(\mathcal{V}_e[\beta_e]\otimes\mathcal{f}_e)\ \oplus_{e\in F^*/F^{*2}-\mathcal{E}}\{0\}\Big).$$

Vérifions que l'on a : $V' = V[\beta]$.

Soit $T'\in S^2(X^*)-\overline{\beta}$. Supposons d'abord que l'on a $T'(x_o,x_o)\neq 0$. Soit $e\in\mathcal{E}$; si $T'(x_o,x_o)\notin eF^{*2}$, il résulte facilement (par un calcul de module de Jacquet par étage) de 6.1(ii) (appliqué à $H=P_1$ et $U=Z$) que :

$$\mathcal{X}_{e,T'} := \mathrm{Ind}_{\widehat{\pm 1\times Sp'\times H}}^{\widehat{P_1}}(\mathcal{V}_e\otimes\mathcal{f}_e)\ /\ N_{T'}\,\mathrm{Ind}_{\widehat{\pm 1\times Sp'\times H}}^{\widehat{P_1}}(\mathcal{V}_e\otimes\mathcal{f}_e) = 0.$$

Si $T'(x_o,x_o)\in eF^{*2}$, il résulte de 6.1(ii), comme plus haut, que l'application naturelle de $\mathrm{Ind}_{\widehat{\pm 1\times Sp'\times H}}^{\widehat{P_1}}(\mathcal{V}_e\otimes\mathcal{f}_e)$ sur $\mathcal{X}_{e,T'}$ se factorise par l'évaluation en un point $\gamma\in P_1$ bien choisi et que $\mathcal{X}_{e,T'}$ est isomorphe à $\vartheta_e / N'_{\gamma T'}\vartheta_e \otimes \mathcal{S}_e / N^1_{\gamma T'} \mathcal{S}_e$ où N^1 est le sous-groupe de N(X) égal à $1+(Fx_o \otimes x_o + x_o \otimes X')$. En outre avec 6.3, on a $\gamma T' \notin \overline{\beta_e}$. L'inclusion de $V[\beta]$ dans V' est alors claire. Réciproquement soit $v \in V'$ et supposons que $v \notin N_{T'}V$ où $T' \in S^2(X^*) - \overline{\beta}$. Si $T'(x_o,x_o) \neq 0$, les calculs précédents donnent une contradiction. Si $T'(x_o,x_o)=0$, il existe $\gamma \in Gl(X)$ tel que $\gamma T'(x_o,x_o) \neq 0$ et $\pi(\gamma^{-1})v=v$; donc en particulier $\pi(\gamma^{-1})v \notin N_{T'}V$ i.e. $v \notin N_{\gamma T'}V$ et on obtient une contradiction comme précédemment.

Ainsi V' est stable en particulier par $\widehat{P_1}$ et par $\widehat{Gl(X)}$ (presque par définition), il est donc stable par $\widehat{Sp}$ qui est engendré par ces deux groupes. D'où 5.(i).

<u>Preuve de (ii)</u> : Pour avoir l'action de $\hat{1}$ sur V, il suffit grâce à l'injectivité de A (ici $V[0] = 0$, cf.4 Remarque) de connaitre l'action de $\hat{1}$ sur les $\mathrm{Ind}^{\widehat{P_1}}_{\pm 1 \times Sp' \times H}(\vartheta_e \otimes \mathcal{S}_e)$, i.e. sur $\vartheta_e \otimes \mathcal{S}_e$ quand $e \in \mathcal{E}$; rappelons qu'ici, grâce à 8, $\vartheta_e = 0$ si $e \notin \mathcal{E} F^{*2}$. Cela se fait par récurrence, l'action de $\hat{1}$ sur $\mathcal{S}_e$ étant bien connue.

Preuve de 5(iii) : On va d'abord démontrer que <u>si W est un sous-$\widehat{O_T}$-module de V/N_TV alors</u> $\overline{V} := C^{-1}\mathrm{Ind}^{\widehat{Gl(X)} \times N(X)}_{\widehat{O_T}(X) \times N(X)} W$ (notations de 8) <u>est un sous-$\widehat{Sp}$-module de V.</u>

Comme dans la preuve de (i), il suffit de démontrer que $\overline{V}$ est stable par $\widehat{P_1}$. Pour tout $e \in \mathcal{E}$, on note W_e l'image de W par γ_e ; c'est un sous-$\widehat{O_{T_e}}$-module de $V/N_{T_e}V$. Donc en particulier $W_e \otimes C_{\lambda -1}$ (notations de 7.2) est un sous-$\widehat{O_{T_e}}(X')$-module de $\vartheta_e / N'_{T_e}\vartheta_e$ (cf. la remarque 5(ii) déjà démontrée). On note $\overline{\vartheta}_e$ son image réciproque par l'application naturelle de $\vartheta_e \to \mathrm{Ind}^{\widehat{Gl(X')}N(X')}_{\widehat{O_T}(X')N(X')} \vartheta_e / N'_{T_e}\vartheta_e$, elle est stable par $\widehat{Sp}'$ (hypothèse de récurrence) et par $\hat{1}$. D'où :

$$B^{-1}\left(\oplus_{e \in \mathcal{E}} \mathrm{Ind}^{\widehat{T_1 \times Gl}(X') \times N(X') \times H}_{\pm 1 \times O_{T_e}(X') \times N(X)} W_e\right) = \oplus_{e \in F^*/F^{*2}} \mathrm{Ind}^{\widehat{P_1}}_{\pm 1 \times Sp' \times H} \overline{\vartheta}_e \otimes \mathcal{S}_e.$$

Et par commutativité du diagramme 8, on a :

$$V = C^{-1}\mathrm{Ind}^{\widehat{Gl(X)} \times N(X)}_{\widehat{O_T}(X) \times N(X)} W = A^{-1}\oplus_{e \in F^*/F^{*2}} \mathrm{Ind}^{\widehat{P_1}}_{\pm 1 \times Sp' \times H}(\overline{\vartheta}_e \otimes \mathcal{S}_e).$$

Cela prouve bien que V est stable par $\widehat{P_1}$, d'où le résultat.

Pour prouver (iii) il est maintenant clair que l'on peut supposer que ρ est un isomorphisme. On construit à partir de V' un diagramme analogue à 8, en mettant des '. On a toujours $V[0] = V'[0] = \{0\}$. Pour tout $e \in \mathcal{E}$, on transporte ρ, grâce à γ_e, en un isomorphisme de $V/N_{T_e}V$ sur $V'/N_{T_e}V'$, isomorphismes de $\hat{O}_{T_e}(X)$-modules d'après 5remarque(ii). Il est clair que les diagrammes pour V et V' sont reliés par des flèches $\tilde{\rho}$ et $\tilde{\tilde{\rho}}$ déduites de façon naturelle à partir de ρ et des $\gamma_e\rho$ de la façon suivante : (pour simplifier l'écriture j'omets dans les induites les groupes par rapport auxquels on induit) ; remarquons aussi que $\mathcal{V}_e = \mathcal{V}'_e = 0$ si $e \in F^*/F^{*2} - \mathcal{E}$.

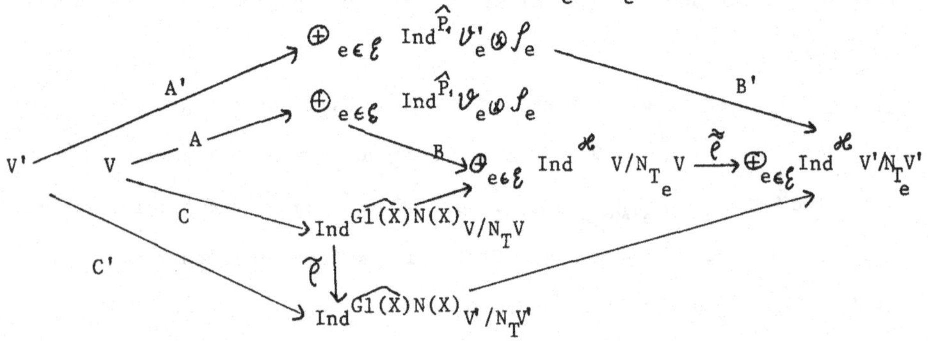

où $\mathcal{H} = T_1 \times \widehat{Gl(X')} \times N(X') \times H$.

On pose : $\bar{V} = (C^{-1}\tilde{\rho}^{-1}C')(V')$

$$\bar{\bar{V}} = (B^{-1}\tilde{\tilde{\rho}}^{-1}B')(\oplus_{e\in\mathcal{E}} \operatorname{Ind}^{\hat{P}_1} \mathcal{V}'_e \otimes \mathcal{S}_e).$$

Quand on revient à la définition de B donnée en 7.2(ii), on voit que par récurrence, $\bar{\bar{V}}$ est construit de façon analogue à $\bar{V}$ aux inductions par étages près. En particulier par récurrence on admet que $\bar{\bar{V}}$ est stable par $\hat{P}_1$. Par commutativité du diagramme, on a :

$$V = A^{-1}V.$$

D'où $\bar{V}$ est stable par $\hat{P}_1$ et par $\widehat{Gl(X)}$, par construction. D'où $\bar{V}$ est une sous-représentation de V. Il ne reste plus qu'à vérifier que $\bar{\rho} := C^{-1}\tilde{\rho}\, C_{|\bar{V}}$ qui est une application linéaire, $\widehat{Gl(X)}$-équivariante de $\bar{V}$ dans V, est en fait $\widehat{Sp}$-équivariante. Par la commutativité du diagramme on a :

$$\bar{\rho} = C'^{-1}\tilde{\rho}\, C_{|\bar{V}} = A'^{-1}(B'^{-1}\tilde{\tilde{\rho}}\, B)A_{|\bar{V}}.$$

En particulier, ce qui est écrit à droite est une application linéaire et comme $A(\tilde{V}) \subset \bar{\bar{V}}$ (cf. plus haut), par récurrence, on sait qu'elle est $\widehat{P}_1$-équivariante. Ainsi $\bar{\rho}$ est aussi $\widehat{P}_1$-équivariante, d'où $\widehat{Sp}$-équivariante par l'argument déjà utilisé. On a donc prouvé la première partie de 5. (iii). Mais on déduit immédiatement que si V est irréductible alors $V/N_T V$ l'est aussi comme $\widehat{O}_{\bar{T}}$-module. Réciproquement supposons que $V/N_T V$ soit irréductible et soit $\bar{V}$ un sous-module non nul de V. On note $\mathcal{Y}$ l'ensemble des éléments de $\mathcal{C}_c^\infty(N(X))$ dont la transformée de Fourier est nulle sur $\bar{\beta} - \beta$; on a (cf.4(1)):

$$\pi(\mathcal{Y})\bar{V} = 0 \iff V \subset \mathrm{Ker}\,(V \to \mathrm{Ind}_{\widehat{O_T(X)}\cdot N(X)}^{\widehat{Gl(X)}\cdot N(X)} V/N_T V)$$

D'où puisque V est concentrée sur β, $\pi(\mathcal{Y})\bar{V} \neq 0$. Et avec 6.1(1), $\pi(\mathcal{Y})\bar{V}$ est un sous-$\widehat{Gl(X)}$-module, non nul, de $\mathrm{ind}_{\widehat{O_T(X)}\times N(X)}^{\widehat{Gl(X)}\times N(X)} V/N_T V$ stable par N(X). Par irréductibilité, on a l'égalité qui force $\pi(\mathcal{Y})\bar{V} = \pi(\mathcal{Y})V$. Ainsi $\bar{V}$ contient $\pi(\mathcal{Y})V$ et l'intersection des sous-modules non nuls de V est non nulle, ce qui termine la démonstration de (iii).

11-Lien avec la représentation métaplectique ; premières notations et remarques.

Soient β une orbite de $S^2(X^*)$ et $T \in \beta$, on garde les notations générales et on forme la représentation métaplectique associée à la paire duale $(Sp, O_{\bar{T}})$. Pour éviter des confusions, on notera $O_{\bar{T}}(Y)$, le groupe orthogonal de la paire où $Y := X/\mathrm{Rad}\,T$. On réalise cette représentation, notée (ω_T, $\mathcal{S}$) dans l'espace de Schwartz sur Hom(X,Y). Rappelons que l'on a fixé un caractère non trivial de F à valeur dans C*, continu, noté ψ.

Soit $T' \in S^2(X^*)$; on pose :

$\mathcal{X}_{T'} = \{ \tau \in \mathrm{Hom}(X,Y) \mid \tau^* \bar{T}\tau = T' \}$ (* est la transposition).

On remarque que $\mathcal{X}_{T'}$ est stable par multiplication à gauche par $O_{\bar{T}}(Y)$ et à droite par $O_{T'}(X)$. $\mathcal{X}_{T'} = O_{\bar{T}}(Y)\,\mathcal{X}_{T'}\,O_{T'}(X)$.

De plus soit $\gamma \in N(X)$ et $\varphi \in \mathcal{S}$, alors on a pour tout $\tau \in \mathcal{X}_{T'}$:

$$(\omega_T(\gamma)\varphi)(\tau) = \psi_{T'}(\gamma)\varphi(\tau).$$

Ainsi l'application qui à $\varphi \in \mathcal{S}$ associe sa restriction à $\mathcal{X}_{T'}$ se factorise par le module de Jacquet $\mathcal{S}/N_{T'}\mathcal{S}$. On a en fait :

11.1 Lemme : soit $T' \in S^2(X^*)$.

(i) Si $T' \notin \bar{\beta}$, $\mathcal{S}/N_T\mathcal{S} = 0$ et $\mathcal{X}_{T'} = \emptyset$.

(ii) Si $T' \in \bar{\beta}$, alors $\mathcal{X}_{T'} \neq \emptyset$ et l'application de restriction à $\mathcal{X}_{T'}$ de $\mathcal{S}$ sur $\mathcal{C}_c^\infty(\mathcal{X}_{T'})$ est l'application naturelle de $\mathcal{S}$ sur $\mathcal{S}/N_T\mathcal{S}$.

(iii) $\mathcal{S}$ est concentré sur β.

Il est clair que si $T' \notin \bar{\beta}$ (resp. $\in$) alors $\mathcal{X}_{T'} = \emptyset$ (resp. $\neq$). Le lemme (i) et (ii) se démontre alors de façon élémentaire en utilisant le critère de Jacquet. Quant à (iii), il est conséquence immédiate de (ii) en remarquant que $\bigcap_{T\in\beta} N_T\mathcal{S} = \{\varphi \in \mathcal{S} \mid \varphi(\tau) = 0 \ \ \forall \tau \text{ surjectif}\} = 0$.

On fixe τ_o un homomorphisme surjectif de X sur Y dont le noyau est le radical de T. Alors on a : (on note $\mathcal{S}'_k = \{\varphi \in \mathcal{S} \mid \varphi(\tau) = 0 \text{ si rang}\,\tau < k := \dim Y\}$)

11.2 Remarque : (i) $\mathcal{X}_T = O_{\bar{T}}(Y)\,\tau_o$ et $\mathrm{Stab}_{O_{\bar{T}}(Y)}\,\tau_o = \{1\}$.

(ii) $\mathcal{S}/N_T\mathcal{S} \simeq \mathcal{C}_c^\infty(\mathcal{X}_T) \simeq \mathcal{C}_c(O_{\bar{T}}(Y))$, comme $O_T(X) \times O_{\bar{T}}(Y)$-module où $O_{\bar{T}}(Y)$ agit sur $\mathcal{C}_c(O_{\bar{T}}(X))$ par la représentation régulière gauche et $\widehat{Gl(\mathrm{Rad}\,T)}\ {}^uO_T(X)$ agit par le caractère $(\gamma, \varepsilon) \longmapsto \det\gamma^{k/2}\,\varepsilon^k\,\omega(T;\,),\varepsilon)$ (où $k = \dim Y$) (caractère habituel de la représentation métaplectique) et $\widehat{O}_{\bar{T}}(\hookrightarrow \widehat{O_T}(X))$ agit par la représentation régulière droite tordue par le caractère ν précedemment défini (cf. aussi 5(iii)).

(iii) $\mathcal{S}'_k/N_T\mathcal{S}'_k \simeq \mathcal{S}/N_T\mathcal{S}$ comme $\widehat{O_T(X)} \times O_{\bar{T}}(Y)$-modules.

(i) est clair et (ii) est une conséquence immédiate de 11.1(ii). Quant à (iii), il résulte de ce que $\mathcal{X}_T$ est inclus dans l'ouvert de Hom(X,Y) formé des éléments surjectifs, de la définition de $\mathcal{S}'_k$ et de 11.1(ii).

11.3 Corollaire : Soit (π_2, V_2) une représentation irréductible de $O_{\bar{T}}(Y)$; alors il existe des représentations irréductibles (π_1, V_1) et (π'_1, V'_1) de $\widehat{Sp}$ (éventuellement distinctes) telles que $V_1 \otimes V_2$ soit isomorphe à un quotient de $\mathcal{S}$ et $V'_1 \otimes V_2$ à un quotient de $\mathcal{S}_k$ comme $\widehat{Sp} \times O_{\bar{T}}(Y)$-modules, ici $\mathcal{S}_k$ est le sous-$\widehat{Sp}$-module de $\mathcal{S}$ engendré par $\mathcal{S}'_k$ (il est stable par $O_{\bar{T}}(Y)$).

Il résulte de 11.2(ii) et de la remarque qui suit , que $\mathcal{S}[\pi_2]$, le plus grand quotient isotypique de type (π_2, V_2) de $\mathcal{S}$ (cf. Chap.II,III.5), est non nul. De même, avec 11.2(ii), pour $\mathcal{S}_k[\pi_2]$ où on remplace $\mathcal{S}$ par $\mathcal{S}_k$. Le corollaire résulte alors de chap.III, § 4.3 .

11.4 Remarque : (notations de 11.3) Le plus grand quotient isotypique de $\mathcal{C}_c^\infty(O_{\bar{T}}(Y))$ comme $O_{\bar{T}}(Y)$-module, pour la représentation régulière gauche, de type (π_2,V_2) est isomorphe à $V_2 \otimes V_2^*$ (où V_2^* est la contragrédiente lisse de V_2). Cet isomorphisme entrelace la représentation régulière droite de $O_{\bar{T}}(Y)$ sur $\mathcal{C}_c^\infty(O_{\bar{T}}(Y))$ et la représentation contragrédiente sur V_2^*. Cette remarque est classique, la flèche de $\mathcal{C}_c^\infty(O_{\bar{T}}(Y))$ sur $V_2 \otimes V_2^*$ est la flèche naturelle quand on voit $V_2 \otimes V_2^*$ comme un sous-espace vectoriel de End V_2. (cf.chapC3, lemme II.3).

11.5 Remarque : toute représentation irréductible de $O_{\bar{T}}(Y)$ lisse est isomorphe à sa contragrédiente lisse. (cf. Chap.IV,théorème II.1).
En fait on gardera, dans ce qui suit, la notation V_2^* parceque c'est la contragrédiente qui intervient naturellement.

12. Preuve de 5(iv). (on garde la notation $\mathcal{S}_k$ définie en 11.3)
Remarquons d'abord que l'injectivité de $\bar{\Phi}$ résulte de 5(iii), déjà prouvé. On va prouver la surjectivité de $\bar{\Phi}$ à l'aide de la proposition suivante :
Proposition : Les quotients irréductibles de $\mathcal{S}_k$ comme $\widehat{Sp} \times O_{\bar{T}}(Y)$-modules forment le graphe de $\bar{\Phi}$. En particulier $\bar{\Phi}$ est surjective et les quotients irréductibles interviennent avec multiplicité 1 comme quotients.
Soit $(V_1 \otimes V_2)$ un quotient irréductible de $\mathcal{S}_k$ où V_1 (resp.V_2) est une représentation irréductible de $\widehat{Sp}$ (resp. $O_{\bar{T}}(Y)$). Montrons que V_1 est concentrée sur β . pour cela, on note $\mathcal{S}'_k$ l'ensemble des éléments de $\mathcal{S}$ dont le support est inclus dans l'onvert de Hom(X,Y) formé des homomorphismes surjectifs et $\mathcal{Y}$ l'ensemble des éléments de $\mathcal{C}_c^\infty(N(X))$ dont la transformée de Fourier est nulle sur $\bar{\beta} - \beta$. A l'aide de 6.1(1) et de 11.1(ii)et 11.2(iii) on voit que $\Pi(\mathcal{Y})\mathcal{S}_k$ et $\mathcal{S}'_k$ ont même modules de Jacquet relativement à

N(X) et à ses caractères, i.e. $\mathcal{S}'_k = \pi(\mathcal{Y})\mathcal{S}$ (cf.4(2)). Ainsi $\mathcal{S}_k$ est engendré comme $\widehat{Sp}$-module par $\pi(\mathcal{Y})\mathcal{S}_k$. On sait que V_1 est un quotient irréductible de $\mathcal{S}_k$, comme $\widehat{Sp}$-module ; on choisit $V' \hookrightarrow \mathcal{S}_k$ telque $\mathcal{S}_k/V' \simeq V_1$. Il est clair, grâce à 11.1(i) et 5(i) que V_1 est concentré sur une orbite de $S^2(X^*)$ incluse dans $\breve{\beta}$ et il faut démontrer que cette orbite est β. Pour cela il suffit de démontrer que $V_1/N_T V_1 \neq 0$. Supposons le contraire et soit $\varphi \in \pi(\mathcal{Y})\mathcal{S}_k$. On a déjà $\varphi \in \bigcap_{T' \notin \beta} N_{T'}\mathcal{S}_k$ et comme $(\mathcal{S}_k/V')/N_{T'}(\mathcal{S}_k/V')=0$ pour tout $T' \in \beta$, l'image de φ dans $\mathcal{S}_k/V'$ appartient à $\bigcap_{T' \in S^2(X^*)} N_{T'}\mathcal{S}_k/V'$, d'où $\varphi \in V'$. Ainsi V' contient $\pi(\mathcal{Y})\mathcal{S}_k$ et par stabilité par $\widehat{Sp}$, il contient $\mathcal{S}_k$ d'où une contradiction.

On réalise alors $V_1/N_T V_1 \otimes V_2$ comme quotient irréductible de $\mathcal{S}_k/N_T\mathcal{S}_k \simeq \mathcal{C}_c^\infty(O_{\bar{T}}(Y))$. Il résulte de 11.4 que $V_1/N_T V_1^{\infty}$ est comme $\widehat{O}_{\bar{T}}$-module isomorphe à V_2^*. Ainsi $\Phi(V_1)=V_2$. On obtient l'unicité de V_1 quand V_2 est fixé grâce à l'injectivité de Φ et à 1 .4. La surjectivité de Φ résulte donc de 11.3.

13. <u>Lien de Φ avec la conjecture de Howe.</u>

Comme 12 le laisse penser, en général l'existence de Φ ne prouve pas la conjecture de Howe pour $\mathcal{S}$ et même dans ce cas particulier où $\dim Y \leq \dim X$, les méthodes élémentaires qui suivent ne permettent pas de prouver la conjecture de Howe. Toutefois à l'aide de Φ, on va pouvoir décrire la bijection de Howe quand celle ci est démontrée. Pour énoncer ce que l'on peut prouver, j'ai d'abord besoin de quelques notations.

Pour tout entier r tel qu'il existe un sous-espace isotrope de Y de dimension k-r, noté Y', on fixe un élément, noté τ_r de Hom(X,Y) qui vérifie $\tau_r(X)=Y'^{\perp}$. On note $T_r = \tau_r^* \bar{T}\, \tau_r$ et β_r l'orbite de T_r dans $S^2(X^*)$. Il est immédiat de vérifier que β_r ne dépend pas du choix de Y' ni de celui de τ_r et que le rang de β_r est 2r-k. On note Q(Y') le sous-groupe parabolique de $O_{\bar{T}}(Y)$ stabilisant le drapeau $0 \subset Y'$ et ${}^uQ(Y')$ son radical unipotent.

Le quotient $Q(Y')/{}^uQ(Y')$ s'identifie au produit de $Gl(Y')$ par un groupe orthogonal, celui de la forme orthogonale non dégénérée associée à T_r, notée $\overline{T}_r$. On notera ce groupe orthogonal $O_{\overline{T}_r}(Y'^{\perp}/Y')$. (La notation est compliquée mais elle évite les confusions avec $O_{\overline{T}_r}$ déjà défini comme sous-groupe de $O_{T_r}(X) \hookrightarrow Gl(X)$). On notera Φ_{β_r} la bijection Φ pour l'orbite β_r. On admet évidemment $Y'=0$ alors $r=k$, $\beta_r=\beta$ et $Q(Y')=O_{\overline{T}}(Y)$.

On généralise la notation $\mathcal{S}'_k$ définie avant 11.2, en posant pour tout entier r vérifiant : $0 \leq r \leq k = \dim Y$:

. $Hom(X,Y)_{\geq r}$ est l'ouvert de $Hom(X,Y)$ formé des homorphismes de rang $\geq r$,

. $\mathcal{S}'_r = \mathcal{S}(Hom(X,Y)_{\geq r})$ $(\hookrightarrow \mathcal{S})$,

. $\mathcal{S}_r$ le sous-$\widehat{Sp}$-module de $\mathcal{S}$ engendré par $\mathcal{S}'_r$, il est stable par $O_{\overline{T}}(Y)$.

Il est clair que $\mathcal{S}'_r$, $Hom(X,Y)_{\geq r}$ sont stables par $Gl(X) \times N(X)$ et par $O_{\overline{T}}(Y)$.

On démontrera en 15 et 16 la proposition suivante :

Proposition: (notations ci-dessus) Soit $V_1 \otimes V_2$ un quotient irréductible de $\mathcal{S}$ où V_1 (resp. V_2) est une représentation irréductible de $\widehat{Sp}$ (resp. $O_{\overline{T}}(Y)$). Alors on a :

(i) il existe un sous-espace isotrope, noté Y' (éventuellement nul), de dimension, notée $k-r$, tel que V_1 soit concentrée sur β_r et il existe un quotient irréductible de $V_2^*/{}^uQ(Y')\,V_2^*$ (comme $Q(Y')$-module) sur lequel $Gl(Y')$ opère par $|\det|^{-n+2r-k}$, noté $\overline{V}_2$, tel que $V_1 = \Phi_{\beta_r}^{-1}(\overline{V}_2)$.

(ii) soit (π_2, V_2) une représentation irréductible de $O_{\overline{T}}(Y)$ et Y' un sous-espace isotrope de Y de dimension notée $k-r$ tel que $V_2^*/{}^uQ(Y')V_2^*$ $(\neq 0)$ admette un quotient irréductible, noté $\overline{V}_2$, sur lequel $Gl(Y')$ opère par $|\det|^{-n+2r-k}$. On choisit Y' de dimension maximale avec cette propriété et V_2 comme précédemment, alors $(\Phi_{\beta_r}^{-1}(\overline{V}_2) \otimes V_2)$ est un quotient irréductible de $\mathcal{S}$.

En particulier, si la conjecture de Howe est vraie, $\overline{V}_2$ est unique avec les propriétés précédentes et $\Phi^{-1}_{\beta_r}(\bar{V}_2)\otimes V_2$ est l'unique quotient irréductible de $\mathcal{S}$ isotypique de type (π_2, V_2) en tant que représentation de $O_{\bar{T}}(Y)$.

14. Etude de $\mathcal{S}_r / \mathcal{S}_{r+1}$ (cf.13 pour les notations).

14.1 Lemme : soit $\tau \in \mathrm{Hom}(X,Y)$; on note r le rang de τ et m le rang de $\tau^*T\tau$. Alors, on a $2r-m\leq k$. Supposons $2r-m=k$, alors Y possède un sous-espace isotrope de dimension k-r et $\tau^*T\tau \in \beta_r$. Supposons $2r-m<k$, alors il existe une base de voisinages (ouverts compacts) de τ dont les fonctions caractéristiques sont dans $\mathcal{S}_{r+1}$.

Notons Y' le radical de la restriction de T à $\tau(X)$; c'est un sous-espace isotrope de Y de dimension r-m, d'où $2(r-m)+m\leq k$, i.e. $2r-m\leq k$,en particulier dim Y'=k-r, si $2r-m=k$. On suppose maintenant que $2r-m<k$, c'est-à-dire qu'il existe un sous-espace non nul, noté Y_1, de Y telque la restriction de T à Y_1 soit non dégénérée et $Y_1^{\perp}$ contienne $\tau(X)$. D'où : $Y = Y_1 \oplus Y_1^{\perp}$. On choisit un sous-espace vectoriel, noté X_1 de X, inclus dans Ker τ , de même dimension que Y_1 et un homorphisme, noté τ_o de X dans Y, d'image Y_1 et de noyau un supplémentaire de X_1. On note $\bar{X}$ =Ker τ_o, d'où les décompositions :

$$. \ X=\bar{X} + X_1 \tag{1}$$

$$. \ \mathrm{Hom}(X,Y)=\mathrm{Hom}(\bar{X},Y)+\mathrm{Hom}(X_1,Y) \tag{2}$$

$$. \ \mathrm{Hom}(X_1,Y)=\mathrm{Hom}(X_1,Y_1^{\perp})+ \mathrm{Hom}(X_1,Y_1) \tag{3}$$

Grâce à (1), on identifie X_1^* à $\bar{X}^{\perp}$ ($\hookrightarrow X^*$) et on note γ un élément de Sp qui échange X_1 et X_1^* et vaut l'identité sur $\bar{X}$ et $X_1^{\perp}$ ($\hookrightarrow X^*$). On note μ le caractère de Hom(X,Y) (ou de $\mathrm{Hom}(X_1,Y)$) qui vaut $\mu(\tau')=\psi((-\tau\gamma,\tau'))$. On choisit un réseau, noté L de $\mathrm{Hom}(X_1,Y)$ de la forme L_1+L_2 où L_1 est un réseau de $\mathrm{Hom}(X_1,Y_1^{\perp})$ et L_2 un réseau de $\mathrm{Hom}(X_1,Y_1)$ (cf.(3)). On pose :

$$L'= \{ \tau' \in \mathrm{Hom}(X_1,Y) \mid \psi((\tau'\gamma ,v))=1, \forall v \in L\}.$$

Soient $\bar{\mathcal{V}}$ un petit voisinage de $\tau_{|\bar{X}}$ dans Hom(X,Y) et $\mathcal{V}_1$ un voisinage de 0 dans $\mathrm{Hom}(X_1Y)\cap \mathrm{Ker}\,\mu$, alors l'hypothèse sur Y_1, assure que l'on peut choisir L_1 suffisamment petit et L_2 suffisamment grand de telle sorte que l'on ait :

$$\forall \tau' \in \tau+\tau_0+(\bar{\mathcal{V}}+L') \text{ on a rang } \tau' \geq \text{rang}\,\tau + \dim Y_1, \qquad (4)$$
$$\forall \tau' \in \tau+(\bar{\mathcal{V}}+L) \text{ on a rang } \tau' \geq r,$$
$$\{\tau' \in \tau+(\bar{\mathcal{V}}+L) \mid \text{rang}\,\tau'=r\} \subset \tau+(\bar{\mathcal{V}}+\mathcal{V}_1) \qquad (5).$$

On note φ le produit de μ par la fonction caractéristique de $\tau+\bar{\mathcal{V}}+L$ et on calcule :

$$(\omega_T(\gamma)\varphi)(\tau') = 0 \text{ si } \tau' \notin \tau+\tau_0+\bar{\mathcal{V}}+L',$$
$$= \text{mesure de } L \text{ sinon.}$$

On remarque que grâce à (4), cela prouve que $\omega_T(\varphi) \in \mathcal{S}_{r+\dim Y_1}$. D'où $\varphi \in \mathcal{S}_{r+\dim Y_1}$. Et grâce à (5), on voit que la différence de φ et de la fonction caractéristique de $\tau+\bar{\mathcal{V}}+\mathcal{V}_1$ est incluse dans $\mathcal{S}'_{r+1}$. D'où le résultat. Mais on a en fait montré plus :

14.2 <u>Corollaire</u> : (i) <u>Soit</u> $T' \in S^2(X^*)$ <u>de rang</u> $>2r-k$, <u>alors l'application naturelle de</u> $\mathcal{S}_{r+1}/N_{T'}\mathcal{S}_{r+1}$ <u>dans</u> $\mathcal{S}/N_{T'}\mathcal{S}$ <u>est surjective</u>.

(ii) <u>On suppose que</u> $\mathcal{S}/\mathcal{S}_{r+1} \neq 0$, <u>alors il existe un sous-espace isotrope de dimension</u> $k-r$ <u>dans</u> Y.

(i)Grâce à 11.1, dont on adopte les notations, il suffit de montrer que pour tout $\tau \in \mathcal{X}_{T'}$ et pour tout voisinage de τ, noté $\mathcal{V}$, il existe $\mathcal{V}'$, un voisinage de τ inclus dans $\mathcal{V}$ dont la fonction caractéristique restreinte à $\mathcal{X}_{T'}$ coïncide avec la restriction d'un élément de $\mathcal{S}_{r+1}$ à $\mathcal{X}_{T'}$. Soit $\tau \in \mathcal{X}_{T'}$, on pose ici $r'=\text{rang}\,\tau$, $m=\text{rang}\,T'$. Si $r'>r$, c'est clair et cela se produit, en particulier, si $2r'-m=k$. Supposons donc qui $2r'-m<k$ et $r'\leq r$. On continue avec les notations de la démonstration de 14.1 ; le voisinage $\mathcal{V}'$ cherché est de la forme $\tau+\bar{\mathcal{V}}+\mathcal{V}_1$ dont on note φ' la fonction caractéristique. On prend pour Y_1 un sous-espace de dimension $k-2r'+m$, comme cela est possible et on a vu qu'il éxiste $\varphi'' \in \mathcal{S}_{r'+\dim Y_1} = \mathcal{S}_{k-r'+m}$ telle que $\varphi'-\varphi'' \in \mathcal{S}'_{r'+1}$. Or $k-r'+m>k-r'+2r-k=2r-r'\geq r$. On est donc ramené à démontrer la même assertion en supposons maintenant que rangτ =r'+1. Au bout d'un nombre fini de pas on aboutit à rang τ >r, ce qui termine la démonstration.

(ii)Puisque $\mathcal{S}/\mathcal{S}_{r+1} \neq 0$ par hypothèse, il existe $r' \leq r$ tel que $\mathcal{S}_{r'} \not\subset \mathcal{S}_{r'+1}$. En particulier il existe $\tau \in \mathrm{Hom}(X,Y)_{\geq r'}$ tel que les fonctions caractéristiques de voisinages suffisamment petits de τ ne sont pas dans $\mathcal{S}_{r'+1}$. Utilisant 14.1, on doit donc avoir rang $\tau^*T\tau$ =2r'-k et donc l'existence d'un sous-espace isotrope de Y de dimension k-r'. Comme $k-r' \geq k-r$, (ii) est clair. □

Dans la suite de ce paragraphe, on suppose que $\mathcal{S}/\mathcal{S}_{r+1} \neq 0$ et on fixe un sous-espace isotrope Y' de dimension k-r. On a défini en 13 β_r, Q(Y').. . On définit aussi $p_{Y'}$ de la façon suivante :

$$p_{Y'} : \mathcal{S}(\mathrm{Hom}(X,Y)) \longrightarrow \mathcal{S}(\mathrm{Hom}(X,Y'^{\perp}/Y'))$$

$$\forall \tau' \in \mathrm{Hom}(X,Y'^{\perp}/Y') \quad (p_{Y'}\varphi)(\tau') = \int_{\mathrm{Hom}(X,Y')} \varphi(\dot{\tau}'+v)\, dv,$$ où $\dot{\tau}'$ est un relèvement de τ' en un élément de $\mathrm{Hom}(X,Y'^{\perp})$.

On a alors :

14.3 <u>Lemme</u> : $p_{Y'}$ <u>est un homomorphisme de $\widehat{Sp}$-module qui entrelace l'action de Q(Y') sur $\mathcal{S}$ avec l'action de Q(Y') sur $\mathcal{S}(\mathrm{Hom}(X,Y'^{\perp}/Y'))$, notée $\omega_{\overline{T}_r}$ et définie par :</u>

- $\omega_{\overline{T}_r}|_{Gl(Y')\times{}^uQ(Y')}$ <u>est le caractère $|\det|^n$,</u>
- $\omega_{\overline{T}_r}|_{O_{\overline{T}_r}(Y'^{\perp}/Y')}$ <u>est la représentation métaplectique évidente.</u>

Cela se voit en factorisant $p_{Y'}$ par les applications suivantes : (on fixe Y' un sous-espace isotrope de Y en "dualité" avec Y')

$\mathcal{S}(\mathrm{Hom}(X,Y)) \longrightarrow \mathcal{S}(\mathrm{Hom}(X+X^*,Y')) + \mathcal{S}(\mathrm{Hom}(X,Y'^{\perp}/Y'))$ et l'évaluation de $\mathcal{S}(\mathrm{Hom}(X+X^*,Y'))$ au point 0.

14.4. <u>Corollaire</u> : <u>Le noyau de</u> $p_{Y'}$ <u>contient</u> $\mathcal{S}_{r+1}$ <u>et</u> $\mathcal{S}_r/\mathcal{S}_{r+1} \neq 0$.

Il est clair que $p_{Y'}(\varphi)=0$ si le support de φ est inclus dans l'ouvert $\mathrm{Hom}(X,Y)_{\geq r+1}$. Le noyau de $p_{Y'}$ contient donc $\mathcal{S}_{r+1}$ par $\widehat{Sp}$-équivariance.

On vérifie alors que $\mathcal{S}_r/\mathcal{S}_{r+1} \neq 0$ en montrant que $p_{Y'}(\varphi)\neq 0$ pour φ une fonction caractéristique d'un voisinnage convenable de τ, inclus dans $\mathrm{Hom}(X,Y)_{\geq r}$, où $\tau \in \mathrm{Hom}(X,Y)$ vérifie $\tau(X)=Y'^{\perp}$. □

Grâce à $p_{Y'}$, on définit naturellement un homomorphisme, noté $\tilde{p}_{Y'}$, de $\mathcal{S}$ dans $\mathrm{ind}_{Q(Y')}^{O_T(Y)}(\mathrm{Hom}(X,Y'^{\perp}/Y'))$ en posant :

$$\forall \varphi\in\mathcal{S},\quad \forall \gamma\in O_T(Y),\ (\tilde{p}_{Y'}(\varphi))(\gamma)=p_{Y'}(\omega_T(\gamma)\varphi).$$

On obtient alors un homomorphisme $(\widehat{Sp}\times O_{\tilde{T}}(Y))$-équivariant :

$$\tilde{p}_{Y'} : \mathcal{S}/\mathcal{S}_{r+1} \longrightarrow \mathrm{ind}_{Q(Y')}^{O_T(Y)} \mathcal{S}(\mathrm{Hom}(X,Y'^{\perp}/Y')).$$

Je ne sais pas démontrer que $\tilde{p}_{Y'}$ est bijectif, mais en notant $\mathcal{S}_{2r-k}(\mathrm{Hom}(X,Y'^{\perp}/Y'))$ l'analogue de $\mathcal{S}_k$ dans $\mathcal{S}$ (remarquons que $\dim Y'^{\perp}/Y'=2r-k$), on a le lemme suivant : (même définition pour $\mathcal{S}'_{2r-k}(\ldots)$)

14.5.<u>Lemme</u> : <u>$\tilde{p}_{Y'}$ induit un homomorphisme surjectif de $\mathcal{S}_r/\mathcal{S}_{r+1}$ sur</u>

$\mathrm{ind}_{Q(Y')}^{O_T(Y)} \mathcal{S}_{2r-k}(\mathrm{Hom}(X,Y'^{\perp}/Y'))|\det|^{n}$.

On factorise $\tilde{p}_{Y'}$, de la façon suivante :

$$\tilde{p}_{Y'}: \mathcal{S} \xrightarrow{\ \alpha\ } \mathrm{ind}_{Q(Y')}^{O_T(Y)} (\mathrm{Hom}(X,Y'^{\perp})) \xrightarrow{\ \mathrm{ind}\,\alpha'\ } \mathrm{ind}_{Q(Y')}^{O_T(Y)} \mathrm{Hom}(X,Y'^{\perp}/Y'),$$

où l'on pose, pour tout $\varphi\in\mathcal{S}$, $\varphi'\in\mathcal{S}(\mathrm{Hom}(X,Y'^{\perp}))$:

$$\forall \gamma\in O_{\tilde{T}}(Y),\ \alpha(\varphi)(\gamma)=(\omega_T(\gamma)\varphi)|_{\mathrm{Hom}(X,Y'^{\perp})}$$

$$\forall \tau'\in \mathrm{Hom}(X,Y'^{\perp}/Y'),\ \alpha'(\varphi')(\tau')=\int_{\mathrm{Hom}(X,Y')}\varphi'(\dot{\tau}'+v)\,dv,$$

et $\mathrm{ind}\alpha'$ est le morphisme obtenu naturellement à partir de α'.

On a :

$\alpha(\mathcal{S}'_r) \subset \mathrm{ind}_{Q(Y')}^{O_T(Y)}\mathcal{S}'(\mathrm{Hom}(X,Y'^{\perp}))$, où $\mathcal{S}'(\mathrm{Hom}(X,Y'^{\perp}))$ est l'ensemble des fonctions à support dans les homorphismes surjectifs (1)

$$\alpha'(\mathcal{S}'(\mathrm{Hom}(X,Y'))) = \mathcal{S}'_{2r-k}(\mathrm{Hom}(X,Y'^{\perp}/Y')). \qquad (2)$$

Montrons qu'en (1) on a une égalité ; pour cela on pose :

$$\mathcal{F}= \{\tau\in \mathrm{Hom}(X,Y) \mid \mathrm{rang}(\tau^*T\tau) \leq 2r-k\},$$

$$\mathcal{F}'=\{\tau \in \mathcal{F} \mid \mathrm{rang}\,\tau=r\}.$$

remarquons que pour tout $\tau\in\mathcal{F}$, on a $\mathrm{rang}\,\tau\leq r$ (cf. la première partie de 14.1) et donc que $\mathcal{F}'$ est un ouvert (non vide à cause de l'existence de Y') de $\mathcal{J}$ stable par $O_{\bar{T}}(Y)$. De plus pour tout $\tau \in \mathcal{J}'$ la dimension du radical de $\bar{T}$ restreinte à $\tau(X)$ est k-r et donc il existe un unique, à multiplication à gauche près par un élément de Q(Y'), élément, noté γ, de $O_{\bar{T}}(Y)$ tel que $(\gamma\tau)(X)=Y'^{\perp}$. Cela entraine immédiatement que $\mathcal{S}(\mathcal{F}')$ est isomorphe à $\mathrm{ind}_{Q(Y')}^{O_T(Y)} \mathcal{S}'(\mathrm{Hom}(X,Y'^{\perp}))$; on note μ cet isomorphisme. On prolonge φ en une fonction notée $\tilde{\varphi}$ de $\mathcal{S}(\mathrm{Hom}(X,Y)_{\geq r})$ et prolongeant $\tilde{\varphi}$ par 0 on voit $\tilde{\varphi}$ comme un élément de $\mathcal{S}(\mathrm{Hom}(X,Y))$. Il est clair que $\tilde{\varphi} \in \mathcal{S}'_r$ et que l'on a $\alpha(\tilde{\varphi})=\mu(\varphi)$. D'où l'égalité en (1). On vient donc de prouver en tenant compte de (2) et de l'exactitude de l'induction que $\tilde{p}_{Y'}$ induit un homomorphisme surjectif de $\mathcal{S}'_r$ sur $\mathrm{ind}_{Q(Y')}^{O_T(Y)} \mathcal{S}'_{2r-k}(\mathrm{Hom}(X,Y'^{\perp}/Y'))$. Le lemme résulte alors de la $\widehat{Sp}$-équivariance de $\widetilde{p_{Y'}}$.

14.6. Lemme : On pose ici :

$$\mathcal{F}'=\{\tau \in \mathrm{Hom}(X,Y) \mid \tau^*T\tau=T_r,\ \mathrm{rang}\,\tau=r\}.$$

Et on choisit $\tau_0 \in \mathrm{Hom}(X,Y)$ tel que $\tau_0(X)=Y'^{\perp}$. Alors on a :

$$\mathcal{F}'= O_{\bar{T}}(Y)\ \tau_0\ O_{T_r}(X).$$

$\mathrm{Stab}_{O_T(Y)}\ \tau_0$ est le centre du radical unipotent de Q(Y'), noté N(Y') (cf. Chap.I,III.5).

On note Q le stabilisateur dans $O_{T_r}(X)$ de Ker τ_0. C'est un sous-groupe parabolique de $O_{T_r}(X)$ et il existe un homomorphisme surjectif, noté j de Q sur Q(Y')/N(Y') tel que l'on ait :

$$\forall \gamma\in Q,\quad \tau_0\gamma=j(\gamma)\,\tau_0.$$

En particulier l'espace de Schwartz $\mathcal{S}(\mathcal{F}')$ est naturellement isomorphe à $\mathrm{ind}_Q^{O_{T_r}(X)} \mathcal{C}_c^{\infty}(O_{\bar{T}}(Y)/N(Y'))$ comme $O_{T_r}(X)\times O_{\bar{T}}(Y)$-module où $O_{\bar{T}}(Y)$ agit par la représentation régulière gauche, $O_{T_r}(X)$ par sa représentation dans l'induite et Q agit par le composé de j et de la représentation régulière droite. (démonstration après 14.7)

14.7. Corollaire : On a un isomorphisme de $O_{T_r}(X)\times O_{\bar{T}}(Y)$-modules de $\mathcal{S}'_r/N_{T_r}\mathcal{S}'_r$ sur $\mathrm{ind}_{\hat{Q}}^{\widehat{O}_{T_r}(X)} \mathcal{C}_c^{\infty}(O_{\bar{T}}(Y)) \otimes \mathbb{C}_\nu$, où $\mathbb{C}_\nu$ est l'espace de la représentation de dimension un associée au caractère $(\gamma,\varepsilon) \mapsto |\det\gamma|^{k/2}\varepsilon^k$

ω (T;det γ, ε) (cf.5remarque pour la notation) de $O_{\bar{T}_r}(X)$.

<u>Démonstration de</u> 14.6 : On remarque d'abord que l'on a $O_{\bar{T}}(Y)\mathcal{F}'O_{T_r}(X)=\mathcal{F}'$.
Soit $\tau\in\mathcal{F}'$. On a Ker τ et Ker τ_o (notation de l'énoncé) sont inclus dans Rad T_r et en multipliant éventuellement τ à droite par un élément de Gl(Rad T_r)($\hookrightarrow O_{T_r}(X)$) on peut supposer que l'on Ker τ=Ker τ_o. En outre le radical de $\bar{T}$ restreint à $\tau(X)$ est de dimension r-(2r-k)=k-r. En multipliant éventuellement τ à gauche par un élément de $O_{\bar{T}}(Y)$ on peut supposer que ce radical est Y' et donc que $\tau(X)\subset Y'^{\perp}$, avec égalité pour des raisons de dimension. On a donc prouvé que l'on a :

$$\mathcal{F}'=O_{\bar{T}}(Y)\,\mathcal{F}_o\,\mathrm{Gl}(\mathrm{Rad}T_r) \text{ où}$$

$$\mathcal{F}_o=\{\tau\in \mathrm{Hom}(X,Y)\mid \mathrm{Ker}\,\tau=\mathrm{Ker}\,\tau_o,\ \tau(X)=Y'^{\perp} \text{ et } \tau^*T\tau=T_r\}.$$

Montrons que l'on a :

$$Q(Y')\tau_o=\mathcal{F}_o=\tau_oQ \qquad (\text{où } Q=\mathrm{Stab}_{O_{T_r}(X)}\ \mathrm{Ker}\,\tau_o).$$

La première égalité résulte du théorème de Witt en comparant $\tau(X_1)$ et $\tau_o(X_1)$ où X_1 est un supplémentaire de Ker τ_o dans X. Pour la deuxième égalité, on fixe un sous-espace non dégénéré de $Y'^{\perp}$ supplémentaire de Y', noté Y_1. On identifie Y_1 et $Y'^{\perp}/Y'$; alors τ_o et τ induisent des isomorphismes de X/Rad T_r sur $Y_1\simeq Y'^{\perp}/Y'$ et multipliant éventuellement τ à droite par un élément de O_{T_r}, on peut supposer que ces isomorphismes sont les mêmes. Alors τ et τ_o diffèrent par la multiplication à droite par un élément de Stab(Rad T_r) qui agit trivialement sur X/Rad T_r.

On a donc prouvé à la fois que $\mathcal{F}'=O_T(Y)\,\tau_o O_{T_r}(X)$ et que j défini comme dans l'énoncé, est surjectif. La description de $\mathrm{Stab}_{O_T(Y)}\tau_o$ est évidente et pour terminer la démonstration de 14.6, il ne reste plus qu'à s'assurer que Q est un sous-groupe parabolique de $O_{T_r}(X)$ et que si $\tau\in\mathcal{F}'$, il existe $\gamma\in O_{T_r}(X)$ unique à la multiplication à gauche par un élément de Q près tel que Ker $\tau\gamma$ = Ker τ_o. Or on a $Q\backslash O_{T_r}(X)\simeq \mathrm{Stab}_{\mathrm{Gl}(\mathrm{Rad}T_r)}(\mathrm{Ker}\,\tau_o)\backslash \mathrm{Gl}(\mathrm{Rad}T_r)$ et Ker $\tau\subset$ (Rad T_r), d'où les assertions cherchées.

<u>Démonstration de</u> 14.7: L'application naturelle de $\mathcal{S}'_r$ sur $\mathcal{S}'_r/N_{T_r}\mathcal{S}'_r$ est

la restriction à $\mathcal{X}_{T_r}$ (cf.11.1(ii). Avec la notation $\mathcal{F}'$ de 14.6, on a : $\forall \tau \in \mathcal{X}_{T_r} - \mathcal{F}'$, rang$\tau$ <r. Ainsi par cette application de restriction à $\mathcal{X}_{T_r}$, les éléments de $\mathcal{S}'_r$ sont nuls sur $\mathcal{X}_{T_r} - \mathcal{F}'$ et s'identifient donc à des éléments de $\mathcal{S}(\mathcal{F}')$. Il est clair que tout élément de $\mathcal{S}(\mathcal{F}')$ si prolonge en un élément de $\mathcal{S}(\mathrm{Hom}(X,Y)_{\geq r})$ puis par 0 en un élément de $\mathcal{S}'_r$. Ainsi : $\mathcal{S}'_r/N_{T_r}\mathcal{S}'_r \simeq \mathcal{S}(\mathcal{F}')$ et le lemme résulte de 14.6.

15. Preuve de la proposition 13(i) :

Soit $(V_1 \otimes V_2)$ un quotient irréductible de $\mathcal{S}$ comme dans 13(i). Il existe r tel que $V_1 \otimes V_2$ soit un $\widehat{Sp} \times O_{\bar{T}}(Y)$-quotient irréductible de $\mathcal{S}_r/\mathcal{S}_{r+1}$. Fixons un tel r et un sous-$\widehat{Sp}$-module, noté W de $\mathcal{S}_r$ tel que $\mathcal{S}_r/W \simeq V_1$.

Montrons que V_1 est concentrée sur β_r. (1)

On sait que V_1 est concentré sur une orbite, notée β', incluse dans $\overline{\beta}$. Pour démontrer que $\beta' = \beta_r$, il suffit de prouver que l'on a $V_1/N_{T'}V_1=0$, $\forall$ T' avec rang T' > 2r-k et $V_1/N_{T_r}V_1 \neq 0$. La première assertion de nullité résulte immédiatement de ce que $(\mathcal{S}_r/\mathcal{S}_{r+1})/N_{T'}(\mathcal{S}_r/\mathcal{S}_{r+1}) = 0$ si rang T' est strictement supérieur à 2r-k, grâce à 14.2(i). Supposons que $V_1/N_{T_r}V_1$ est nul. Cela entraine que $(\mathcal{S}'_r+W/W)/N_{T_r}((\mathcal{S}'_r+W)/W) = 0$. Avec 11.1(i) on a $(\mathcal{S}'_r+W/W)/N_{T'}(\mathcal{S}'_r+W/W)=0$ si $\mathcal{X}_{T'}$ (cf.11.1) ne coupe pas $\mathrm{Hom}(X,Y)_{\geq r}$. C'est le cas si rang T' $\leq$ 2r-k grâce à la première partie de 14.1. D'où tous les modules de Jacquet de $\mathcal{S}'_r+W/W$ relativement aux caractères de N(X), sont nuls ; d'où, cf.4(2), on a $\mathcal{S}'_r \subset W$. Par $\widehat{Sp}$-invariance, on a aussi $\mathcal{S}_r \subset W$ et $V_1=0$, ce qui est une contradiction. Remarquons, pour la suite que l'on a prouvé le résultat suivant :

Soit V_1 un quotient irréductible de $\mathcal{S}_r/\mathcal{S}_{r+1}$ alors l'application naturelle de $\mathcal{S}'_r/N_{T_r}\mathcal{S}'_r$ dans $V_1/N_{T_r}V_1$ est non nulle. (2)

Montrons qu'il existe un quotient irréductible, noté $\bar{V}$, de $V_2^*/{}^uQ(Y')V_2^*$ sur lequel Gl(Y') opère par le caractère $|\det|^{-n+2r-k}$ et tel que $V_1 = \Phi_{\beta_r}^{-1}(\bar{V})$. (3)

Grâce à (1), (2) et 14.7 on obtient un diagramme commutatif où aucune flèche n'est nulle, de $O_{T_r}(X) \times O_{\bar T}(Y)$-modules :

$$\begin{array}{ccc} (\mathcal{S}_r/\mathcal{S}_{r+1})/N_{T_r}(\mathcal{S}_r/\mathcal{S}_{r+1}) & \longleftarrow & \mathcal{S}'_r/N_{T_r}\mathcal{S}'_r \simeq \mathrm{ind}_{\hat Q}^{\widehat{O}_{T_r}(X)} \mathcal{C}^\infty_c(O_{\bar T}(Y)/N(Y'))\otimes C_\nu \\ \downarrow & \swarrow \lambda & \\ V_1/N_{T_r}V_1 \otimes V_2 & & \end{array}$$

Par irréductibilité de $V_1/N_{T_r}V_1 \otimes V_2$, λ est surjectif. On a besoin de l'assertion intermédiaire suivante :

λ <u>se factorise pour donner un élément non nul de</u>

$$\mathrm{Hom}_{\widehat{O}_{T_r}(X)}(\mathrm{ind}_{\hat Q}^{\widehat{O}_{T_r}(X)} V_2^*/N(Y')V_2^* \otimes C_\nu\, ,\ V_1/N_{T_r}V_1) \tag{4}$$

Admettons (4) pour le moment et terminons la preuve de (3). Utilisant ([B-Z],2.29) et l'irréductibilité de 5(iii), on transforme λ en un élément de $\mathrm{Hom}_Q(V_2^*/N(Y')V_2^*, \delta^2(V_1/N_{T_r}V_1)\otimes C_{\nu^{-1}})$ où δ^2 est la fonction module de Q.

En calculant δ^2, on trouve que ce dernier groupe coïncide avec :

$$\mathrm{Hom}_{Q(Y')}(V_2^*/{}^uQ(Y')V_2^*, |\det|^{r-n}(V_1/N_{T_r}V_1)\otimes C_{\nu^{-1}}).$$

Pour calculer l'action de $Gl(Y')^uQ(Y')$ sur $|\det|^{r-n}(V_1/N_{T_r}V_1)\otimes C_{\nu^{-1}}$ on utilise 5 remarque (ii) et le fait que T_r diffère de T en ajoutant des plans hyperboliques. D'où $\varepsilon^k\,\omega(T;\gamma,\varepsilon) = \varepsilon^{2r-k}\,\omega(T_r;\gamma,\varepsilon)$, et l'action de $Gl(Y')$ se fait par le caractère $|\det|^{-n+2r-k}$. D'où (3) qui prouve 13(i).

<u>Prouvons (4)</u> :

Clairement il suffit (cf.11.4) de prouver que si W est une représentation lisse de $\hat Q \times O_{\bar T}(Y)$ dont on note W le plus grand quotient isotypique comme $O_{\bar T}(Y)$-module de type V_2^*, alors $\mathrm{ind}_{\hat Q}^{\widehat{O}_{T_r}(X)} W$ est le plus grand quotient isotypique, comme $O_{\bar T}(Y)$-module, de type V_2. On note ρ la représentation de $O_{\bar T}(Y)$ dans ind W et dans W , et $\mathcal{J}$ l'idéal de $\mathcal{C}^\infty_c(O_{\bar T}(Y))$, ensemble des fonctions vérifiant pour tout $v \in V_2$: $\int_{O_{\bar T}(Y)} f(\gamma^{-1})\pi_2(\gamma)v=0$. Et il faut montrer que l'on a : $\mathrm{ind}(\rho(\mathcal{J})W)=\rho(\mathcal{J})\mathrm{ind}W$. On utilise la description donnée dans ([B-Z], 2.24) de l'induite compacte pour démontrer l'inclusion de $\mathrm{ind}(\rho(\mathcal{J})W)$ dans $\rho(\mathcal{J})\mathrm{ind}W$: pour cela on fixe un compact de $\widehat{O}_{T_r}(X)$, noté K et g un point de $\widehat{O_{T_r}}(X)$ et il faut démontrer que si φ est une fonction de $O_{T_r}(X)$ dans $\rho(\zeta)W$ nulle en dehors de $\hat{Q}gK$ vérifiant $\varphi(qgk)=q.\varphi(g)$ alors φ est dans $\rho(\zeta)\mathrm{ind}W$. Ecrivons :

$\varphi(qgk)=q.\sum_i \rho(f_i)w_i$ où la somme est finie et où $f_i \in \mathcal{C}_c^{\infty}(O_{\bar{T}}(Y))$ et $w_i \in W$.

Remarquons que cette somme est invariante pour l'action de $gKg^{-1} \cap \hat{Q}$. Intégrant sur ce compact, on peut supposer que chaque w_i est lui-même invariant par $gKg^{-1} \cap \hat{Q}$. Mais à ce moment là φ appartient à $\sum_i \rho(f_i)\mathrm{ind}W$, c'est toujours ([B-Z],2.24). D'où la première inclusion cherchée, l'autre inclusion étant claire on a prouvé (4), ce qui termine la démonstration.

15. Preuve de 13(ii).

On fixe V_2 une représentation irréductible de $O_{\bar{T}}(Y)$. D'après 11.3, il existe une représentation irréductible, notée V_1, de $\widehat{Sp}$ telle que $V_1 \otimes V_2$ soit un quotient de $\mathcal{S}$. On fixe un entier r maximum avec la propriété qu'il existe un sous-espace isotrope, noté Y', de dimension k-r, tel que (avec les notations de 13) $V_2^*/{}^uQ(Y')V_2^*$ admet un quotient irréductible, noté $\bar{V}_2$, sur lequel Gl(Y') opère par le caractère $|\det|^{-n+2r-k}$. Il résulte de 15(1) et (3) que, quelque soit V_1' une représentation irréductible de $\widehat{Sp}$, $V_1' \otimes V_2$ n'est pas un quotient de $\mathcal{S}/\mathcal{S}_r$. Ainsi $V_1 \otimes V_2$ est un quotient irréductible de $\mathcal{S}_r$. Grâce à 14.5, il suffit donc de démontrer que $\Phi_{\beta_r}^{-1}(V_2) \otimes V_2^*$ est un quotient de $\mathrm{ind}_{Q(Y')}^{O_{\bar{T}}(Y)} \mathcal{S}_{2r-k}(\mathrm{Hom}(X,Y'^{\perp}/Y'))|\det|^n$.

Grâce à 12 (appliqué à Sp O_{T_r} (Y' /Y') au lieu de Sp $O_T(Y)$ on s it, en utilisant l'exactitude de l'induction ([B-Z],2.25(a)) que l'on a une flèche surjective :

$$\mathrm{ind}_{Q(Y')}^{O_{\bar{T}}(Y)} \mathcal{S}_{2r-k}(\mathrm{Hom}(X,Y'^{\perp}/Y')|\det|^n \text{ sur } \mathrm{ind}_{Q(Y')}^{O_T(Y)}(\Phi_{\beta_r}^{-1}(\bar{V}_2)\otimes\bar{V}_2^*|\det|^{2r-k})$$

i.e. $\Phi_{\beta_r}^{-1}(\bar{V}_2)\mathrm{ind}_{Q(Y')}^{O_T(Y)}\bar{V}_2^*|\det|^{2r-k}$.

Or on a aussi : $\mathrm{Hom}_{O_{\bar{T}}(Y)}(\mathrm{ind}_{Q(Y')}^{O_{\bar{T}}(Y)}\bar{V}_2^*|\det|^{2r-k}, \check{V}_2)=\mathrm{Hom}_{Q(Y')}(V_2^*, \bar{V}_2)\neq 0$, par définition de $\bar{V}_2$. D'où 13(ii).

BIBLIOGRAPHIE.

[B-D] J.N.BERNSTEIN-P.DELIGNE : Le "centre" de Bernstein, in Représentations des groupes réductifs sur un corps local, Hermann, Paris, 1984.

[B-Z] I.N.BERNSHTEIN-A.V.ZELEVINSKII : Representations of the group Gl(n,F) where F is a non-archimedean local field, Russ. Math. Surv. 31:3 (1976), 5-70.

[G-PS] S.GELBART-I.PIATETSKI-SHAPIRO, Distinguished representations and modular forms of half-integral weight, Inv. Math. 59 (1980), 145-188.

[H¹] R.HOWE : A notion of rank for unitary representations of classical groups, C.I.M.E. Supper School on Hormonic Analysis, Cortona, 1980.

[H²] R.HOWE : Automorphic Forms of Low Rank, in Non Commutative Harmonic Analysis and Lie Groups, édité par J.Carmona et M.Vergne, LN 880, Springer-Verlag, Berlin-Heidelberg-New-York, 1981.

[H³] R.HOWE : Unitary representations of low rank, preprint.

[J-L] J.H.JACQUET-R.P.LANGLANDS : Automorphic forms on Gl(2), LN 114, Springer-Verlag, Berlin-Heidelberg-New-York.

[K-P] D.A.KAZHDAN-S.J.PATTERSON, Metaplectic Forms, Publi.Math. IHES n°59, (1984).

[L-L] J.P.LABESSE R.P.LANGLANDS : L-indistinguishability for Sl(2), Can. J; Math. XXXL, (1979) 726-785.

[L] R.P.LANGLANDS : Base change for Gl(2), Annals of Math. Studies 96, Princeton Univ. Press 1980.

[P] P.PERRIN : Représentation de Schrödinger, Indice de Maslov et groupe métaplectique, in Non Commutative Harmonic Analysis and Lie Groups, édité par J.Carmona et M.Vergne, LN 880, Springer-Verlag, Berlin-Heidelberg-New-York, 1981.

Index terminologique

(le premier chiffre indique le chapitre, les deux autres le paragraphe).

LECTURE NOTES IN MATHEMATICS
Edited by A. Dold and B. Eckmann

Some general remarks on the publication of monographs and seminars

In what follows all references to monographs, are applicable also to multiauthorship volumes such as seminar notes.

1. Lecture Notes aim to report new developments - quickly, informally, and at a high level. Monograph manuscripts should be reasonably self-contained and rounded off. Thus they may, and often will, present not only results of the author but also related work by other people. Furthermore, the manuscripts should provide sufficient motivation, examples and applications. This clearly distinguishes Lecture Notes manuscripts from journal articles which normally are very concise. Articles intended for a journal but too long to be accepted by most journals, usually do not have this "lecture notes" character. For similar reasons it is unusual for Ph.D. theses to be accepted for the Lecture Notes series.

   Experience has shown that English language manuscripts achieve a much wider distribution.

2. Manuscripts or plans for Lecture Notes volumes should be submitted either to one of the series editors or to Springer-Verlag, Heidelberg. These proposals are then refereed. A final decision concerning publication can only be made on the basis of the complete manuscripts, but a preliminary decision can usually be based on partial information: a fairly detailed outline describing the planned contents of each chapter, and an indication of the estimated length, a bibliography, and one or two sample chapters - or a first draft of the manuscript. The editors will try to make the preliminary decision as definite as they can on the basis of the available information.

3. Lecture Notes are printed by photo-offset from typed copy delivered in camera-ready form by the authors. Springer-Verlag provides technical instructions for the preparation of manuscripts, and will also, on request, supply special staionery on which the prescribed typing area is outlined. Careful preparation of the manuscripts will help keep production time short and ensure satisfactory appearance of the finished book. Running titles are not required; if however they are considered necessary, they should be uniform in appearance. We generally advise authors not to start having their final manuscripts specially tpyed beforehand. For professionally typed manuscripts, prepared on the special stationery according to our instructions, Springer-Verlag will, if necessary, contribute towards the typing costs at a fixed rate.

   The actual production of a Lecture Notes volume takes 6-8 weeks.

.../...

4. Final manuscripts should contain at least 100 pages of mathematical text and should include

   - a table of contents
   - an informative introduction, perhaps with some historical remarks. It should be accessible to a reader not particularly familiar with the topic treated.
   - subject index; this is almost always genuinely helpful for the reader.

5. Authors receive a total of 50 free copies of their volume, but no royalties. They are entitled to purchase further copies of their book for their personal use at a discount of 33 1/3 %, other Springer mathematics books at a discount of 20 % directly from Springer-Verlag.

   Commitment to publish is made by letter of intent rather than by signing a formal contract. Springer-Verlag secures the copyright for each volume.

l. 1145: G. Winkler, Choquet Order and Simplices. VI, 143 pages. 85.

l. 1146: Séminaire d'Algèbre Paul Dubreil et Marie-Paule Malliavin. oceedings, 1983–1984. Edité par M.-P. Malliavin. IV, 420 pages. 85.

l. 1147: M. Wschebor, Surfaces Aléatoires. VII, 111 pages. 1985.

l. 1148: Mark A. Kon, Probability Distributions in Quantum Statistical chanics. V, 121 pages. 1985.

l. 1149: Universal Algebra and Lattice Theory. Proceedings, 1984. ited by S. D. Comer. VI, 282 pages. 1985.

l. 1150: B. Kawohl, Rearrangements and Convexity of Level Sets in)E. V, 136 pages. 1985.

l 1151: Ordinary and Partial Differential Equations. Proceedings, 84. Edited by B.D. Sleeman and R.J. Jarvis. XIV, 357 pages. 1985.

l. 1152: H. Widom, Asymptotic Expansions for Pseudodifferential perators on Bounded Domains. V, 150 pages. 1985.

l. 1153: Probability in Banach Spaces V. Proceedings, 1984. Edited A. Beck, R. Dudley, M. Hahn, J. Kuelbs and M. Marcus. VI, 457 ges. 1985.

l. 1154: D.S. Naidu, A.K. Rao, Singular Pertubation Analysis of screte Control Systems. IX, 195 pages. 1985.

l. 1155: Stability Problems for Stochastic Models. Proceedings, 84. Edited by V.V. Kalashnikov and V.M. Zolotarev. VI, 447 ges. 1985.

l. 1156: Global Differential Geometry and Global Analysis 1984. oceedings, 1984. Edited by D. Ferus, R.B. Gardner, S. Helgason d U. Simon. V, 339 pages. 1985.

l. 1157: H. Levine, Classifying Immersions into $\mathbb{R}^4$ over Stable Maps 3-Manifolds into $\mathbb{R}^2$. V, 163 pages. 1985.

l. 1158: Stochastic Processes – Mathematics and Physics. Procee- gs, 1984. Edited by S. Albeverio, Ph. Blanchard and L. Streit. VI, 0 pages. 1986.

l. 1159: Schrödinger Operators, Como 1984. Seminar. Edited by S. affi. VIII, 272 pages. 1986.

l. 1160: J.-C. van der Meer, The Hamiltonian Hopf Bifurcation. VI, 5 pages. 1985.

l. 1161: Harmonic Mappings and Minimal Immersions, Montecatini 84. Seminar. Edited by E. Giusti. VII, 285 pages. 1985.

l. 1162: S.J.L. van Eijndhoven, J. de Graaf, Trajectory Spaces, neralized Functions and Unbounded Operators. IV, 272 pages. 85.

l. 1163: Iteration Theory and its Functional Equations. Proceedings, 84. Edited by R. Liedl, L. Reich and Gy. Targonski. VIII, 231 pages. 85.

l. 1164: M. Meschiari, J.H. Rawnsley, S. Salamon, Geometry minar "Luigi Bianchi" II – 1984. Edited by E. Vesentini. VI, 224 ges. 1985.

l. 1165: Seminar on Deformations. Proceedings, 1982/84. Edited J. Ławrynowicz. IX, 331 pages. 1985.

l. 1166: Banach Spaces. Proceedings, 1984. Edited by N. Kalton d E. Saab. VI, 199 pages. 1985.

l. 1167: Geometry and Topology. Proceedings, 1983–84. Edited by Alexander and J. Harer. VI, 292 pages. 1985.

l. 1168: S.S. Agaian, Hadamard Matrices and their Applications. III, 7 pages. 1985.

l. 1169: W.A. Light, E.W. Cheney, Approximation Theory in Tensor oduct Spaces. VII, 157 pages. 1985.

l. 1170: B.S. Thomson, Real Functions. VII, 229 pages. 1985.

l. 1171: Polynômes Orthogonaux et Applications. Proceedings, 84. Edité par C. Brezinski, A. Draux, A.P. Magnus, P. Maroni et A. nveaux. XXXVII, 584 pages. 1985.

l. 1172: Algebraic Topology, Göttingen 1984. Proceedings. Edited L. Smith. VI, 209 pages. 1985.

Vol. 1173: H. Delfs, M. Knebusch, Locally Semialgebraic Spaces. XVI, 329 pages. 1985.

Vol. 1174: Categories in Continuum Physics, Buffalo 1982. Seminar. Edited by F.W. Lawvere and S.H. Schanuel. V, 126 pages. 1986.

Vol. 1175: K. Mathiak, Valuations of Skew Fields and Projective Hjelmslev Spaces. VII, 116 pages. 1986.

Vol. 1176: R.R. Bruner, J.P. May, J.E. McClure, M. Steinberger, H_∞ Ring Spectra and their Applications. VII, 388 pages. 1986.

Vol. 1177: Representation Theory I. Finite Dimensional Algebras. Proceedings, 1984. Edited by V. Dlab, P. Gabriel and G. Michler. XV, 340 pages. 1986.

Vol. 1178: Representation Theory II. Groups and Orders. Proceedings, 1984. Edited by V. Dlab, P. Gabriel and G. Michler. XV, 370 pages. 1986.

Vol. 1179: Shi J.-Y. The Kazhdan-Lusztig Cells in Certain Affine Weyl Groups. X, 307 pages. 1986.

Vol. 1180: R. Carmona, H. Kesten, J.B. Walsh, École d'Été de Probabilités de Saint-Flour XIV – 1984. Édité par P.L. Hennequin. X, 438 pages. 1986.

Vol. 1181: Buildings and the Geometry of Diagrams, Como 1984. Seminar. Edited by L. Rosati. VII, 277 pages. 1986.

Vol. 1182: S. Shelah, Around Classification Theory of Models. VII, 279 pages. 1986.

Vol. 1183: Algebra, Algebraic Topology and their Interactions. Proceedings, 1983. Edited by J.-E. Roos. XI, 396 pages. 1986.

Vol. 1184: W. Arendt, A. Grabosch, G. Greiner, U. Groh, H.P. Lotz, U. Moustakas, R. Nagel, F. Neubrander, U. Schlotterbeck, One-parameter Semigroups of Positive Operators. Edited by R. Nagel. X, 460 pages. 1986.

Vol. 1185: Group Theory, Beijing 1984. Proceedings. Edited by Tuan H.F. V, 403 pages. 1986.

Vol. 1186: Lyapunov Exponents. Proceedings, 1984. Edited by L. Arnold and V. Wihstutz. VI, 374 pages. 1986.

Vol. 1187: Y. Diers, Categories of Boolean Sheaves of Simple Algebras. VI, 168 pages. 1986.

Vol. 1188: Fonctions de Plusieurs Variables Complexes V. Séminaire, 1979–85. Edité par François Norguet. VI, 306 pages. 1986.

Vol. 1189: J. Lukeš, J. Malý, L. Zajíček, Fine Topology Methods in Real Analysis and Potential Theory. X, 472 pages. 1986.

Vol. 1190: Optimization and Related Fields. Proceedings, 1984. Edited by R. Conti, E. De Giorgi and F. Giannessi. VIII, 419 pages. 1986.

Vol. 1191: A.R. Its, V.Yu. Novokshenov, The Isomonodromic Deformation Method in the Theory of Painlevé Equations. IV, 313 pages. 1986.

Vol. 1192: Equadiff 6. Proceedings, 1985. Edited by J. Vosmansky and M. Zlámal. XXIII, 404 pages. 1986.

Vol. 1193: Geometrical and Statistical Aspects of Probability in Banach Spaces. Proceedings, 1985. Edited by X. Fernique, B. Heinkel, M.B. Marcus and P.A. Meyer. IV, 128 pages. 1986.

Vol. 1194: Complex Analysis and Algebraic Geometry. Proceedings, 1985. Edited by H. Grauert. VI, 235 pages. 1986.

Vol. 1195: J.M. Barbosa, A.G. Colares, Minimal Surfaces in $\mathbb{R}^3$. X, 124 pages. 1986.

Vol. 1196: E. Casas-Alvero, S. Xambó-Descamps, The Enumerative Theory of Conics after Halphen. IX, 130 pages. 1986.

Vol. 1197: Ring Theory. Proceedings, 1985. Edited by F.M.J. van Oystaeyen. V, 231 pages. 1986.

Vol. 1198: Séminaire d'Analyse, P. Lelong – P. Dolbeault – H. Skoda. Seminar 1983/84. X, 260 pages. 1986.

Vol. 1199: Analytic Theory of Continued Fractions II. Proceedings, 1985. Edited by W.J. Thron. VI, 299 pages. 1986.

Vol. 1200: V.D. Milman, G. Schechtman, Asymptotic Theory of Finite Dimensional Normed Spaces. With an Appendix by M. Gromov. VIII, 156 pages. 1986.

Vol. 1201: Curvature and Topology of Riemannian Manifolds. Proceedings, 1985. Edited by K. Shiohama, T. Sakai and T. Sunada. VII, 336 pages. 1986.

Vol. 1202: A. Dür, Möbius Functions, Incidence Algebras and Power Series Representations. XI, 134 pages. 1986.

Vol. 1203: Stochastic Processes and Their Applications. Proceedings, 1985. Edited by K. Itô and T. Hida. VI, 222 pages. 1986.

Vol. 1204: Séminaire de Probabilités XX, 1984/85. Proceedings. Edité par J. Azéma et M. Yor. V, 639 pages. 1986.

Vol. 1205: B.Z. Moroz, Analytic Arithmetic in Algebraic Number Fields. VII, 177 pages. 1986.

Vol. 1206: Probability and Analysis, Varenna (Como) 1985. Seminar. Edited by G. Letta and M. Pratelli. VIII, 280 pages. 1986.

Vol. 1207: P.H. Bérard, Spectral Geometry: Direct and Inverse Problems. With an Appendix by G. Besson. XIII, 272 pages. 1986.

Vol. 1208: S. Kaijser, J.W. Pelletier, Interpolation Functors and Duality. IV, 167 pages. 1986.

Vol. 1209: Differential Geometry, Peñíscola 1985. Proceedings. Edited by A.M. Naveira, A. Ferrández and F. Mascaró. VIII, 306 pages. 1986.

Vol. 1210: Probability Measures on Groups VIII. Proceedings, 1985. Edited by H. Heyer. X, 386 pages. 1986.

Vol. 1211: M.B. Sevryuk, Reversible Systems. V, 319 pages. 1986.

Vol. 1212: Stochastic Spatial Processes. Proceedings, 1984. Edited by P. Tautu. VIII, 311 pages. 1986.

Vol. 1213: L.G. Lewis, Jr., J.P. May, M. Steinberger, Equivariant Stable Homotopy Theory. IX, 538 pages. 1986.

Vol. 1214: Global Analysis – Studies and Applications II. Edited by Yu.G. Borisovich and Yu.E. Gliklikh. V, 275 pages. 1986.

Vol. 1215: Lectures in Probability and Statistics. Edited by G. del Pino and R. Rebolledo. V, 491 pages. 1986.

Vol. 1216: J. Kogan, Bifurcation of Extremals in Optimal Control. VIII, 106 pages. 1986.

Vol. 1217: Transformation Groups. Proceedings, 1985. Edited by S. Jackowski and K. Pawalowski. X, 396 pages. 1986.

Vol. 1218: Schrödinger Operators, Aarhus 1985. Seminar. Edited by E. Balslev. V, 222 pages. 1986.

Vol. 1219: R. Weissauer, Stabile Modulformen und Eisensteinreihen. III, 147 Seiten. 1986.

Vol. 1220: Séminaire d'Algèbre Paul Dubreil et Marie-Paule Malliavin. Proceedings, 1985. Edité par M.-P. Malliavin. IV, 200 pages. 1986.

Vol. 1221: Probability and Banach Spaces. Proceedings, 1985. Edited by J. Bastero and M. San Miguel. XI, 222 pages. 1986.

Vol. 1222: A. Katok, J.-M. Strelcyn, with the collaboration of F. Ledrappier and F. Przytycki, Invariant Manifolds, Entropy and Billiards; Smooth Maps with Singularities. VIII, 283 pages. 1986.

Vol. 1223: Differential Equations in Banach Spaces. Proceedings, 1985. Edited by A. Favini and E. Obrecht. VIII, 299 pages. 1986.

Vol. 1224: Nonlinear Diffusion Problems, Montecatini Terme 1985. Seminar. Edited by A. Fasano and M. Primicerio. VIII, 188 pages. 1986.

Vol. 1225: Inverse Problems, Montecatini Terme 1986. Seminar. Edited by G. Talenti. VIII, 204 pages. 1986.

Vol. 1226: A. Buium, Differential Function Fields and Moduli of Algebraic Varieties. IX, 146 pages. 1986.

Vol. 1227: H. Helson, The Spectral Theorem. VI, 104 pages. 1986.

Vol. 1228: Multigrid Methods II. Proceedings, 1985. Edited by W. Hackbusch and U. Trottenberg. VI, 336 pages. 1986.

Vol. 1229: O. Bratteli, Derivations, Dissipations and Group Actions on C*-algebras. IV, 277 pages. 1986.

Vol. 1230: Numerical Analysis. Proceedings, 1984. Edited by J.-P. Hennart. X, 234 pages. 1986.

Vol. 1231: E.-U. Gekeler, Drinfeld Modular Curves. XIV, 107 pages. 1986.

Vol. 1232: P.C. Schuur, Asymptotic Analysis of Soliton Problems. VI 180 pages. 1986.

Vol. 1233: Stability Problems for Stochastic Models. Proceeding 1985. Edited by V.V. Kalashnikov, B. Penkov and V.M. Zolotarev. V 223 pages. 1986.

Vol. 1234: Combinatoire énumérative. Proceedings, 1985. Edité pa G. Labelle et P. Leroux. XIV, 387 pages. 1986.

Vol. 1235: Séminaire de Théorie du Potentiel, Paris, No. 8. Directeur M. Brelot, G. Choquet et J. Deny. Rédacteurs: F. Hirsch et (Mokobodzki. III, 209 pages. 1987.

Vol. 1236: Stochastic Partial Differential Equations and Application Proceedings, 1985. Edited by G. Da Prato and L. Tubaro. V, 25 pages. 1987.

Vol. 1237: Rational Approximation and its Applications in Mathematic and Physics. Proceedings, 1985. Edited by J. Gilewicz, M. Pindor ar W. Siemaszko. XII, 350 pages. 1987.

Vol. 1238: M. Holz, K.-P. Podewski and K. Steffens, Injective Choic Functions. VI, 183 pages. 1987.

Vol. 1239: P. Vojta, Diophantine Approximations and Value Distribu tion Theory. X, 132 pages. 1987.

Vol. 1240: Number Theory, New York 1984–85. Seminar. Edited b D.V. Chudnovsky, G.V. Chudnovsky, H. Cohn and M.B. Nathansor V, 324 pages. 1987.

Vol. 1241: L. Gårding, Singularities in Linear Wave Propagation. I 125 pages. 1987.

Vol. 1242: Functional Analysis II, with Contributions by J. Hoffman Jørgensen et al. Edited by S. Kurepa, H. Kraljević and D. Butković. V 432 pages. 1987.

Vol. 1243: Non Commutative Harmonic Analysis and Lie Group Proceedings, 1985. Edited by J. Carmona, P. Delorme and M. Vergn V, 309 pages. 1987.

Vol. 1244: W. Müller, Manifolds with Cusps of Rank One. XI, 15 pages. 1987.

Vol. 1245: S. Rallis, L-Functions and the Oscillator Representatio XVI, 239 pages. 1987.

Vol. 1246: Hodge Theory. Proceedings, 1985. Edited by E. Cattani, Guillén, A. Kaplan and F. Puerta. VII, 175 pages. 1987.

Vol. 1247: Séminaire de Probabilités XXI. Proceedings. Edité par Azéma, P.A. Meyer et M. Yor. IV, 579 pages. 1987.

Vol. 1248: Nonlinear Semigroups, Partial Differential Equations a Attractors. Proceedings, 1985. Edited by T.L. Gill and W.W. Zacha IX, 185 pages. 1987.

Vol. 1249: I. van den Berg, Nonstandard Asymptotic Analysis. IX, 1 pages. 1987.

Vol. 1250: Stochastic Processes – Mathematics and Physics Proceedings 1985. Edited by S. Albeverio, Ph. Blanchard and L. Stre VI, 359 pages. 1987.

Vol. 1251: Differential Geometric Methods in Mathematical Physic Proceedings, 1985. Edited by P.L. García and A. Pérez-Rendón. V 300 pages. 1987.

Vol. 1252: T. Kaise, Représentations de Weil et GL_2 Algèbres division et GL_n. VII, 203 pages. 1987.

Vol. 1253: J. Fischer, An Approach to the Selberg Trace Formula v the Selberg Zeta-Function. III, 184 pages. 1987.

Vol. 1254: S. Gelbart, I. Piatetski-Shapiro, S. Rallis. Explicit Constru tions of Automorphic L-Functions. VI, 152 pages. 1987.

Vol. 1255: Differential Geometry and Differential Equations. Procee ings, 1985. Edited by C. Gu, M. Berger and R.L. Bryant. XII, 24 pages. 1987.

Vol. 1256: Pseudo-Differential Operators. Proceedings, 1986. Edite by H.O. Cordes, B. Gramsch and H. Widom. X, 479 pages. 1987.

Vol. 1257: X. Wang, On the C*-Algebras of Foliations in the Plane. 165 pages. 1987.

Vol. 1258: J. Weidmann, Spectral Theory of Ordinary Different Operators. VI, 303 pages. 1987.